照片1　2007年7月21—26日在西安召开的第十五届中国民居学术会议全体代表合影

照片2 2008年11月21—25日在广州召开的第十六届中国民居学术会议暨民居会议二十周年庆典活动及《中国民居建筑》大型系列图书首发式全体代表合影

照片3 2008年11月第十六届中国民居学术会议开幕式大会会场

照片4 2008年11月第十六届中国民居学术会议开幕式大会主席台
前排左起：傅殿起（建设部城乡规划处处长）、王珮云（中国建筑工业出版社社长）、李先逵（中国民族建筑研究会副会长）、陈之泉（广东省土木建筑学会理事长）、吴硕贤（中国科学院院士、华南理工大学建筑学院教授）、罗德启（中国建筑学会副理事长）
后排：左二陈泽成（澳门特别行政区文化局副局长）、左三李乾朗（台湾文化大学教授）、左四李相海（韩国成均馆大学教授）
右一单德启（清华大学教授，中国民族建筑研究会副会长）

照片5 住房和城乡建设部原城乡规划司城乡规划处傅殿起处长出席大会宣读城乡规划司贺信

照片6 大会举行《中国民居建筑》大型系列图首发式，中国建筑工业出版社王珮云社长向华南理工大学建筑学院赠书，孟庆林副院长接书

照片7 中国民居学术会议会旗交接仪式
由第十六届会议主持者华南理工大学陆琦教授（右）交予第十七届会议主办单位河南大学土木建筑学院。该院直长运副院长（左）接旗

照片8 代表考察广州大学城边练溪村，现为岭南印象园

照片9 2008年11月在广州召开中国民族建筑研究会民居建筑专业委员会会员代表大会，中国民族建筑研究会副会长李先逵教授出席大会并致词

照片10 新一届民居建筑专业委员会正副主任委员与代表们见面
左起：主任委员华南理工大学陆琦教授，副主任委员西安建筑科技大学王军教授、华中科技大学李晓峰教授、天津大学张玉坤教授、昆明理工大学杨大禹教授、厦门大学戴志坚教授

照片11 第八届海峡两岸传统民居理论暨客家聚落与文化学术研讨会会场

照片12 与会代表参观广东中山洋庐有地方特色的新住宅留影

照片13　2009年7月18—23日在江西赣州市召开的第八届海峡两岸传统民居居理论暨客家聚落与文化学术研讨会全体代表合影

中国传统建筑及园林的继承与发展专题研讨会合影留念 2009年9月江阴

照片14　2009年9月15—19日在江苏江阴市召开的中国传统建筑及园林的继承与发展专题研讨会全体代表合影
第四排（从左至右）：陈立慕　丁俊清　过汉泉　韩洪保　戴明荣　夏泉生　张剑锋
第三排（左起）：黄意耘　朱敏　颜纪臣　张润武　单德启　吴景柏　黄汉民　韩瑞华　郑光复　熊方平　陆梅　周庄
第二排（左起）：杨泽　吴有成　杨国洪　张晓群　黄为隽　张月娥　魏艳澧　业祖润　马光蓓　薛立　夏静　魏彦钧　黄洁
第一排（左起）：法东隽　王其明　李正　李长杰　刘叙杰　李先逵　陈晓东　唐震球　陆元鼎　高介华　孙大章　陈震东　朱良文

照片15　1995年8月在新疆召开第六届中国民居学术会议，代表考察途中留影

照片16　1990年7月赴新疆考察民居，途中坐骡车留影

照片17 2009年10月25—29日在河南开封市召开的第十七届中国民居学术会议全体代表合影

照片18 李先逵教授在广东中山泮庐参观后题词留念

照片19 第十七届中国民居学术会议大会为青年学者优秀论文颁发获奖证书并合影

照片20　中国民居学术会议会旗交接仪式——由第十七届会议主持单位河南大学土木建筑学院院长鲍鹏（左）交旗给民居建筑专业委员会主任委员陆琦教授（中），再交旗给第十八届中国民居学术会议主办单位山东建筑大学建筑城规学院，该院院长刘甦教授（右）接旗

照片21　代表们考察开封古城古建筑

照片22 代表赴河南安阳市蒋村镇考察马丕瑶宅第

照片23 2007年6月17—21日在杭州召开的新农村建设中乡土建筑保护暨永嘉楠溪江古村落的保护与利用学术研讨会全体代表合影

照片24　2008年5月在江苏扬州召开的中国民间建筑与古园林营造技术学术研讨会留影

主席台右起：台湾文化大学李乾朗教授、同济大学路秉杰教授、华南理工大学陆元鼎教授、扬州市建设局顾文鸣副局长、扬州市园林局赵玉龙副局长、东南大学刘叙杰教授、北京市古建筑研究所所长马炳坚教授

照片25　1997年4月中国传统民居赴台考察团考察途中留影

站立前排左四为中国建筑学会副秘书长、传统民居学术委员会顾问金瓯卜先生

照片26 2008年5月民间建筑营造技术会议代表参观扬州大明寺,与该寺方丈合影

照片27 1997年4月中国传统民居赴台湾考察团在台北故宫博物院前留影

右七为考察团团长、华南理工大学副校长韩大建教授，右五为台湾接待单位代表李乾朗教授

照片28 中国传统民居考察团在台中考察古建筑时留影

照片29　1997年4月中国传统民居考察团赴香港大学访问时合影
前排中为香港大学建筑系主任刘秀成教授
前排左二为香港大学建筑系龙炳颐教授、左一为许焯权教授

照片30　1998年8月湘西民居专题会议代表考察时合影

照片31　1998年8月考察湘西民居时在老乡家聚餐

照片32　1997年12月在昆明召开的第二届海峡两岸传统民居理论（青年）学术会议中，代表们考察途中留影

中国民居建筑年鉴

（2008—2010）

陆元鼎　主　编
陆　琦　谭刚毅　副主编

中国建筑工业出版社

图书在版编目（CIP）数据

中国民居建筑年鉴.2008—2010/陆元鼎主编.—北京：中国建筑工业出版社，2010.9
ISBN 978-7-112-12467-1

Ⅰ.①中… Ⅱ.①陆… Ⅲ.①民居-中国-2008—2010-年鉴 Ⅳ.①TU241.5-54

中国版本图书馆 CIP 数据核字（2010）第 181622 号

责任编辑：唐　旭　吴　绫　李东禧
责任设计：赵明霞
责任校对：马　赛　赵　颖

中国民居建筑年鉴
（2008—2010）

陆元鼎　主　编
陆　琦　谭刚毅　副主编

*

中国建筑工业出版社出版、发行（北京西郊百万庄）
各地新华书店、建筑书店经销
北京嘉泰利德公司制版
北京中科印刷有限公司印刷

*

开本：880×1230 毫米　1/16　印张：11½　插页：8　字数：400 千字
2010 年 9 月第一版　2010 年 9 月第一次印刷
定价：**66.00 元**（含光盘）
ISBN 978-7-112-12467-1
　　　（19712）

版权所有　翻印必究
如有印装质量问题，可寄本社退换
（邮政编码 100037）

《中国民居建筑年鉴（2008—2010）》编委会

主编单位：中国文物学会传统建筑园林委员会传统民居学术委员会

中国建筑学会建筑史学分会民居专业学术委员会

中国民族建筑研究会民居建筑专业委员会

本辑编辑委员会成员：（以姓氏笔画为序）

王　军　　王　路　　朱良文　　孙大章

李先逵　　李晓峰　　李乾朗（台湾）

陈震东　　张玉坤　　陆　琦　　陆元鼎

杨大禹　　杨谷生　　罗德启　　单德启

唐孝祥　　黄　浩　　谭刚毅　　戴志坚

主　编：陆元鼎

副主编：陆　琦　　谭刚毅

前　言

《中国民居建筑年鉴（1988—2008）》在广大会员和民居研究专家、学者的支持下已于2008年正式出版，得到了广大读者和民居研究者的支持和认可。

2008年召开了第十六届中国民居学术会议，适逢民居会议举办二十周年庆典活动，我们感谢住房和城乡建设部城乡规划司、国家文物局古建专家组组长、中国文物学会名誉会长罗哲文老先生发来了贺信。古建筑与城市规划专家郑孝燮老先生，古建筑专家杜仙洲老先生给我们会议寄来了贺词。中国建筑学会、中国民族建筑研究会领导李先逵教授光临大会致词，朱光亚教授寄来了贺诗，都给我们民居研究人员巨大的鼓舞和激励。

为了继续做好民居研究资料工作，民居专业和学术委员会讨论决定，以后每两年出版一辑年鉴，其内容包含：

1. 贯彻宣传国家有关村镇民居保护、建设的方针、政策精神；
2. 选载两年来有关村镇民居保护发展的有意义和有参考价值的文章；
3. 报导两年来举办的民居学术会议概况；
4. 两年来国内外民居和村镇研究论著目录索引；
5. 两年来民居学术会议论文集光盘刊载；
6. 其他有关信息资料。

本辑年鉴中论文选载了住房和城乡建设部仇保兴副部长《对历史文化名城名镇名村保护的思考》文章，对村镇民居保护有指导意义。陈薇教授《筚路蓝缕，以启山林》文章，使我们更加缅怀刘敦桢老师，是刘教授开拓了民居学术研究先河，他的名著《中国住宅概况》无论在学科建设上、研究方法上、严谨求实的学风上都是我们后辈学习的楷模。《乡村民居震害浅析及重新思考》文章，提醒我们要关心震害，要重视震区传统民居的保护。《潮州饶宗颐学术馆的继承与创新》文章，有力地说明了民居研究对今天创造我国有民族、地方特色的新建筑是有启发和借鉴作用的。

民居研究无论从史、论、资料调查、营造、经验、规律等虽然做了一点工作，但仍然可以说是在基础研究阶段，前途无量。民居研究关系到我国优秀传统建筑文化的传承，关系到广大农村人民生活水平和居住质量的提高，特别在今天要求节能低碳的时代，传统民居建筑有不少经验、规律值得总结、借鉴。由于历史条件，虽然不够成熟，但是重视它、总结它、提高它，还是大有作为。今天要创造我国有民族风格地方特色的新建筑，更离不开我们各地区各民族的优秀传统建筑文化遗产。

我们希望广大会员、委员、民居研究及其爱好者多关心本年鉴，支持它、爱护它，并希望多提意见，使年鉴不断得到充实、完善。

目　录

CONTENTS

前　言

1　民居研究文选（2008—2010） ……………………………………………… 1
　1.1　对历史文化名城名镇名村保护的思考 ……………………………… 仇保兴　3
　1.2　词一首，送民居会议 ………………………………………………… 郑孝燮　11
　1.3　民居学术会议二十年来的特点和成就 ……………………………… 李先逵　12
　1.4　祝贺民居学会成立二十周年 ………………………………………… 朱光亚　13
　1.5　筚路蓝缕　以启山林——概说《中国住宅概说》 ………………… 陈　薇　14
　1.6　传统民居与文化研究——漫谈北京四合院 ………………………… 杜仙洲　21
　1.7　不以形作标尺　探求居之本原——传统民居的核心价值探讨 …… 朱良文　23
　1.8　民居研究与文化传承 ………………………………………………… 余卓群　28
　1.9　新时期民居建筑研究的继承与发展 ………………………… 陆　琦　郭焕宇　32
　1.10　乡村民居震害浅析及重建思考 …………………… 胡冗冗　刘加平　杨　柳　37
　1.11　对民居建筑史研究中"口述史"方法应用的探讨
　　　　——以浙西南民居考察为例 ……………………………………… 王　媛　42
　1.12　广东潮州饶宗颐学术馆建筑设计的继承与创新 …………… 陆　琦　廖　志　49
　1.13　杜仙洲老先生专函 ………………………………………………… 杜仙洲　55

2　民居会议概况与回顾（2008—2009） ………………………………………… 57
　2.1　第十六届中国民居学术会议纪要 …………………………………… 陆元鼎　59
　　　2.1.1　住房和城乡建设部城乡规划司的贺信 ………………………………… 63
　　　2.1.2　国家文物局古建专家组组长、中国文物学会名誉会长罗哲文的贺信 … 63
　2.2　中国民族建筑研究会民居建筑专业委员会五年工作总结和第二届
　　　　专业委员会会员代表大会换届概况 …………………………………… 陆元鼎　64
　　　2.2.1　附件一　中国民族建筑研究会第二届民居建筑专业委员会正、副主任
　　　　　　　委员、秘书长名单 ………………………………………………… 66
　　　2.2.2　附件二　中国民族建筑研究会第二届民居建筑专业委员会委员名单 … 67
　　　2.2.3　附件三　中国民族建筑研究会第二届民居建筑专业委员会聘请顾问名单 … 69

  2.3 第十七届中国民居学术会议纪要 ··· 渠 滔 70
    2.3.1 简短的贺词 ·· 杜仙洲 71
  2.4 多元文化视野下的传统民居文化研究——"第八届海峡两岸传统民居理论暨客
    家聚落与文化学术研讨会"综述 ··· 周建新 殷飞飞 72

3 资料篇 ·· 77

  3.1 民居学术会议概况（2008—2009） ·································· 民居专业与学术委员会 79
    3.1.1 中国民居学术会议 ·· 79
    3.1.2 海峡两岸传统民居理论（青年）学术研讨会 ·· 79
    3.1.3 其他学术会议 ··· 79
  3.2 中国传统民居论著文献索引（2008—2010） ····················· 杨 柳 吴姗姗 何凤娟 80
    3.2.1 民居著作中文书目（2008.01—2010.03） ····································· 杨 柳 80
    3.2.2 民居著作英文书目（2008.06—2010.04） ····································· 何凤娟 90
    3.2.3 民居著作日文书目（1984.01—2009.10） ····································· 吴姗姗 92
    3.2.4 民居论文（中文期刊）目录（2008.05—2010.02） ······················· 吴姗姗 96
    3.2.5 民居论文（英文期刊）目录（2008.02—2010.04） ······················· 何凤娟 153
  3.3 2008—2009中国民居学术会议论文目录索引（内容见光盘）
    ··· 民居建筑与学术委员会 163
    3.3.1 第十六届中国民居学术会议（2008 广州）论文 ······································ 163
    3.3.2 第十七届中国民居学术会议（2009 河南开封）论文 ······························ 167
    3.3.3 第七届海峡两岸传统民居理论（青年）学术会议（2008 台北）论文 ······ 172
    3.3.4 第八届海峡两岸传统民居理论（青年）学术会议（2009 赣州）论文 ······ 173
    3.3.5 新农村建设中乡土建筑保护暨永嘉楠溪江古村落保护利用学术研讨会论文 ···· 175

后记 ··· 177

民居研究文选（2008—2010）

1.1 对历史文化名城名镇名村保护的思考[①]

仇保兴

（住房和城乡建设部副部长）

一、近年来历史文化名城名镇名村保护工作的回顾

自1982年国务院公布第一批国家历史文化名城以来，由于各级政府的高度重视，社会各界的关注和支持，以及20世纪八九十年代开始的地方历史文化名城、村镇、街区保护工作的开展，我国历史文化名城名镇名村保护工作取得了可喜的成绩，主要表现在：

（一）通过历史文化名城名镇名村的评选，建立和完善了中国历史文化名城名镇名村的保护体系。

1982年以来，国务院先后公布了国家历史文化名城110座，建设部和国家文物局先后公布了四批共251个中国历史文化名镇名村，各省、自治区、直辖市人民政府公布的省级历史文化名镇名村已达529个，基本形成了历史文化名城名镇名村的保护体系。为加强各地历史文化名镇（名村）的交流与合作，建设部先后在山西碛口和安徽黟县召开了历史文化资源保护研讨会暨中国历史文化名镇名村联谊会，起草了《碛口宣言》、《黟县宣言》，强调了正确处理保护与发展的关系、保护好历史文化遗存的理念。

（二）制订和出台一系列的规章制度，规范历史文化名城名镇名村的保护与管理。

继2002年《文物保护法》颁布后，建设部和国家文物局一直致力于历史文化名城名镇名村保护政策和法规的完善工作。在2003年建设部会同国家文物局等部门制定的《中国历史文化名镇（村）评选办法》基础上，2007年正式出台了《中国历史文化名镇名村评价指标体系》，为名镇（村）申报评选和实施动态监管提供了技术依据，并在中国历史文化名镇（村）评选时得到了实际应用。为了加强对历史建筑比较集中的历史文化街区和优秀近现代建筑的保护，建设部于2004年发布了《城市紫线管理办法》，主要对历史文化街区和历史建筑的保护范围的划定、规划的制定和实施等进行了规定。针对一些城市在旧城改建中拆毁名人故居及老字号等优秀近

[①] 本文由《中国名城》2010年第1期P4—P9转录。

现代建筑的情况，建设部于 2004 年印发了《关于加强对城市优秀近现代建筑规划保护的指导意见》，该指导意见对优秀近现代建筑的划定和颁布、规划编制、保护工作的监督管理等提出了要求，同时，2005 年颁布的《历史文化名城保护规划规范》，对历史文化名城、街区的保护规划编制内容与方法进行了规定。

近年来，建设部陆续启动了一系列历史文化名城名镇名村保护研究课题，开展了对《历史文化名城保护规划编制办法研究》、《历史文化名镇名村保护规划编制办法》和《历史文化街区保护实施办法》等管理办法的研究，作为《历史文化名城名镇名村保护条例》出台后的配套规章，进一步细化和指导各地的保护管理工作。

（三）及时发现历史文化名城名镇名村保护中的问题，严肃查处和纠正各地破坏历史文化名城保护的行为。

福州的三坊七巷是福州市现存明清建筑集中的地区之一，是福州城市发展的历史见证。20世纪 90 年代，福州市曾经准备将三坊七巷交给开发商进行改造，拆除历史建筑修建高层建筑。在专家的呼吁下，建设部及时约谈福建省和福州市的有关领导，要求立即制止拆除行为，强调在三坊七巷的保护中要坚持政府主导、居民参与的方式。福州市后来改变了原来的决定，使得三坊七巷得以保留。在福州城市总体规划以及三坊七巷详细规划的编制中，建设部均委派专家进行了专业指导。几年前，专家反映成都市的历史文化保护区宽窄巷子正进行拆除。接到来信后，建设部领导立即与有关专家赶赴成都，向成都市指出保护历史文化保护区及保护传统文化的重要性。市政府听取了建设部的意见，停止了拆除活动，抢救了部分真实的历史遗存，使宽窄巷子成为成都市仅存的历史文化街区。近年来，建设部会同国家文物局先后对南京、天津、洛阳、开封等历史文化名城破坏历史文化遗产保护的行为进行了查处，挽救了一批濒危的历史文化遗存。

（四）加大历史文化名城名镇名村保护管理工作的资金投入力度，确保各项工作有序开展。

从 2003 年开始，建设部先后投入近 200 万元资金，用于历史文化名镇名村的保护工作。在加大部内资金投入的同时，还积极争取国家资金的支持，加强历史文化名城名镇名村基础设施改造和环境整治。"十一五"期间，国家财政共补助历史文化名城 7500 万元的专项资金，支持了近 40 个历史文化街区保护项目，地方政府积极进行了资金配套和保护项目的建设实施，既明显改善了街区内居民的生活条件和周围环境，又提高了地方政府保护历史文化遗产的意识，在抢救历史文化遗产的同时，带动了地方经济的发展，产生了良好的社会经济效益。"十一五"期间，建设部会同国家发改委和国家文物局共同编制了《全国"十一五"历史文化名城名镇名村保护设施建设规划》，国家共投入资金 9.8 亿元，专项用于 178 个历史文化名城名镇名村的基础设施改造和环境整治工作，目前此项工作正在有序开展。

（五）历史文化名城名镇名村保护已受到普遍重视，成为各地推进城镇化和建设新农村过程中的一项重要工作。

1986 年国务院公布第二批国家历史文化名城时，提出要"对文物古迹比较集中，或能较完整地体现出某一历史时期传统风貌和民族地方特色的街区、建筑群、小镇、村落等也予以保护",不少地方政府开始加强了历史文化名镇名村的命名和保护工作,如江苏省的周庄、同里,浙江省的南浔、乌镇,重庆市的双江、涞滩,上海市的朱家角,云南省的凤羽等镇分别被公布为省(市)级历史文化名镇。在命名的同时,各地相继组织开展了历史文化村镇保护规划的编制工作。江苏省人大于2001年出台了《江苏省历史文化名城名镇保护条例》,加强了历史文化名镇保护的法规建设;山西省人民政府于2004年下发了《关于加强历史文化名镇(村)保护的意见》,提出了名镇(村)保护的具体办法和措施。山西、河北、福建、北京等省市开展了历史文化村镇的普查工作,通过摸清家底,抢救性地保护地方的优秀乡土建筑。

(六)建立健全了派驻基层的规划督察员制度,及时纠正了部分破坏历史文化遗产的做法。

建设部积极推进派驻规划督察员制度的建立,从2006年开始先后向51个城市派驻了四批城乡规划督察员。目前,由国务院审批城市总体规划的国家历史文化名城都有建设部派驻的城乡规划督察员。城乡规划督察员在支持、帮助和监督地方严格执行国务院批准的城市规划和推进历史文化名城、风景名胜区保护等方面发挥了积极作用。驻西安的督察员及时发现和制止了在西安清真大寺文保单位建设控制地带违规建设办公大楼的行为;驻昆明督察员针对昆明官渡古镇、晋城古镇没有划定紫线,导致违法建设出现的情况,及时提出督察意见,昆明市正认真整改;驻桂林督察员及时制止了某开发商拟调整处在漓江风景名胜区保护范围内地块控规进行房地产开发的行为;驻广州督察员及时向市政府发出督察建议,使得即将被拆除的广州新河浦历史文化保护区2栋保护建筑得以保留。通过事前、事中的监督,派驻各地的督察员针对违法违规行为及时下发督察建议书和意见书,有效地遏止了许多处于萌芽状态的违法违规行为。

《历史文化名城名镇名村保护条例》颁布以后各地做了大量工作,但是也存在着许多问题:

一是对历史文化名城名镇名村保护工作认识不到位,保护意识薄弱。一些历史文化名城的领导对保护工作的重要性和意义缺乏认识,把历史文化遗产保护与城市发展对立起来,在工作中重建设,轻保护,没能妥善处理好保护与发展的关系。

二是依法行政力度不够。一些地方不严格执行保护规划,随意修改保护要求,结果导致部分古城的历史格局被破坏;历史文化街区被挤占,有些名城内甚至已无一处历史文化街区;文物古迹周围的历史环境被破坏;一些地方在建设中拆毁了部分尚未列入保护等级的历史遗迹。

三是历史文化名镇名村保护规划滞后。一些历史文化名镇名村由于经费所限,没有及时编制保护规划,在保护整治和建设发展中缺少必要的依据。在保护中往往只注重"点"的保护,而忽视历史环境的整体保护,导致整体风貌被破坏。

四是保护资金不足,对历史建筑缺乏定期的维护。名城中历史文化街区内人口密度过大,基础设施落后,建筑年久失修,居民居住条件差。由于保护专项资金配套不足,这类地区的建筑或处于消极保护的状况,或交给开发商进行建设改造,由于商业利益的驱使,其结果往往毁坏了有价值的历史遗存。

五是"旅游开发性破坏"使历史文化名城名镇名村的部分历史建筑逐渐丧失其历史原真性,建造了一批毫无历史文化价值的假古董。某个地方,为了拍电视剧,竟然把原来单独的历史建筑全部打通串起来作为拍功夫片"飞檐走壁"的道具背景。这些做法,实际是将十分脆弱的文化遗产作为普通的旅游资源开发，为了眼前的经济利益而毁坏了真实的历史遗存，造成了"开发性破坏"。

六是历史文化资源信息档案亟待建立。不少历史文化名城名镇名村对自身拥有的历史文化资源底数不清，对资源的种类、数量、年代、工艺、材料等基本信息没有建立档案，导致在保护管理中缺乏科学的安排，影响公众参与和社会监督。

我们必须正视这些问题，讲问题比讲成绩更重要，这有助于我们保持清醒头脑，提高贯彻和落实《历史文化名城名镇名村保护条例》的紧迫性和积极性。

二、充分认识《保护条例》颁布实施的重大意义

国务院《历史文化名城名镇名村保护条例》的颁布实施，是历史文化名城名镇名村保护工作的一个重要里程碑，对于我国历史文化名城名镇名村依法保护和管理具有重要意义。

（一）有利于加强历史文化名城名镇名村保护与管理。

《文物保护法》、《城乡规划法》的颁布实施，为历史名城名镇名村的保护确立了法定地位，《保护条例》的及时出台，则分别对历史文化名城名镇名村的申报批准、保护规划的编制、保护措施等多方面进行了具体规定。提出了名城名镇名村的基本条件，解决了名城名镇名村保护谁来管、管什么、如何管等方面的问题，这对于正处在城镇化进程中名城名镇的保护和新农村建设中名村的保护显得尤为重要。

（二）有利于历史文化名城名镇名村传统格局和历史风貌的传承延续。

改革开放三十多年来，我国经济社会和城乡建设取得了巨大发展，在与西方发达国家的差距不断缩小的同时，也存在着一些地方绵延久远的历史文脉正在被无情割裂，一些古老的城市、村镇不同程度地受到现代化建设的侵袭，传统风貌和历史格局受到一定程度的破坏等问题。《保护条例》强调了对名城名镇名村传统格局、历史风貌的整体保护，以及名城名镇名村优秀传统文化的传承和延续。

（三）有利于弘扬和培育民族精神，培育广大人民群众的爱国热情。

历史文化名城名镇名村是我国在漫长历史进程中，遗留和保存下来的宝贵历史文化遗产，是城乡社会发展、民族地域文化融合和优秀传统文化的真实载体和历史见证，是维系中华民族团结统一的重要精神纽带。《保护条例》的出台，不仅有利于传承历史文脉、发展先进文化，而且对于增强人民群众对各民族文化的认同感、归宿感和自豪感，在东西方文化交流中充分发扬和展示我国传统文化，增强中华民族的凝聚力和创造力等方面都具有不可替代的重要作用。

（四）有利于构建社会主义和谐社会。

历史文化名城名镇名村是人民群众世世代代生活的场所，但由于形成年代久远，基础设施和公共服务设施相对落后，不能完全满足人们现代生活的需求。因此，在保护历史遗存的同时，

逐步改善名城名镇名村的基础设施和公共服务设施，保障原居民的人居环境，这是体现以人为本的理念和建设社会主义和谐社会的必然要求。

三、下一步历史文化名城名镇名村保护的主要任务措施

针对新的历史发展时期面临的问题，历史文化名城名镇名村保护工作要善于学习和借鉴国内外成功的经验，结合各地保护实际，探索出适合地方特色的思路和措施。总的要求是，要在科学发展观的指引下，坚持科学规划、保护为先、合理利用、加强监管，努力实现历史文化名城名镇名村的健康持续发展，促进我国优秀历史文化的传承和延续。

（一）进一步加强宣传，提高贯彻落实《历史文化名城名镇名村保护条例》的自觉性。

必须清醒地看到，我国正处在城镇化快速发展时期，每年新建的建筑占世界新建建筑总量的40%以上。大规模建设将不可避免地给原有城市和村镇历史风貌、历史空间格局保护带来巨大的挑战，如果在这个时候不采取有力的措施，保护好先人们留下的历史文化遗产，就要犯历史性的错误。一些地方在短期利益的驱使下、在"三年一大变"的强烈诱惑下盲目建设，对城市的历史风貌造成了极大的破坏；许多人对字画瓷瓶等古董十分珍惜，而对历史建筑、千年古镇以及几百年的村庄被破坏甚至毁灭熟视无睹。这样做实际是为了眼前的经济利益而毁坏了宝贵的历史遗存。对于历史文化名城名镇名村保护要多做一些实事，少喊空口号。哪里有破坏历史文化名城名镇名村的行为发生，就应当坚决制止。许多老专家不顾自己年老体弱，还在为保护历史文化遗产奔走疾呼。我们每个人都要向老专家们学习，要挺身而出、仗义执言，为保护历史文化遗产，为保护历史文化名城名镇名村尽责尽力。

（二）加强历史文化名城名镇名村保护的培训工作。

要加强名城名镇名村保护工作的培训，特别是加强干部的培训。现在的干部培训班很多，但很少有涉及历史文化遗产和历史文化名城名镇名村保护的内容。我们国家有悠久的历史和灿烂的民族文化，尤其是中国传统建筑艺术，独树一帜，非常有特色，应该很好地传承。可是一些地方的领导到国外考察，看到的宽马路、大广场和西洋景，不加思考，完全照搬。结果建的建筑不是歪着脖子、就是裸着身子，非常难看，而自以为美，这种现象在不少城市到处可见。照这样下去，我们的后人看到的城市将充斥着世界各国风格的建筑，但唯独没有中国特色的建筑。为了使市长、县长、乡镇长的名城名镇名村保护意识进一步加强，在建设部与中组部联合举办的市长、县长培训班上，将继续把遗产保护相关内容列为必修课程。建设部还将继续加强专业人员的培训，不定期地举办名城名镇名村保护培训班。通过培训，提高领导及专业人员对文化遗产保护工作的认识，并掌握保护的正确方法。

（三）要防止在旧城改造和村庄整治中大拆大建。

当前，我们面临非常严峻的问题就是各地的村庄撤并。村庄的撤并，表面上看可以把宅基地腾退出来改为建设用地，但却忽视了一个问题，即村庄的发展和形成经过了漫长的历史过程，

是生产力与生产关系，人与自然，人与社会三者之间相互平衡的产物。同时，在村庄中有劳动人民建造的各具特色的乡土建筑；还有一些村庄，记录着历史的变迁和重大历史事件的发生。这些都是极其宝贵的财富，一旦毁坏，无法挽回。有一位同志写了本名为《再造乡村风貌》的书，如果千百年来遗留下来的历史空间和风貌不去保留，各具特色的乡土建筑和历史建筑不去保护，如此"再造乡村风貌"还有意义吗？不要以所谓节约耕地为名，强行推进农村城镇化，农业工业化，强迫村庄搬迁，农民集中居住，甚至把农民自家养的牲畜都统一圈养起来。这样做貌似节约了耕地、貌似能够改善群众生活、貌似改变了农村的落后面貌，实际上会造成巨大的能源和资源的浪费，造成原有农村的农业生产关系、社会资本的破坏，造成历史文化遗产的破坏，这是不讲科学发展观的做法。

历史遗存、传统风貌和历史空间格局要保护，历史文化名城名镇名村中人民群众的生产生活条件也要改善。但这些改善必须在保护历史建筑、保护历史空间格局的基础上进行，不能搞大拆大建，而是要强调修旧如旧，延年益寿。

（四）继续做好《历史文化名城名镇名村保护条例》配套法规规范的制定工作。

《保护条例》不可能囊括所有方面，只能作一些原则规定。还需要对《保护条例》进行细化才能具有可操作性。因此，要抓紧制定与《保护条例》配套的部门规章。比如：已批准公布的历史文化名城、名镇、名村，因保护不力使其历史文化价值受到严重影响的，如何列入濒危名单，需要制定管理办法；为了使保护规划编制得科学合理，需要制定保护规划编制的具体办法，需要将原有的《紫线管理办法》细化并延伸覆盖到名镇名村；如何使历史文化名城名镇名村按照保护规划的要求组织实施，切实做好保护管理工作，需要制定历史建筑或历史文化街区拆迁建设的特殊许可证管理办法；对违反保护规划，使历史文化名城名镇名村和历史文化街区造成破坏的责任人，如何追究其行政责任，需要会同监察部制定相应的办法；还要制定优秀近现代建筑的认定与保护办法等。要抓紧在一两年之内出台这些配套法规，只有完善相关的配套规章，才能有效地加强对历史文化名城名镇名村和历史文化街区的保护和监管。在历史文化名城名镇名村和历史文化街区内，一定要严格按照《城乡规划法》的一书两证制度执行，各级规划部门和规划督察员要做好督察工作。

各省要结合本省的情况，在一两年内出台本省的历史文化名城名镇名村保护管理办法，要比国家《保护条例》更严格、更具体、更细致，更具有可操作性。要动员广大群众，增强保护意识，制定《乡规民约》，只有调动民间的积极性，历史文化名城名镇名村的保护工作才能事半功倍。

（五）加强历史文化名城名镇名村的动态监管。

任何一部法律法规出台以后都必须靠人去贯彻落实。根据欧洲的经验，在城镇化快速发展时期，特别是在第二次世界大战后城市重建期间，英国、意大利、法国一些国家都建立了国家建筑师的制度。这一制度就是由中央政府派驻地方的国家建筑师对历史文化街区、历史建筑的修缮进行把关。如果有争议，国家建筑师有权在当地召开听证会，同时把听证结果报给国家主管部门。在英国，靠这种制度已纠正了无数次错误。我国现在也已经建立了规划督察员制度，这项工作的力度必须加大,要发挥更大作用,纠正工作中的失误,尤其是在历史文化名城名镇名村保护工作中的失误。历史建筑、历史文化街区、历史文化名城名镇名村等一旦毁灭了就无法再弥补,要再修复就是建假古董,毫无价值可言。因此,必须做好事前、事中和事后的现场监督落实。

今后几年,要将城乡规划督察员制度推广到所有国家历史文化名城和国家级风景名胜区、中国历史文化名镇名村集中的县市。要建立动态的遥感监管信息系统,为历史文化和自然遗产构建起更严格的保护体系。同时,各地要开展名城名镇名村历史文化资源的调查建档工作,对历史文化遗存状况进行摸底调查。建立历史文化名城名镇名村动态监管信息系统,对历史文化资源的保存状况和保护规划的实施进行跟踪监测,对历史文化名城名镇名村、历史文化街区和历史建筑进行监管和保护。要广泛发动群众,使所有的历史文化名城名镇名村、历史文化街区、历史建筑的保护都置于人民群众的监督之下,让群众了解到这些历史建筑、历史村落、历史景观风貌比祖宗传下来的坛坛罐罐更有价值,有更大增值的空间,是当地重要的可持续发展的绿色资源。

(六)争取加大对历史文化名城名镇名村保护资金的投入。

首先要建立历史文化名城名镇名村保护基金。各级政府要加大在历史文化名城名镇名村基础设施和历史建筑修缮保护资金上的投入。同时,应和有关部门制定减免税等政策,鼓励民间资金投入历史文化名城名镇名村的保护。

2010年将在全面总结《全国"十一五"历史文化名城名镇名村保护设施建设规划》的基础上,尽快启动"十二五"历史文化名城名镇名村保护设施规划编制工作,争取加大国家专项资金的支持力度。住房和城乡建设部将会同国家文物局加强专项资金使用的监督管理,切实发挥专项资金对于名城名镇名村保护的作用。

(七)建立健全历史文化名城名镇名村保护规划编制备案制。

保护规划要全面覆盖历史文化名城和国家、省级历史文化名镇名村,各省要加大对保护规划的审查力度,确保规划编制的质量水平。历史文化名城名镇名村保护规划首先要摸清家底,要明确历史文化名城名镇名村的历史建筑、历史环境要素、历史街巷等基本信息,建立相应档案,在此基础上提出不同保护范围、不同类型建筑的保护整治措施。从2010年开始,住房和城乡建设部和国家文物局将组织专家,陆续对历史文化名城和历史文化名镇名村的保护规划成果进行备案审查,凡不合格的规划要重新编制。

(八)建立历史文化名城名镇名村保护的技术支撑和服务体系。

要依靠有关高校和科研单位,建立历史文化名城名镇名村的技术支撑体系和服务体系,为各地开展系统的研究和技术服务提供帮助。在此基础上,结合名城名镇名村保护实际,加强对不同地域、不同保护对象的政策研究,突出重点,分层次制订保护对策。为加强历史文化名城的保护和管理工作,适应名城名镇名村数量不断增加的实际情况,充分发挥专家保护名城的积极作用,住房和城乡建设部和国家文物局拟对1994年成立的全国历史文化名城保护专家委员会进行专家委员增补工作，并完善相关的专家工作规程，更好地发挥专家在保护工作中的作用。

总之，历史文化名城名镇名村的保护，直接关系到我国优秀建筑文化和传统文脉的传承和延续，在推动经济发展、社会进步和弘扬先进文化等方面都发挥着重要的作用。我们要树立强烈的责任感和事业心，不断开拓、勇于探索，积极做好历史文化名城名镇名村的保护和管理工作，为我国文化遗产保护事业和经济的持续发展作出更大贡献。

1.2　词一首，送民居会议

郑孝燮

元鼎教授转中国民居学术会议：

大函及第 16 届中国民居学术会议的四册大著均收到，深表感谢！

民居学术研究会数十年如一日为中国民居的研究、教学和实地调查，不遗余力，成就突出，贡献巨大。中国地大、人多、历史悠久。遍布全国的民居建筑，千篇一律，同时又千变万化。什么道理？恐怕离不开历史，离不开文化的渊源。"欲知大道必先为史"（清人龚自珍语）。会议的民居大著中，给我不少的历史是根、文化是灵魂的启示。根是不能断的，魂是不能失的。

我因年老体衰（今年已虚度 93 岁了），血压不正常，已多年栖居家中，过去那种马不停蹄的日子没有了。听到读到阁下和民居会议的学术活动和大著仍然是如见其人那样的高兴。

写了一首拙句，送给阁下和民居会，尚乞指正！

　　　　欲知大道史为先
　　　　建筑基因文脉连
　　　　华夏民居天地广
　　　　根连现代著新篇

专此，并问
春安！

郑孝燮
2009 年 3 月 27 日于北京

1.3 民居学术会议二十年来的特点和成就

李先逵

中国建筑学会副理事长、中国民族建筑研究会副会长
在第16届民居会议开幕式大会上的发言

民居学术会议二十年来有五大特点：

1. 是凝聚力最强、最团结、人气最旺的学术会议。这一届领导班子坚持了20年，在学术团体中是很少的，这是民居专业学术委员会领导团结专家，凝聚众多学者奋斗、参与的过程。

2. 是坚持时间最长的学术会议。学术活动不断，始终如一，20年来组织了16次全国性会议，大小会议数十次，活动频繁。生命力、活动力强。

3. 是最能吃苦，敬业精神最强的专业学术委员会。专业学术委员会的负责人热爱民居事业，与农民、社会基层感情深，上山下乡，深入基层村寨开研讨会，考察参观，不畏艰苦。

4. 是学术成果十分丰富，学术品位很高的学术会议。20年来收集论文达千篇，涉及民居内涵、外延，涉及民俗学、民族学、社会学、美学等方面。

5. 是培养人才最多的学术会议。年轻学子热情参与，培养的研究生越来越多。

民居学术会议的六大贡献：

1. 传承中国营造学社学术精神，弘扬中华传统建筑文化精神，作出第二代人的贡献，在中国建筑史上占有重要一页，推动民居研究的发展。

2. 提升民居研究理论水平、理论价值。民居研究大为扩展，学术水平大为提高，论文集、论文数量超过以前。与其他人文学科、非物质文化结合，促进民居文化的发展。民居概念发展成为专用名词，民居成为地域性的总称。

3. 人才培养，组成一支民居研究队伍。高校专科、本科学子积极加入，硕士、博士论文以此为主要研究方向，民居研究机构增多，队伍壮大。

4. 推动中国历史文化名城名镇名村的保护与发展，以及新农村新民居建设合理健康发展。学术会成为政府决策参考、民居研究活动影响社会。学术成果纳入名城名村名镇保护内容，提供科学依据。对农村新民居，现代化的建设起到推动作用。

5. 推动中国申报世界遗产工作，为中国申报世界遗产工作提供学术成果支撑。研究成果纳入申报书和作为科学依据，对申报起到作用，并为遗产保护提供指导，民居学术会功不可没。

6. 从民居到人居、宜居，直接推动人居环境科学的创立、诞生与发展，直接影响人居环境建设的发展。人居概念从20世纪90年代进入中国社会，这个词直接受民居启示而提出，并建立人居环境科学。其精髓本质直接来源于民居，环境内涵也从民居与环境美学中提炼而来。各城市人居环境建筑成为城市的发展目标，宜居城市概念也受民居观的直接影响。民居内涵和外延的深化推动人居理论的升华发展。

2008年11月22日

1.4 祝贺民居学会成立二十周年

朱光亚

东南大学

二十年前以陆元鼎老师为首的一批学者聚集广州成立了中国建筑学会下的民居委员会，开始了因左的路线而中断了二十余年的民居研究。

我是后来因王文卿老师鼓励以及在王老师生病和去世后才较多地参加了学会的活动的。在这些活动中，我深深感受到一种亲切的气氛，一种生活中的朴实的气氛。在这个学会中，没有官气，没有老朽气，没有行帮气，一群旨趣相近的同仁，不问老小，不问来头，共同切磋。再就是突出的民间性，始终如一的关注点，关注民居建筑文化，这种关注当然可以追溯到20世纪40年代刘敦桢先生等前辈对南方民居的研究以及20世纪60年代对民居的调查热潮和南方自身的建筑遗产状况，但这种深入到民间建筑文化的眼光，无论是20世纪40年代还是80年代，都需要勇气，需要旨趣，更需要眼光。

当前，市场经济和官本位对学术的影响，使学术团体和学术研究经历着新的浮躁期，陈寅恪先生在纪念王国维先生时所说的"自由之思想，科学之精神"，依然是学界同仁的理想，民居学会为我们提供了一个追慕这一理想的学术平台。我们祝贺它在新的阶段中再铸辉煌。祝在座的诸位年轻的同仁在纪念学会成立四十和五十周年时可以说，陆老师和其他学会的前辈开拓的民居研究之路还在向前延伸和拓展。

最后，我谨以两首小诗表示对会议的祝贺。

二十年来最可亲，岭南漠北留精神，
曾入雪山寻干阑，又踏细雨访石坪，
望洋山下起兴叹，坎儿井边问浅深，
一杯酒敬陆老师，十方共享民居情。

文明源头何处寻，华夏无处不根深，
河洛文化淤积厚，江汉渐知底蕴真，
三楚两浙干阑在，岭南辽北土阶存，
考工应记民居热，喜看研究又传承。

2008年11月21日于南京

1.5 筚路蓝缕 以启山林
——概说《中国住宅概说》

陈薇

住宅是关乎民生民事的建筑。对于中国漫长的古代社会，尤其是在"道"、"器"分离的封建等级制度下，住宅记录甚少，其形形总总要能说清楚，真不是件易事。1957年5月由建筑工程出版社出版的刘敦桢著《中国住宅概说》（以下简称《概说》），乃现代最早关于中国古代住宅研究的学术专著，其筚路蓝缕以启山林之功，不没于天下。

一、概说"发展概况"

"发展概况"是《概说》的第一部分，刘敦桢先生首先界定了研究对象的重点是"汉族住宅为主体"，接下来是对自新石器时代以来汉族住宅发展的纵向论述。

贯穿"发展概况"的是刘先生对于住宅在中国古代漫长社会发展的深刻认识，这种"深刻"使得我们至今每阅读一次都会受到新的启发。

譬如，对于早期的住宅理解，是基于考古成果和对当时社会制度及生产力发展水平的认识形成的，所以在进行技术总结归纳为四种[①]后，刘先生认为新石器时期住宅"很难决定孰先孰后"，"有袋穴、坑式穴居、半穴居、与地面上的木架建筑四种，但从建筑方面来说，这些穴居与木架建筑是两个不同的结构系统。它们之间似乎不可能作直线的发展"[②]。这些推测在30年后考古界严文明的"重瓣花朵说"[③]中得到证明，也启迪后来关于中国古代住宅的研究一直呈非线性的多元局面。

又如，将住宅作为研究木构形成发展的切入点、将住宅布局作为社会制度的体现，是"发展概况"具有重要启示价值的内容。住宅是人类建筑的最初形式，以其房屋的结构和式样进行探究，虽然在当时还没有深入后来考古学科建立的丰富文化圈的内涵，倒也贴近人类在建造方面进步发展的真实。《概说》之"发展概况"中，在描述归纳新石器时代晚期的木架建筑基础上，对金石并用时期和铜器时代留有了一定的空间，接下来在历史学家认为商代已具备完整的

---

① 第一种为平面圆形而剖面下大上小的袋穴。第二种是山西夏县西阴村仰韶文化遗址中发现的坑式穴居。第三种是入地较浅而周围具有墙壁的半穴居。第四种是前述半坡村遗址中发现的地面上的木架建筑。参见：刘敦桢著．中国住宅概说．北京：建筑工程出版社，1957：11－14．
② 刘敦桢著．中国住宅概说．北京：建筑工程出版社，1957：12－13．
③ 严文明的"重瓣花朵说"指的是：早在新石器时代，中国的史前文化就以中原为中心，已基本上形成一种重瓣花朵式的格局，或者简之为多元一统格局，并且一直影响到中国古代文明的发生和往后历史的发展。参见：严文明，中国史前文化的统一性与多样性．文物，1987（3）．后收录于史前考古论集．北京：科学出版社，1998，1：1－7．

国家形态和具有奴隶制度的条件下，便将河南安阳殷都的宫室遗址作为接续的住宅建筑进行探讨了，并且特别关注和木构有关的柱洞①、考虑木柱的防湿设备，还注意到商代已有整体布局的概念和围绕院子进行组合方法的萌芽②。随后的周王朝、秦代，均是在木构建筑的技术进步和住宅布局表现典礼方面进行研究。

在汉代这个强大的帝国时期，"居住建筑曾作了很大的进展，尤以统治阶级的贵族们建造大规模的宅第和模仿自然为目的的园林是值得记述的"。③ 这就使得我们观察住宅的角度更加丰富了。在对汉代住宅的总结中，一方面，强调小型住宅没有固定程式、中型以上住宅具有明显的中轴线，并以四合院为组成建筑群的基本单位，它们形成对比的原因"主要应是阶级地位和经济条件的差别"④；另一方面，"在技术方面，东汉已使用砖墙，并且汉代的屋檐结构，为了缓和屋溜与增加室内光线的缘故，已向上反曲，构成屋角反翘的主要原因。所有这些事项，说明汉族住宅甚至整个汉族建筑的许多重要特征，在两汉时期已经基本上形成了"。⑤ 将住宅作为木构研究的一个方面的思路，一目了然。

三国两晋和南北朝及隋唐、五代和宋，《概说》中则从生活的角度论述住宅的回廊、布局、建筑细部的发展和由功能而结构的变化，从而大大丰满了对住宅的认识理解。

刘先生认为中国古代住宅的四合院布局原则在汉代以后基本上沿用下来，"比较重大的成就，还是宋以来园林建筑的发展，和明清二代的窑洞式穴居与华南一带客家住宅的出现，丰富了汉族住宅的内容"。⑥

可以看到，《概说》中的"发展概况"，在每个时期切入点均不同，主要是紧紧扣住住宅和社会发展之政治、经济、文化的关联度，重点突出，纲举目张；在建筑上，也由结构到布局到细节到类型，让我们领会到中国古代住宅逐步发展、充盈的真实过程。

此外，"发展概况"在几个时段的留白，也很重要。除了对金石并用时期的历史学内容承认"目前尚在研究阶段"之外，对 13 世纪末元代灭宋后采取严酷的政治压迫和经济剥削政策而带来的对建筑的若干影响也是在提出观点后没有给定论，如谈到穴居窑洞用砖石起券和无梁殿，"二者之间不可能没有相互反启发或因袭的关系——虽然孰先孰后现在还不知道"。⑦ 甚至在"发展概况"最后对明清住宅也是只说汉族住宅的主流大体，其留白就为后来丰富的住宅类型阐述打下伏笔，"为了进一步了解汉族住宅的真实情况，本文在介绍发展概况以后，不得不叙述明中叶以来各种住宅的类型及其特征"。⑧

二、概说"住宅类型"

《概说》的第二部分遂以"明清住宅类型"，尤其以实物为例证，来探讨明中叶以来的汉族

---

① 刘敦桢著. 中国住宅概说. 北京：建筑工程出版社，1957：15.
② 刘敦桢著. 中国住宅概说. 北京：建筑工程出版社，1957：16.
③ 刘敦桢著. 中国住宅概说. 北京：建筑工程出版社，1957：17.
④ 刘敦桢著. 中国住宅概说. 北京：建筑工程出版社，1957：19.
⑤ 刘敦桢著. 中国住宅概说. 北京：建筑工程出版社，1957：19.
⑥ 刘敦桢著. 中国住宅概说. 北京：建筑工程出版社，1957：22.
⑦ 刘敦桢著. 中国住宅概说. 北京：建筑工程出版社，1957：21.
⑧ 刘敦桢著. 中国住宅概说. 北京：建筑工程出版社，1957：22.

住宅特点。当时，刘敦桢先生研究的目的是"不仅从历史观点想知道它的发展过程，更重要的是从现实意义出发，希望了解它的式样、结构、材料、施工等方面的优点和缺点，为改进目前农村中的居住情况，与建设今后社会主义的新农村以及其他建筑创作提供一些参考资料"。[①] 所以，他认为在"短期内尚不能正确了解各地区的自然条件与住宅建筑的关系"时，暂以平面形式为标准进行介绍。这可理解为是当时既客观又符合研究意图的分类方式。

"明清住宅类型"分为九类：①圆形住宅；②纵长方形；③横长方形；④曲尺形住宅；⑤三合院住宅；⑥四合院住宅；⑦三合院与四合院的混合体住宅；⑧环形住宅；⑨窑洞式住宅。

可贵的是在这九类分述中，刘先生并不只是就形状而谈住宅形状，而是非常重视和前"概况"的纵向联系，同时清晰表达空间上的关联，从而在了解具体类型的式样、结构、材料、施工等特点时，对中国古代住宅的历史定位始终比较清晰。如论述"曲尺形住宅"时，曰"据新近发掘的山东沂南县汉墓画像石，证明东汉末期可能已有曲尺形建筑，可是明清两代的例子，仅城上的角楼和园林中的楼阁规模稍大，在居住建筑中则始终限于城市附近与乡村中的小型住宅"。[②] 又如，在谈"四合院住宅"时说"在时间方面，四合院住宅最少已有两千年的历史，并且建造和使用这种住宅的人们，由富农、地主、商人到统治阶级的贵族"，"单层四合院住宅的平面布置，又可分为大门位于中轴线上和大门位于东南西北或东北角上的两种不同形体。前者大抵分布于淮河以南诸省与东北地区。后者以北京为中心散布于山东、山西、河南、陕西等省"。[③]

当然，"住宅类型"最主要的是论述关于住宅建造和设计层面的丰富内容。

首先，在功能布局上，注重从生产和生活方式来进行探讨。如"圆形住宅""室内土炕几占全部面积二分之一，炕旁设小灶供炊事与保暖之用"[④]；"横长方形住宅""在平面布局上，为了接受更多的阳光和避免北方袭来的寒流，故将房屋的长的一面向南，门和窗都设于南面"[⑤]。"四合院住宅"存有一定习俗，又表达封建社会的主从关系，而"最足引人之处是各座建筑之间用走廊连接起来，不但走廊与房屋因体量大小和结构虚实发生对照作用，人们还可以通过走廊遥望廊外的花草树木……"[⑥]。

其次，在结构特点上，强调经济性和合理性。如讲"北京南郊的小型住宅"的屋顶用"一面坡"和"东北方面使用囤顶的较多"，"它的产生原因，首先在经济方面，因坡度较低可节省梁架木料"，"其次在气候方面，……人们只要在雨季前修理屋面一次，便无漏雨危险。因此在许多乡村甚至较小城市中，除了官衙、庙宇、商店和富裕地主们的住宅以外，几乎大部分使用这几种屋顶，也有在同一建筑群中，仅主要建筑用瓦顶而附属建筑用一面坡或囤顶的，可见经济是决定建筑式样和结构的基本因素"。[⑦]

再则，在造型外观上，尤其对南方居住建筑的灵活变化分析颇多。从"湖南湘潭县韶山村

---

① 刘敦桢著．中国住宅概说．北京：建筑工程出版社，1957：23．
② 刘敦桢著．中国住宅概说．北京：建筑工程出版社，1957：33．
③ 刘敦桢著．中国住宅概说．北京：建筑工程出版社，1957：38-39．
④ 刘敦桢著．中国住宅概说．北京：建筑工程出版社，1957：23．
⑤ 刘敦桢著．中国住宅概说．北京：建筑工程出版社，1957：26．
⑥ 刘敦桢著．中国住宅概说．北京：建筑工程出版社，1957：41．
⑦ 刘敦桢著．中国住宅概说．北京：建筑工程出版社，1957：27．

我们伟大领袖毛泽东主席的故居"，到浙江、广东、福建等住宅，"这种附属建筑用纵长的三合院或四合院的方法"，"它的外观为了配合不对称式平面，将歇山、悬山、硬山三种屋顶合用于一处，颇为灵活自由，尤以后门上部的腰檐与墙壁的处理方法，不仅是适用上和结构上不可缺少的部分，在造型方面也发挥很好效果。没有它，整个外观必然显得呆板而乏变化。可见我国的乡村住宅中蕴藏着许多宝贵资料，等待我们去发掘和研究。"① 对安徽徽州一带历史价值和艺术价值相当高的明代住宅也进行了深入剖析，尤其对其古朴素净与繁缛细密的木作结合设计成功原则，阐释独到和精辟。

此外，在材料与施工上，详处则详，简处则简。如讲各种麦秸泥屋顶的做法就十分翔实，分梁架与屋面两部分说明，既讲坡度如何通过梁架调整，又讲各种材料铺叠顺序，既详细到不同气候下的麦秸泥厚度，又直抵确切施工技术和所用工具的重量。而关于客家土楼，"因另有专文介绍，不再赘述"。②

需要补充说的是，尽管该部分研究对象是汉族的住宅，但也常清楚阐述和少数民族住宅的来龙去脉，这就使得《概说》在分类下又比较丰满。如谈"圆形住宅"，"这是小型住宅的一种，在空间上分布于内蒙古自治区的东南角上与汉族邻接的地区，就是原来热河省的北部与吉林、黑龙江二省的西部。就形体来说，无疑地由蒙古的帐幕（俗称蒙古包）演变而成"。但"后来与汉族接触频繁，吸收土炕的方法，在帐幕外设炉灶，使烟通过帐幕下部，从相对方向的烟囱散出，但帐幕本身仍维持原来形状。此外，又有在柳条两侧涂抹夹草泥，代替毡子，成为固定的蒙古包，也就是本书所述的圆形住宅。不过这种住宅从何时开始，现在尚不明了。"③ 又曰及"横长方形住宅"时，既谈到大量的汉族住宅的建造内容，又注重少数民族在受汉族影响下的独特性，如"满族的五开间住宅虽然也在南面开门窗，可是在东次间与东梢间之间，以间壁划分为两部分。入口设于东次间。"④ "另一种是内蒙古自治区南部（原热河省北部）的小型住宅，入口设于南面，但门窗位置并不对称。室内设灶与土炕。屋顶用夹草泥做成四角攒尖顶，四角微微反翘，显然受汉族建筑的影响。"⑤

最后关于"住宅类型"，要说的是其前后排序颇为讲究。一是规模由小到大、形状由简而繁。"圆形住宅"最小、最简单，随后自纵长方形而横长方形、曲尺形、三合院、四合院，直至"三合院与四合院的混合体住宅"，如此循序渐进，理解通畅。如曰非封闭式的曲尺形住宅，"东次间的进深比其他二间稍大，显然从普通三开间横长方形住宅发展而成"。因为前已详述过横长方形住宅，所以至此便可很简约地勾勒出曲尺形的原型和变化。二是从构材而言，1~7类住宅主要为木构，部分涉及砖作、土作，而8和9类则为土构。从而能让读者比较清晰地把握诸住宅类型的建造特点及其相互关联。只是对于土楼，长方形的放在"四合院住宅"和"三合院与四合院的混合体住宅"中，而圆形的放在"环形住宅"中，则多少体现出按平面形式进行分类的局限性。

---

① 刘敦桢著. 中国住宅概说. 北京：建筑工程出版社，1957：36 - 37.
② 刘敦桢著. 中国住宅概说. 北京：建筑工程出版社，1957：48. 文中所说专文，在《概说》中有注解，即：中国建筑研究室　张步骞、朱鸣泉、胡占烈合著的福建永安客家住宅。
③ 刘敦桢著. 中国住宅概说. 北京：建筑工程出版社，1957：23.
④ 刘敦桢著. 中国住宅概说. 北京：建筑工程出版社，1957：31.
⑤ 刘敦桢著. 中国住宅概说. 北京：建筑工程出版社，1957：26.

三、概说"插图"和"图版"

"插图"和"图版"是《概说》的重要内容,尤其是图版132帧,成为我们完整理解正文的不可缺少部分。

先说"插图",共计11幅,是配合正文进行的,也排版在文中,集中在"明清住宅类型"这一部分。插图1为"调查资料分布概况图"(图1),如果将图上内蒙古自治区的甘珠尔庙和云南的腾冲作一连线,其所形成的东边面积恰为中国的大约二分之一,是中国相对发达的地区,也是20世纪50年代住宅研究的调查覆盖区域,该图具有史料价值。插图的另10幅,可以视为每一类住宅重点内容的说明(如插图2为"麦秸泥屋顶详部",配合正文明晰地表达了构造、材料、施工的不同形式和方法;插图5为"东北满族住宅平面",异于汉族的平面布置,易于理解;插图6"云南丽江县三合院住宅",则用钢笔素描的方式表达出南方住宅外观的丰富和变化等)。

《概说》正文从扉页起共计53页,图版则自55至134页计80页,紧随正文。"图版"132帧贯穿正文"发展概况"和"住宅类型"两部分,根据图版涉及的资料文献和实物,本人试作一"刘敦桢《中国住宅概说》图版涉及省市分布图示",广及21个省和直辖市(图2),与插图1的调查分布基本重合。由此可知,也许当时文献中能够了解的重要古代住宅遗存均得到调查。这从另一侧面也显示出《概说》的史料价值和一手资料的珍贵性。

图版的来源为考古、地理、青铜器、画像砖、画像石、明器、石碑、古画、壁画、拓本、志书、样式雷、照片、现场素描和大量测绘图等,这既使得《概说》专著图文并茂、易读易懂,也启示我们一条系统研究古代建筑的工作方法:文献和实物结合、广博和精深互动。

值得特别提出的是,自36图版开始为关于"住宅类型",每实例均有平面图(附指北针和比例尺),大多数还有立面图和剖面图,对于外观则配或摄影照片或钢笔素描效果图,有的还用局部透视和剖透视来表达,对于宅园一体的,也有关于园林的表达,如图版108"浙江杭州市金钗袋巷住宅平面"和图版109"江苏苏州市小新桥巷刘宅平面",从而实例的真实性得到充分体现,也让人读起住宅来有经典建筑的感受和理解。同时,大量而丰富的建筑图纸记录,为后来的建筑设计尤其是20世纪80年代以后的建筑创作提供了源泉,也为中国古代住宅作为一种遗产的保护留下了价值无量的档案。

四、概说"前言"和"结语"

当我们将《概说》的"前言"和"结语"对照着阅读,会有发人深省之感慨。虽然"前言"主要是回顾这本书的由来、去向和致谢,"结语"是说研究的现实意义及希望,但是我读来感触良多,于此不揣浅陋与读者分享、共勉。

第一,中国古代住宅研究道路漫长而艰巨。"前言"开场说道:"大约从对日抗战起,在西南诸省看见许多住宅的平面布置很灵活自由,外观和内部装修也没有固定格局,感觉以往只注意宫殿陵寝庙宇而忘却广大人民的住宅建筑是一件错误事情",这是刘先生开展住宅研究的初衷和朴素感情所在，但是他在抗战时期条件恶劣环境下却独具慧眼发现自下而上的中国古代住宅设计的作用却是十分重要的。几十年后在《概说》的"结语"中，他概括说：住宅"都与各地区的建筑材料具有密切关系"，"所有这些不仅说明我国过去匠师们善于利用自然条件的才能，就是在今天社会主义建设中，我们仍须采用就地取材和因材致用的节约方针，因此，对这些具有一定实用价值的传统方法，应该运用进步的科学技术，予以提高"。① 他又说："总的来说，我们对这份文化遗产固然不可盲目抄袭，重蹈复古主义的覆辙②，但也不可否认传统文化的一切优点，而应在今天的需要与各种客观条件下批判地吸收，使其能在今后社会主义建设中发挥应有的光辉作用"。③ 可见，刘先生持之以恒地研究住宅自始至终是怀抱理想的。如今，《概说》出版又是半个世纪过去了，尽管其间关于中国古代住宅的研究大有拓展，成果颇丰，但是距离刘先生的要求以及更加深入、细致、全面地挖掘住宅作为文化遗产的价值，还有许多艰辛的工作要做。对于我们来说，一方面继续研究，用刘先生30年前的话说仍然合适："为改进目前农村中的居住情况，与建设今后社会主义的新农村以及其他建筑创作提供一些参考资料"④；另一方面要深入现场广集一手材料，尤其是中国西部的传统住宅，这对于全面保护文化遗产，十分重要。

第二，先辈学者的学识学风永垂风范。这主要指四个方面：一是在学术上承认有限、留有空白，坚持实事求是，同时不乏深刻思考。刘先生在"前言"第二段说道："本书是以那篇文章（早先在建筑学报发表的'中国住宅概说'）为蓝本再补充修正而成。严格地说：在全国住宅尚未普查以前，不可能写概说一类书的。可是事实不允许如此矜慎，只得姑用此名，将来再陆续使其充实"，可见其学识观点。二是特别强调研究要实事求是、"摸清家底"。"结语"中曰："但是我们对居住建筑实在知道得太少。无论为发展过去的各种优点或改正现有的缺点，都须先摸清自己的家底。也就是说：不从全国的普查下手，一切工作将毫无根据"。⑤ 三是将历史研究和现实结合，具有强烈的社会责任感。如在"结语"中总结了住宅的优点而不讳言缺点时说："其中应以占全国人口80%以上的农村住宅的卫生状况最为严重。……但短期内我们不可能在农村中建造大批新式住宅，只有在现有基础上用最经济最简便的方法予以改善，才符合目前广大农村中日益增长的物质生活和精神生活的实际要求"。⑥ 四是谦虚和尊重别人的研究成果。这在"前言"之对《概说》出版的"说明"中和"谢悃"中表达得十分清楚。

第三，住宅研究的分类意义值得探究。《概说》在对住宅类型研究后，在"结语"的第一段说道："上面介绍的九类住宅是从我们知道的有限资料中提出若干不同类型的例子，作极简单的报道，绝不是我国居住建筑的全部面貌，因此，目前对它的发展经过与相互间的关系，有许多问题尚不明了，从而正确的分类暂时还无法着手"。⑦ 可见，刘敦桢先生对从平面进行住宅分类

---

① 刘敦桢著. 中国住宅概说. 北京：建筑工程出版社，1957：52.
② 原文为"覆辙"。
③ 刘敦桢著. 中国住宅概说. 北京：建筑工程出版社，1957：53.
④ 刘敦桢著. 中国住宅概说. 北京：建筑工程出版社，1957：23.
⑤ 刘敦桢著. 中国住宅概说. 北京：建筑工程出版社，1957：53.
⑥ 刘敦桢著. 中国住宅概说. 北京：建筑工程出版社，1957：53.
⑦ 刘敦桢著. 中国住宅概说. 北京：建筑工程出版社，1957：52.

研究的方法虽然有自己的看法，但是不满足，而且对如何清晰表达住宅间的发展变化期待着。

自《概说》1957年出版至今整50年，尤其20世纪80年代以来关于中国传统住宅的研究从内容到内涵上都有很大变化，一是从"住宅"研究拓展到对"居住建筑"和"民居"①的研究，如刘致平著、王其明增补的《中国居住建筑简史》②和陆元鼎、潘安主编的《中国传统民居营造与技术》③可为代表，前者从住宅拓展到园林和城市里坊，后者关注的对象也突破了住宅本身；二是在对研究对象的分类上，形成大致五种：第一种是平面法、第二种是外形分类法、第三种是结构分类法、第四种是气候地理分类法④、第五种是民系分类法⑤。考察这五种分类，其实包含了中国现代在不同阶段对以住宅为主进行研究的侧重点。第一种乃《概说》所采用，其目的实质是探讨汉族在不同区域由于生产生活方式的不同在住宅建造上的独特性；第二种可谓是20世纪80年代初对建筑界希冀"走出宫廷、走向民间"、"民居是创作的源泉"的回应；第三种对研究中国不同建筑结构的缘起及在教学中有重要作用；第四种也和建筑界在20世纪80年代末到90年代初建筑设计重视地方性有关；第五种是随着人类学、社会学、民俗学等领域的研究成果的丰富在建筑本体研究上进行交叉的反映。这五种分类在我看来并无高下之辩，其分类的目的不同恰体现出中国传统住宅在历史长河中持续流淌和不断生辉的意义。同时，该五种分类的作用在《概说》中都有深思、萌芽及探讨。在这个意义上说，刘敦桢先生《中国住宅概说》之"筚路蓝缕，以启山林"之功，将是恒久和永远的。

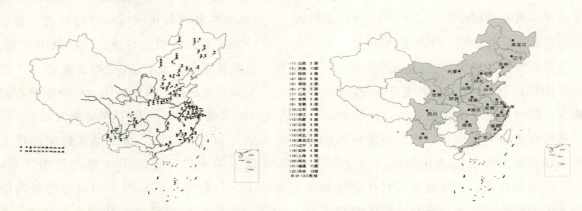

图1 《中国住宅概说》插图1 调查资料分布概况图　　图2 刘敦桢《中国住宅概说》图版涉及省市分布图示

---

① 在《中国住宅概说》中一般只用"住宅"一词，在部分开头总论和结语中用到"居住建筑"一词，研究对象比较明确，是指用于居住功能的建筑。而民居则包含住宅及由此而延伸的居住环境中的各类建筑，民居较住宅更加宽泛。但现在许多论文中用法比较随意。
② 刘致平著、王其明增补，《中国居住建筑简史》，中国建筑工业出版社，1990年10月。
③ 陆元鼎、潘安主编，《中国传统民居营造与技术》，华南理工大学出版社，2002年11月。
④ 这四种分类法的概括出自：陆元鼎，中国传统民居的类型与结构，《民居史论与文化》，华南理工大学出版社，1995年6月。
⑤ 参见：陈薇撰写第三章 住宅与聚落，潘谷西主编，《中国建筑史》，中国建筑工业出版社，2001年7月，第83页注1。

1.6 传统民居与文化研究
——漫谈北京四合院

杜仙洲[①]

（一）

远古时期，燕赵大地，土壤肥沃，森林茂密，气候四季分明，山川秀美，物产丰饶。劳动先民便因地制宜，因材致用，创造了各种适于生活生产的民居建筑，为人类文明注入了新鲜血液，从而发展农业生产，为人民奠定了稳定的生活环境，其丰功伟绩博得后世景仰称颂。

据文献记载和考古发现，四合院式民居建筑始于元代（公元 13 世纪）大都城。为居住在首都小街、深巷的老百姓制定了四合院式的民居模式，宅基地面积尺寸都有严格规定，每户占地 8 分，就能盖造一所四合院，百户人家即可形成一条胡同，这是当时大都城建规划师刘秉忠等人制定的典章制度，任何人都必须遵照执行，不准违抗。

大都时期的民居四合院，由于战火的摧毁，人为的改造翻修，大部毁失无存，我们今天的能看到的各种款式的四合院民居，都是明、清时期和民国时期遗留下来的建设成果。它们或豪华，或简易，都有历史烙印和显著个性，它们的营造手法和艺术风格和前朝相比，都有很大改进和变化。20 世纪 50 年代，我曾在北京西城有过一段四合院民居生活，印象深刻。

每所四合院四面都有围墙，所有房屋都采用内向方式，形成一个封闭式的庭院，南北中轴上，前有临街"倒座房"，最后面为罩房，街门开在东南方的"巽"位上，叫作"乾宅巽门"，是风水宝地，清水脊的门楼，依据房主人的身份地位、功能需求和财力的大小，款式规模有大有小。有宽敞的广亮大门和金柱大门；也有比较简易的蛮子门和如意门，广亮大门。门旁两方石墩为"上马石"，石作上皆有精美石雕，门口两旁的"墀头"磨砖对缝，"水盘檐"，施雕"花篮流苏"是雕花师传施展手艺的"亮点"。

讲究点的四合院还有"贴山影壁"，院内方砖墁地，十字甬路通到各屋。垂花门、抄手回廊，房子磨砖对缝或淌白四缝，整砖到顶，黄花木架，室内细墁方砖地面，后檐施封护檐，严整坚固。前檐施"上支下摘"窗户。屋门外面，冬设避风阁，夏扑水竹帘，内设成套硬木家具和雕花飞罩，是主人的生活起居室，也是生活私密所在。

（二）

垂花门是分隔内外院的一道屏障，前有门，后有屏，清水脊的屋顶，前殿后卷，细雕镂，

[①] 中国文化遗产研究院，教授级高级工程师。

美油画，是瓦木油石"四作"的亮点所在，成为最为人们赏心悦目的一种设施，是整个宅院的一朵奇葩，豪宅大院里如果没有垂花门，就没有精神，不值一顾，其重要价值就在这里。

某位建筑师欣赏过后，曾留下这样一首赞歌：

看垂花口碑夸，前殿后卷勾连搭。

屏门开启迎宾客，垂莲悬柱赏雕花。

诗味不浓，但内容切合实际，有真实感。

（三）

民居内院是块宝地，栽上几棵槐树或枣树、丁香、海棠。夏天搭上天棚，是会客、对棋、品茗、纳凉的好地方，花木垂阴，雅趣无穷。曹雪芹在《红楼梦》中赞赏贾府："花柳繁华地，温柔富贵乡"。虽居闹市，却有山林静穆之感。生态之美在民居不在皇宫。信哉！

1.7 不以形作标尺 探求居之本原
——传统民居的核心价值探讨

朱良文[①]

> **摘要**：本文是笔者对传统民居价值论的进一步思考与研究。论文从民居的本原出发来探讨传统民居的核心价值，提出可将"适应、合理、变通、兼容"作为其核心价值。论文并以此来讨论传统民居的保护与发展问题，指出民居的发展是绝对的，对待传统民居的保护只能区分层次、不同对待，新民居的探索应体现传统民居的核心价值，努力探索具有地方特色的现代新民居。
>
> **关键词**：居之本原 传统民居 核心价值 保护与发展 新民居探索

一、对传统民居价值论研究的再思考

任何事物只要有价值，人们就会研究它，并加以利用，对传统民居的研究热潮至今不衰正是如此；但是研究者有时也会陷入茫然。从20世纪80年代初笔者开始接触云南民居之后，常常被云南各地、各民族传统民居的丰富多彩所打动；但直到20世纪80年代末，面对经常碰到的一个问题："你们对这些传统民居那么感兴趣，为什么不来住？"竟不知如何回答。"专家"与群众、与领导、与开发商之间巨大的认识反差，是传统民居保护艰巨性的根源。经过较长时间思索，觉得有必要理性回答这一问题，于是开始了传统民居价值论的理论研究。

1991年10月、1992年11月、1996年8月，笔者先后在中国民居第三次（桂林）、第四次（景德镇）、第七次（太原）学术会议上发表了"传统民居的价值分类与继承"（刊于《规划师》1995年2期）、"试论云南民居的建筑创作价值"（刊于《中国传统民居与文化》第四辑，1996.7）、"试论传统民居的经济层次及其价值差异"（刊于《中国传统民居与文化》第七辑，1999.6）等论文，其基本观点：不能把大量的传统民居等同于文物。它具有不同于文物的三种价值：历史价值、文化价值、建筑创作价值。不同的民居其价值不尽相同，应区别对待。最重

[①] 朱良文，昆明理工大学建筑学院，教授，邮编：650051，地址：昆明市环城东路50号理工大学新迎校区6-523信箱，Email: zhulw@126.com。

要的是要继承传统精华，为今后的建筑创作所利用。

近十年来，人们对传统民居的保护意识有所增强，新民居探索无论在城市房地产开发或新农村建设中都有所发展，人们对传统价值的认识似乎有所提高。然而实践中又出现了一些盲目复古、拆真建假、混淆地域传统差异、保护维修中的破坏等另一类问题，其实质是对传统价值的认识只重外表形式，不谙内在真谛。2005年10月笔者在海峡两岸传统民居学术研讨会（武汉）发表的"深化认识传统，明确保护真谛"（刊于《新建筑》2006年1期）一文，即是基于此的有感而发。

时至今日，对传统民居的研究无论在广度、深度、学科的交叉上都在不断发展，但对于传统民居的保护价值利用、继承与发展上认识仍然并非一致，实践探索中某些新功能能否进入传统民居、新民居外表形式与传统"像与不像"、"似与不似"等常成为议论的焦点，价值论研究中尚有许多值得探索的问题。再三思考，本文拟从居之本原出发来对传统民居的核心价值作一点探讨。

二、从民居的本原谈起

所谓民居乃民之居所，传统民居如此，现在民居亦如此。既是民之居所，本原是居，居的需求包括物质与精神两个方面：物质需求第一，精神需求次之。笔者从不反对精神文化对住屋形式的作用，但对住屋形式起决定作用的还是物质需求，一个适应环境的、便于生活的居所。

在对云南一些边远少数民族的传统民居研究中可以发现，愈是经济落后的地区，原始宗教信仰在住屋营造中所起的作用愈大，从择地、选材到神柱设置、上屋脊、贺新房等，都有一套祈祷仪式；认真分析这些仪式，实质无非是为了祈求居之平安。在经济发达地区的今天，随着物质生活的富裕，人们对居所室内的休闲、娱乐、社交等空间需求增多，对室外园林、健身、交友空间等需求亦增多，这也是居之精神享受功能的扩大，实质还是为了满足居之享乐。上述两者的核心都是居，这是从传统到现在、到未来所有住居之本原。

正如我国当代的建筑创作在经过改革开放后二十多年的探索，在各种建筑思潮熙熙攘攘的碰撞之后，有人提出需要冷静地回顾一下建筑的本原一样，我们对传统民居研究，今日回归一下居之本原，甚有必要。探求居之本原，亦即探讨传统民居的核心价值——最根本的价值取向。任何事物都在发展、运动、变化之中，传统民居的实体无法永久保存，这是必然的；能够永远传承的只有其核心价值。这正如任何社会都不可能一成不变，但西方社会的"民主、自由、平等、博爱"、中国社会的"和而不同"、"仁义礼智信"等核心价值观可以传承久远。

三、传统民居的核心价值探讨

从居之本原出发探求传统民居的核心价值，不在屋的外表之形，而在居的内在之理。概括来说，传统民居的核心价值可以从以下四个方面来探索。

1. 在自然环境中的适应性

我国各地的山水地形、变化的地貌、南北气候等不同的自然环境是造成各地传统民居形态、材料、构造各异的主要因素。就云南来说，自然环境多样，一些高寒山区的木楞房、元江等干热地带的土掌房、版纳等湿热地区的干阑式竹楼、昆明地区的"一颗印"（低纬度地区的小四合院）等无不因其不同的自然环境而产生相应的形态，并因地制宜、就地取材而使用不同的材料与构造，因而形成各具特色的不同的民居类型。

再就传统民居的"民族性"来说，虽然这主要反映在各民族不同的文化上，但其实质也是因其民族所居之地域环境的不同所致。例如，在版纳之湿热地区，傣族、布朗族、嗳伲（哈尼族分支）民居皆为干阑式竹楼；而在墨江、元江等干热地带，傣族、嗳伲、彝族民居皆为土掌房。可见，自然环境仍然是决定性因素。

可以说，各地保存至今的传统民居都是适应自然环境才得以传承下来的产物，这种适应性源于其生态性与自然性。

2. 在现实生活中的合理性

现实生活中的"理"主要表现于前述的"居"之物质需求与精神需求两个方面。人们对居之物质需求包括居住需要相应的生活空间（房间），合理的组合关系，良好的使用条件（安全、朝向、通风、采光）等；而精神需求反映在人们精神信仰的场所、元素，人文、伦理的仪式、秩序，精神享受的空间、环境等。对这两方面的需求，不同民族、不同地域、不同经济地位、不同生活习俗的人群其要求是不完全一致的，不同时期、不同的经济水平其要求也是不完全一致的。然而，各地、各时期能够为当地百姓接受并传承下来的传统民居，都是从其时其地现实生活的需要及可能出发，以相应的材料、技术、经济手段及形式打造而成的符合居住生活之"理"的成功类型。

3. 在时空发展中的变通性

时间推移、时代发展，人们的生活在发展，人们生活之居所也必然发展，这是永恒不变的定律。"传统民居"这一概念本不是一个静态的固有物体，而是一个动态的建筑属类。我们所说的某地、某民族的传统民居，并非指其最原始的居所（洞穴、树居之类），而是指其我们所知所见、发展到某一时期相对成熟、较为典型的某一种住屋，它本身就是发展的产物。

变通性是传统民居最大的特性之一，即随着时间的变化与空间的变化，传统民居也在不断地变。同一地方的民居，随着时间的变化，居住的人口增多，生活发展、设施改善，这样要求居住使用空间及设施增加，民居也在不断地改造、扩建、重建；同一时期的民居，随着空间的变化，因建造地点的地形、周边环境、朝向等情况不同，使得同一类型的民居在具体处理上变化多端、极富智慧。这样的一些变化在各地都是经常不断地，然而它只要符合渐变而不是突变、微变而不是全变、变后可通（即行得通、能满足变的要求）这三个条件，则当地的民居传统就可以在变中延续下去，逐渐形成具有当地传统精神与传统形式的被后人认可的"传统民居"。

4. 在文化交流中的兼容性

民居为人所使用，而人在社会中因各种原因的流动而造成了经济及文化的交流，它对各地民居必然产生一定的影响，形成在某些形式、材料、装饰、构造上接纳外地影响的变化，此即各地传统民居中普遍存在的文化交流现象。而且随着经济愈发达，这种文化交流愈多，影响也愈深。

传统民居在文化交流中通常具有兼容的特性，即既"兼"又"融"。"兼"者即兼收并蓄，能吸取、容纳别地的文化，接受其影响，将其民居中一些有价值的形式、材料、装饰、构造吸收到本地民居之中；"融"者即融汇于我，在吸收外地好的东西时能结合自己的条件加以改造、不失去自己传统的特色。云南接受了中原民居的庭院文化影响，结合本地低纬度条件，形成了地域特色鲜明的"一颗印"民居；丽江纳西族民居吸取了大理白族民居的平面形式，但结合自己的山水地形条件，形成了富有自己特色的民居造型。这些皆是传统民居中文化兼容的佐证。

各地的文化交流是客观存在、无法阻挡的。故步自封、不兼不融，则自己无法发展、无法前进，最后容易被时代淘汰；盲目吸收、只兼不融，则将丧失自己的特色，自我消失，成为别地的附庸；只有兼而融之、不失自我，才能使自己不断发展，不断前进，傲然挺立。能够在今天被人们重视、称赞、研究的各地传统民居，多半都是文化兼容的产物。

综上所述，可以将"适应、合理、变通、兼容"（环境的适应、居住的合理、发展的变通、文化的兼容）作为传统民居的核心价值。

四、从核心价值来看传统民居的保护与发展

通过对传统民居核心价值的探讨，笔者对以下三个问题有了进一步的认识。

1. 从居之本原来认识传统民居

民居的本原是居，传统民居是从古至今人们居住在其中的一种建筑类型，它是"鲜活的"、正在使用的房屋，而不是"古董"，因此不能把它与一般的文物等同看待。虽然有极少极少的传统民居因保留了重要的历史信息，或因历史事件、名人故居等而被划定为文物古迹，但我们所指的传统民居是大量的、人们至今还在使用的居住场所。不要以那极少极少的文物建筑（虽然其过去也是民居）来代表"传统民居"，使得对传统民居研究的问题混淆、重点模糊。故而，笔者认为传统民居具有不同于文物的三个价值。

民居的发展是绝对的，大量传统民居的消失也是不可避免的，历史如此，现在更是如此，我们的研究者无法"螳臂挡车"。因此，对传统民居要保护的实体只能是极少数（对其要认真地保）；而对于大量的传统民居，重点只能是研究其价值，保存其资料。我们更应把研究的重点放在价值的继承上，为新民居的探索服务。

2. 从核心价值来看传统民居的保护

对待传统民居的保护只能区分层次，不同对待。

对于已被确定为世界文化遗产、国家级重点文物保护单位的极少数传统民居（应该称其为文物建筑），是重点保护的对象，应加大保护的力度，加大国家保护资金的投入，加大保护的立法与执法，加强保护的技术措施与技术指导。

对于各地优秀的传统民居（有的已被确定为"重点保护民居"、"保护民居"、"历史建筑"）、历史街区、古村落等，能保的尽量保；但保护的目的不是把他们当作一种供品，而是要重点展现其"适应、合理、变通、兼容"的核心价值所在。这部分民居既然至今仍作为居之场所，那么在保护中就应允许做满足现代生活基本需求的改造（当然要讲究技巧），否则是不人道、非人性的，也违背了居之本原。

对待各地一般传统民居的保护应该是一种动态的保护，在力求保护其传统风貌的同时，应

允许其合理利用（如改作商店、茶室、餐厅、小型博物馆等）、合理改造、合理发展。

3. 新民居的探索应体现传统民居的核心价值

适应环境是传统民居的核心价值，也是新民居探索中最需要继承的传统。传统民居的生态性与自然性也是现代住居的探索方向。

新民居探索应把满足现代居住的物质需求与精神需求作为前提；适应时代的发展，尽量运用新材料、新技术、节约能源，而不以形作标尺、单纯拘泥于对传统民居的形式模仿。"现代本土建筑"的创作方向应该在各地新民居探索中大力推行，新民居应该既是现代的，又具本土特色。

继承传统民居的核心价值，将其运用于新民居，探索具有地方特色的现代新民居，这应该是我们传统民居研究者的追求与终结目标。

1.8 民居研究与文化传承

余卓群①

> **摘要**：传统民居研究，经过全国民居16次会议的研讨与总结，已进行了基本梳理，为今后民居的发展与文化承传，奠定了基础。如何应用这些战果，在新的建筑中吸取传统文化方面，尚有待进一步深化。本文就民居研究与当代文化承传涉及的建筑环境、文化内涵、入口经营、技术表现几个方面加以扼要阐述，以祈她能在新建的建筑中得到应有的强化。
>
> **关键词**：建筑环境 文化传承 入口经营 技术表现

传统民居研究，经过全国民居16次会议的研讨与总结，对传统民居，就其地域分布、民族关系、基本特征、文化内涵、构造形制、择地条件、环境经营、技术方略、保护利用……已进行了基本梳理，使人们已初步洞察了其发展的脉络，为今后民居的发展与文化传承，奠定了基础。

研究传统民居的目的，在于发掘优秀的文化遗产、保护祖国固有的文脉，对促进今后建设的发展，具有积极的作用。

改革开放30年来，祖国建设的成就，世所瞩目。有不少新的建设，在汲取传统文化方面取得了可喜的成绩，令人耳目一新。

这里，拟就民居研究与当代文化传承涉及的建筑环境、文化内涵、入口经营、技术表现几个方面加以扼要阐述，以祈能在新建的建筑中得到应有的强化。

一、建筑环境

建筑环境是建筑设计中首先考虑的话题，从传统民居中可以发现，其对环境的适应、选择、改造与创新，摆在建设的首位。民居因地形环境的不同，创造出各种多样的形制，形成了不同风采，为人们津津乐道。

---

① 余卓群，重庆大学建筑城规学院，教授，邮编：400045，地址：重庆沙坪坝重庆大学B区东村81号4-2，yu45252@Sina.com。

1. 利用地形　基于民居的广泛性，对于任何地形都加以充分利用，以满足人们生产生活的需求，经过历史的积淀，创造出许多优美的建筑形制，给人们提供了丰富的经验。无论是黄土高原、高山野岭、悬崖陡坡、滨湖驳岸，随着人民的聚居，都能创造出优美的居住环境。例如漓江沿岸、土家族、重庆出现的吊脚楼，山区的附崖建筑，藏族的碉楼，羌族在陡坡上构筑的山寨、邛楼，黄土高原的窑洞建筑，滨水的船屋，其构筑的巧妙，令人叹为观止。

2. 保护生态　民居建筑对于自然生态，十分重视。举凡自然地形中的山势、水体、陡坎、巨石、独树、丘壑……都视为是建筑的有机组成部分，在民居建筑中都加以充分利用，使建筑在自然环境中成为一个客体，与自然景物融为一体，人工与自然相映成趣，富有生气。修建过程中绝不似今天在机械化施工的驱动下，动辄铲平重来，维护了生态的平衡。

3. 院落围合　民居为尊重自然，接近自然，将自然纳入建筑，构成了各种形式的院落围合，使建筑与自然紧密地联系在于起，使人生活在其中，十分惬意。各地民居如北京四合院、土族的庄窠、纳西族的四合五天井、藏族高原的院子、四川的院落、福建的团楼、东北的院子、彝族的院子，都把自然环境作为建筑的重要组成部分。随着建筑的扩大与增殖，有的达到72院，成为庞大的建筑组群。

4. 环境包络　为扩大自然与建筑的联系，除了院落的围合，还重视建四缘环境的色络，使建筑融于自然之中，构成为一个优美的自然景色，居体其中，令人心旷神怡。任何一幢民居，都很重视四周环境的绿化、园林培置，显得环境幽雅，生机盎然，将人们的生活融于自然环境之中，富有生气。

二、文化内涵

民居建筑由于地域条件不同，形成了不同的格调。北方厚重，南方轻巧，高原挺秀，山地多变，黄土高原朴实……随着地域的变化，在历史演变中，形成了不同的文化格调，体现了各民居不同的特色。在现时建设发展中，出现了东西南北中模式一个样，有时还有不少"舶来品"。这对于传统建筑文化无疑是一个很大冲击。但也有不久成功的作品，在传承建筑文化、提高建筑文化品位方面也作出了榜样。例如西双版纳机场候机楼、敦煌机场候机楼、贡嘎机场候机楼、海口火车站、新疆国际大巴扎、华侨大学入口承露盘……它们在传承祖国建筑文化，汲取各地的建筑传统经验，以提高建筑的文化品位，可以说是建筑创新中的佼佼者。

这里就建筑文化内涵涉及的几个问题加以扼要地阐述。

1. 建筑模式　建筑模式是体现建筑文化的重要方面。建筑模式应根据不同的地域条件和建筑的性质，采取不同的组织方法方为贴切。诸如文化建筑的灵活多变，办公建筑的庄重开朗，学校建筑的整齐开敞，医院建筑的洁净幽雅，商业建筑的繁荣兴盛，纪念建筑的庄严肃穆，居住建筑的朴实亲切……应成为建筑的主旋律。同时适应不同的地域要求，或集中，或分散，或拓展，各尽其宜。那种无视对象的随意性与趋同性应当避免。

2. 建筑装修　按传统建筑，建筑装修分内檐装修、外檐装修，它集中反映了民族文化的吉瑞意识和风格习惯的要求，在处理上都特别细致。就内檐装修而言，无论是染枋、彩画、线脚、门窗、吉祥图案都十分丰富，给建筑增添了文化氛围。而外檐装修，对于门窗墙面虚实的安排、墙面的砌筑纹理、主调的搭配、建筑三段的处理都十分得体。整体建筑的内外都进行了细致的推敲，给人们以美的享受和文化的薰淘，绝不是一个住人的机器——仅是一个无意识的框架外壳。

3. 轮廓处理　传统建筑由于材料的关系，多系木构架，对于屋顶的处理，虽然其坡度由于气候的原因有所不同，对各种屋顶的搭配，十分重视。因为它是建筑重要的天际线，处理上十分考究，有时还有仙人、走兽、宝顶、檐口的多种方法，以丰富其外观。即或有些地域没有屋顶，而其檐口的曲直、长短、厚度、色彩、起翘与上面装饰的变化也十分丰富，也不是平直、兀秃的做法，绝不简单从事。

4. 窗子变化　传统民居窗子的大小、形状、排列、疏密随其内在功能要求而定，有时为达到某种装饰效果，在整体墙上，可以运用不同形式的窗子进行排列组合，加以窗框的厚度、正斜、窗的变化，窗头线的装饰，可以改变建筑的情调。特别值得提及的是窗格的变化，大体可以归结为万胜、盘长、锦花、冰纹、拐子、棂子、格条、唐草、夔龙等十种纹样，不同的纹样，可以反映建筑不同的格调。绝不是简单的几何形的重复，以避免殊觉乏味。

三、入口经营

建筑入口是建筑体现的重点，也是建筑装饰、经营的中心。俗称"门当户对"，这说明它的重要意义。传统建筑对于建筑入口、大门特别注重。任何一幢建筑，当主人"发家"之后，首要的就是修整门面，说明门对建筑的重要性。这里就建筑入口经营应当注重的问题加以简要地分析。

1. 以人为本　建筑入口的要重视对人的关系。它对于送往迎来、人流聚散，尤其重要。无论是入口的内、外处理，都显得宽敞从容，雍容大方，体现建筑的气质和建筑的性质。一般都具有较大的场地，以便于送往迎来的礼仪安排，必要时还要考虑车场的线路和入口缓冲过渡，不能狭窄偏谨。

2. 位置适中　建筑入口关系建筑的全局，传统建筑中，建筑入口绝不会偏于一侧，使人难以搜寻。一般都趋于建筑的中心和重心，是建筑焦点的所在。

3. 标志鲜明　入口的门，一般都要宽大，具有鲜明的标志，即或是统一的开间，也要适当地加大尺寸，以显其重要性。同时也很少以双开间作为入口者，因为中央出现了中柱，不便人们的进出，气流不畅。

4. 装饰重点　建筑的入口，可以说是集中了建筑各种装饰手法，是经营的一个重点，利用各种装饰配伴加强气氛。通常用踏步、门磴、台阶、门框、门柱、门廊、灯饰、门头、雨棚以及花台、绿篱、树……加以强化。必要时，还设立门楼、牌坊、饰柱、小桥……以加强它的氛围。至于狮子的安排，除了达官贵人外，一般民居则为少见。

四、技术表现

中国传统民居，建筑技术与表现的统一，值得人们借鉴。任何民居的模式与建筑技术表现是一个统一体，结合建筑用材，产生了一定的构造方法，从而表现了一定的建筑模式，体现了民居不同的品位。

1. 就地取材　民居所在地区不同，用材各异，普遍的是以土、木、石、竹材料进行建设。传统上积累了丰富的经验，值得当今加以继承与发扬。当前由于竹木的匮乏，石材仍较为广泛地被应用，在贵州、陕西、西藏、阿坝、晋江、重庆……都较为普及。无论是片石、碎石、卵石、毛石、方整石，在技术上都发展到了极致，其技术的精湛，令人叹为观止。建筑上也出现了各种各样的特殊模式。

2. 构造简明　民居建筑的构造，一般都较为简易，为一般人民所掌握，可以说是一种适宜的技术，其中有许多约定俗成的做法，一般工匠都能做出，它是传统技艺的精髓。

3. 量材取用　建筑在建造过程中，视材料的大小曲直，量材取用，避免了材料的浪费。所以，有时会出现"曲梁"、斜枋、大小不等的穿枋，右村的大小、挑枋的曲直……都因材而异。

4. 匠心独运　建筑中的某些做法，充分体现了匠人才智的发挥，丰富了建筑的文化内涵。诸如建筑的各种线脚，墙面的填空补白，出檐的长短，屋顶的变化。特别指出，出墙的处理，在一个小小的三角地带，无论是山花、气孔、虚实大小、面积分配、图案花纹都经过精心的处理，绝不潦草从事。

综上，不难看出，在当代工业化的条件下，建筑的基本框架已定，若能在建筑环境、文化内涵、入口经营、技术表现几个方面，汲取传统民居建筑的经验，它对于提高建筑的文化品位，改变当前建筑单调的模式，丰富建筑民族的情调，提高建筑环境质量等方面将具有积极的意义。

1.9 新时期民居建筑研究的继承与发展

陆 琦[①] 郭焕宇[②]

2008年11月21日至11月25日,第十六届中国民居学术会议暨民居会议举办二十周年庆祝活动在华南理工大学召开,由华南理工大学建筑学院、华南理工大学亚热带建筑科学国家重点实验室、中国民族建筑研究会民居建筑专业委员会、中国建筑学会建筑史学分会民居专业学术委员会、中国文物学会传统建筑园林委员会传统民居学术委员会、中国建筑工业出版社联合主办。来自全国各地逾200位民居学者齐聚一堂,就"民居建筑研究与社会主义新农村建设"、"传统街村、民居的保护及其持续发展"、"传统民居特征在新民居新建筑上的运用"、"民居建筑研究和学术活动二十年的成就和经验"等主题展开讨论和交流,并赴广东省开平市、中山市、广州市番禺区等地进行考察参观。

一、民居建筑研究与社会主义新农村建设

党的十六届五中全会通过的《中共中央关于制定国民经济和社会发展第十一个五年规划的建议》中,明确指出建设社会主义新农村的发展方向:村庄治理要突出乡村特色、地方特色和民族特色,保护有历史文化价值的古村落和古民宅;要本着节约原则,充分立足现有基础进行房屋和设施改造,防止大拆大建。

社会主义新农村建设并不是简单等同于新村建设。中国广大农村经济发展水平参差不齐,地理气候条件各有不同,建设情况亦不能一概而论。随着经济的快速发展,近年来不少村庄虽新房林立,但由于缺乏有效的指导、引导,往往造型单一、结构简单,传统民居风貌和地域文化特色尽失。中国新农村建设如何在新与旧、传统继承与现代创新中找到平衡点,成为摆在学者们面前的重大历史课题。会议论文中不乏结合区域实践而展开的关于新农村规划建设、新民居建设、村庄整治等问题的研究。

值得一提的是,自2008年"5·12"汶川大地震后,众多建筑界专家学者投入灾后重建工作第一线,为这一特殊时期的民居建设贡献力量。来自西安建筑科技大学王军教授的主题报告"机遇与挑战——陕南灾后绿色乡村社区营建策略",针对陕西南部灾区的重建任务,提出灾后营建绿色社区的相应策略。该项成果根据调研及总结提供数套适合当地重建的住宅设计方案。在体现地域特色的同时,探索采用新型结构体系及新型节能材料,结合陕南当地气候、地形、地貌以及地方材料,对生态节能复合墙结构体系、生土新构造结构体系等进行研究,将结构抗

[①] 陆 琦,华南理工大学建筑学院,教授、博士生导师。
[②] 郭焕宇,华南农业大学水利与土木工程学院建筑系,助教。

震成果与陕南地方材料、地方经济条件结合开发出农村抗震民居的新结构形式。

该成果不仅提出切实可行的重建方案，同时明确指出绿色社区的营建应为综合的、全方位的建设。并立足多学科研究视野，提出陕南绿色乡村社区营建体系，应从适合地域特征的农村社区规划、环境综合治理、公共卫生和基本医疗保健、农业主导产业技术创新、农业节水技术集成、循环农业发展模式研究、现代农村智能化管理研究等几个方面进行技术创新与示范。该项课题的研究，不仅对于灾后陕南乡村建设具有鲜明的针对性和指导性，对于广大新农村建设、营建绿色乡村社区体系，兼具广泛的现实启示意义。

二、传统街村、民居的保护及其持续发展

在当今中国的城乡建设中，历史建筑和文化遗产特别是传统街村、民居的保护、利用一直是个比较沉重和现实的话题。一方面，传统民居广泛分布于全国的城乡村镇，出于历史及经济的原因，大量原生态的传统民居建筑能够较好地保存下来；另一方面，在城市化进程中，传统街村、民居的保护往往面临种种尴尬局面，持续发展更是无从谈起。如何实现传统街村、民居的保护及其持续发展，成为大会讨论的热点之一。

华中科技大学李晓峰教授的主题报告"基于遗产廊道理念的汉水流域聚落与民居形态变迁研究"，遵循"遗产廊道"（Heritage Corridors，发端于西方的当代遗产保存和利用理念，也是一种在遗产保护区域化进程中采取的方法）的理念和方法，选择汉江流域历史地理信息极为丰富的沿江航道、历代商道、军事隘道以及移民通道作为研究的主要线索，以汉江流域范围内的传统聚落为研究对象，清晰总结、勾勒出横贯鄂－豫－陕－川这条大河文化走廊上聚落及居住形态变迁，及其与流域环境变迁的文化关联。同时，针对当今聚落更新与发展目标，从聚落与建筑的历史演变规律的研讨中探循其对自然和人文环境适应性规律，以期促成人类聚居历史经验在新时期的借鉴和运用。

该报告充分展示其对于汉江流域聚落与民居发展、"南水北调"资源整合等众多地域性问题的研究意义，还提供了一个契机，提出借鉴遗产廊道这一历史与自然保护并举的遗产保护思路和方法，进一步完善和建设聚落民居的研究理论与方法。

在主题报告"城市建筑创新与文化遗产保护"中，重庆大学建筑学院李先逵教授基于城市文化发展过程中"创新"与"保护"这一对矛盾统一的关系展开论述。他从城市文化本质、特征、历史性等角度出发，主张城市文脉宜新旧延展、整体和谐，协同体现城市地方风采特色。

他山之石，可以攻玉。韩国成均馆大学李相海教授的主题报告以韩国两个古村落的保护为例，阐述韩国传统村落的保护与更新问题。李相海教授尤为强调村落原住民的自发性保护行为，主张保护建筑形态的同时，保护家园氛围和村落生活形态。中韩两国同属东方文化圈，在建筑文化领域存在诸多共性，韩国民居保护及研究成果从另一角度给我们带来启发。

三、传统民居特征在新民居新建筑上的运用

在创造新建筑的同时，我们也会对历史建筑进行疏理，这里包含着两个层面的意思：一是

对传统建筑，特别是文物建筑进行保护维修，还其原貌，对于一般具有特色的历史建筑则为改造或更新；二是从传统历史建筑中寻找创作的因素，包括建筑语言符号的直接借鉴运用或者和提炼总结后的间接运用。

在"岭南民居研究与创作借鉴"主题报告中，华南理工大学陆琦教授以广东潮州饶宗颐学术馆、广东中山泮庐山庄、广州大学城岭南印象园、广州亚运城岭南水乡景观设计等项目为例，与会议代表就传统民居特征在新民居新建筑上的运用进行交流。这些年来，我们在对历史建筑（特别民居建筑）作大量调研和理论研究的基础上，也在建筑创作实践中融入历史建筑特色进行探求。传统民居建筑的地方特征、风貌与我们现代建筑体现地域特点有一定关系，地方特征来自地方建筑，探索新建筑的地方特色，从历史建筑中取其精华，不失为有效途径之一。

四、民居建筑研究和学术活动二十年的心得、体会、成就和经验

第十六届中国民居学术会议的顺利召开，实现了二十年来中国民居研究学术传统的继承与发展。本次大会适逢中国民居学术会议举办二十周年，再次回到首届会议举办地——广州华南理工大学。与会同时举行庆祝活动，并召开了中国民族建筑研究会民居建筑专业委员会会员代表大会，通过换届选举产生新一届民居建筑专业委员会正、副主任委员和秘书长。

以陆元鼎、朱良文为代表的老一辈民居建筑学者创立的中国民居研究学术团体已经走过光辉的二十年，二十年来共举办了中国民居学术会议16次；海峡两岸传统民居理论（青年）学术研讨会7次；中国传统民居国际学术研讨会2次；小型民居专题研讨会5次；其他学术研讨会2次，学术研究成果累累、学术人才不断涌现、学术活动特色鲜明。回顾二十年开展的研究内容，朱良文先生曾经作了如下总结：①对传统民居的史学研究；②对传统民居及其聚落更广泛地调查研究；③传统民居建筑文化研究；④传统民居营造技术研究；⑤传统民居研究方法论的探讨；⑥传统民居及其聚落的保护、更新与开发研究；⑦传统民居的继承及其在建筑创作与城市特色上的探索研究；⑧新民居探索与新农村建设的实践研究。在此同时，完成了上千篇的学术论文，几十本的学术专著。这些工作为今后聚落与传统民居的研究工作和社会主义新农村建设的实践开展奠定了坚实的基础。

来自东南大学建筑学院的陈薇教授，在"筚路蓝缕，以启山林——概说《中国住宅概说》"主题报告中，回顾了自刘敦桢先生《中国住宅概说》出版半个世纪以来中国古代住宅的研究工作。充分肯定了本次大会的承办单位华南理工大学民居建筑研究所对民居研究作出的重要贡献。通过几代人的努力，中国传统住宅的研究已积累了大量宝贵资料，取得丰富的成果。诚如陈薇教授所述，关于中国传统住宅的研究从内容到内涵已发生很大变化：一是从"住宅"研究拓展到"居住建筑"和"民居"；二是在对研究对象的分类上，逐渐拓展形成五种分类法。

展望未来，中国民居研究的道路漫长而艰巨，广大同仁仍需进行更加深入、细致、全面的工作。可喜的是，如今越来越多的年轻学者已投入民居研究领域，在两个分会场的讨论中，数十位代表就自己的论文及研究课题与大家展开交流及讨论，老、中、青几代学人济济一堂，气

氛热烈。会议同时，还举办了为青年学生增加知识的"台湾建筑师学术讲座"，来自台湾省的王镇华、李乾朗、徐裕健三位教授，各自演讲了题为"主体建筑 主体人——天赋主体，德道在起；自明自然，知止有格"、"中国古建筑的儒释道"、"历史空间人文意义的发掘与生活故事场域的再现——台湾'台北宾馆'及'三峡老街'历史保存个案经验"的精彩、生动又通俗的学术报告，场场爆满，掌声四起，青年学子热情而专注，其场面令人欣慰。

华南理工大学民居建筑研究所是华工大建筑学院从事民居研究的主要机构，经过多年的发展积累，华南理工大学成为中国民居研究活动最有影响力的主要基地之一。本次会议上，华南理工大学民居建筑研究所参与主编的中国建筑工业出版社国家"十一五"重点图书《中国民居建筑丛书》大型系列图书首发式同期举行，首批出版了罗德启先生的《贵州民居》、黄浩先生的《江西民居》、陆琦先生的《广东民居》共三册，全书十八册，明年将有十五册民居专著陆续出版。

五、本次民居学术会议反映的研究动向与特点

总体来看，本次大会是一次承前启后、继往开来的学术交流盛会，会议涉及历史回顾、理论研究、实践探索等民居研究领域多个层面。注重理论与实践融合，关注现代中国民居建筑的保护、建设与发展等现实问题是本次会议的显著特色。具体而言，主要表现出以下三个特点。

1. 研究视野进一步拓展

中国民居类型繁多、内涵丰富，至今仍有大量研究工作亟待深入开展。从会议主题报告及会议论文来看，近年来的民居研究选题及成果更为丰富，呈现多元化趋势，学者研究民居建筑的足迹和视野已拓展至众多过去未曾关注的领域。如西部地区以及广大少数民族地区的民居研究已逐渐引起重视，相关调研工作及学术成果呈现百花齐放、深入细致的研究局面，使我国的民居研究更显充实。本次会议论文中，白洁的《游牧文化环境框架下蒙古族传统住居形式的解读》，何泉的《藏族民居中的宗教文化基因》，李贺、胡惠琴的《呼伦贝尔草原牧民的现代住居形态》，熊茂华、左明星的《贵州苗寨及其干阑式民居的合理性探究》，彭博雅、柳素的《浅析南侗民居的可继承性发展》，孙清军、高萌的《基于类型学的鄂温克族传统建筑更新研究》，杨茜、杨素的《从孝亲思想看土家族民居建筑的保护与延续》，车震宇、郑溪的《地方特色在旅游型民族村落规划中的应用和体现——石林"中国彝族第一村"五棵树村修详规实践》等文皆为此例。

2. 研究方法不断创新

来自于历史学、哲学、社会学、经济学、农学、林学等自然学科和社会学科的研究成果与建筑学学科渗透、交融，实现了民居研究方法的创新。如天津大学的张玉坤教授在报告中，充分融合国内外历史学、哲学、人类学的学术成果，从原始建筑、圆方之变、时空观测，数字与建筑中蕴含的时空观念，"五"的语义场及其衍生物等三个方面展开阐述，说明了对中国原始建筑时空观与"五"的语义场的认识。西安建筑科技大学王军教授关于陕南绿色乡村社区营建体系的课题，亦与农林专业密切合作，从农村规划、环境、卫生、医疗、农业技术等多方面进行技术创新与示范。

3. 历史与现代交融，关注现实问题

本次会议既有基于史论研究的学术讨论，也有紧扣时代脉搏的前沿课题。关于历史与现代的同步思考，在一定程度上实现了两者在同一平台上的对话与合作，为传统民居和新民居的研究开拓了新的局面，对当今及未来中国城市民居建筑的发展具有重要参考价值。多数会议论文或发言均涉及城市建设中的历史与现实问题，表现出强烈的历史责任感和现实主义情怀，如关于社会主义新农村中历史村落的保护与发展、关于灾后乡村重建的研究、关于新民居建设的问题、关于乡村旅游开发模式的探讨等。可见广大民居研究人员已不满足于对民居建筑历史文化单纯的挖掘整理工作，将研究热情投诸更为复杂敏感、需要迫切解决的现实问题。

1.10 乡村民居震害浅析及重建思考

胡冗冗[①]　刘加平　杨柳

> **摘要**：通过对四川彭州通济镇大坪村5·12汶川地震灾后调研，总结了当地民居结构形式以及震害特点、类型，分析了主要的震害原因，指出民居修建中存在的问题，为民居重建提出了建议。
>
> **关键词**：民居　震害　重建

一、前言

5·12汶川大地震后，笔者对四川彭州通济镇大坪村进行了灾后调研。通济镇坐落在彭州市西北25公里，地处龙门山西南方，天台山南麓，属于此次大震重灾区之一，遭遇了山体滑坡（图1）以及房屋大面积损毁。大坪村位于海拔约1400米的山麓中，共有居民239户，基本为世代栖居的本地原住汉族居民。大震发生后，大坪村整体村寨自然环境基本保留完整，大震发生时村民大多外出劳作，伤亡程度较轻（一死数伤），但单体房屋破坏严重，很多无法继续居住，亟需加固或重建。乡村民居大多为农民自建，在结构体系、材料强度、抗震构造等方面缺乏相应的安全保障和技术指导，造成了农村民居震害程度严重，此次大震为民居发展中最基本的"安全"问题再次敲响警钟。

图1　山体滑坡　　　　　　　　　图2　砖房倒塌，木结构房基本完好

---

① 胡冗冗，西安建筑科技大学建筑学院，副教授，邮编：710055，地址：西安市雁塔13号，Email: rrhu7@hotmail.com。

二、民居结构类型及震害形态

大坪村中的民宅以木结构为主,其中穿斗木构架承重体系居多,少量为抬梁式木构架或简易的木柱木梁承重体系。墙体多为木板墙、竹编夹泥墙,少数采用了黏土砖或当地自制砌块作为隔墙或外围护墙体材料。村中有部分住宅为1层或2层木屋架砖砌体承重结构。各民居在震害程度、破坏形态、原因上各有不同,大致可归纳为以下几种情况。

1. 木构架民居

此次大震中,相对于砖砌体结构的破坏,木构架体系的民居震害轻很多,房屋倒塌率很低。如图2所示,同一地点处,砖砌体房屋整体垮塌,而相邻的木结构房屋仅轻微损坏。大部分木结构民居采用了木板墙、竹编夹泥墙,椽上直接铺设小青瓦,不设卧泥层,整体质量轻,遭遇的地震力也因此而降低。此外,传统木结构民居中木构件之间的榫卯连接,相当于具有一定柔性的半刚性接头,在节点强度保证的基础上,地震中榫卯接触面的摩擦耗散了地震能量,从而减小结构的地震响应[1]。合理的木结构房屋具有良好的抗震性能,但是民居自建的随意性导致了不同程度的地震破坏,主要表现在以下几方面。

节点连接薄弱。此次地震中,木构架民居最常见的破坏就是木构件连接处的脱榫、折榫现象,造成房屋了部分构件断落甚至整体倒塌。穿斗木构架的主要承重构件,梁、柱、檩等都是以穿榫、榫卯的方式连接,是一种非完全刚性的连接方式,在一定范围内允许构件有相对运动,通过摩擦耗散地震能量。但是,当榫槽过于集中或开槽面积过大时,将削弱构件强度,导致构件断裂(发生于柱端),当榫头过短、强度不足时,又会造成脱榫、折榫的破坏(发生于梁、枋、檩),如图3、图4所示。地震过程中,房屋的剧烈晃动使节点部位的受力复杂,不仅承受水平压力而且会受到拉、扭作用,承重构件节点的松动、滑移易形成铰接点,使得木构架成为可变体系最终导致失稳。

纵向刚度明显不足。村中的木结构民居基本上为传统的穿斗构架结构,一般为三柱落地或五柱落地,横向穿枋普遍为三道或以上,民居横向刚度相对较强。但是,穿斗木架之间的纵向

图3 梁端脱榫(浅色梁为震后添加的加固梁)

图4 梁端断榫(浅色柱为震后添加的加固支撑)

---

[1] 王毅红等. 木结构房屋的抗震性能及保护措施. 工程抗震与加固改造,2004,10(5).

连接普遍不足，表现在纵向无穿枋设置或纵向穿枋不连贯，大多民居仅靠纵向檩条维持穿斗木架的纵向稳定，导致纵向刚度及稳定性明显不足，许多房屋纵向倾斜明显，有些穿斗木架纵向倾斜达到15°以上（图5）。图6为村民在大震后设置支撑以减少房屋的进一步纵向倾斜。我们看到，纵横两向穿枋设置较完整的百年老屋在这次大震中仅受到轻微的破坏，体系的完整是保证整体刚度和稳定性的前提。

图5　木架纵向倾斜

图6　房屋整体纵向倾斜

图7　木构架砖砌墙体民居破坏严重

图8　采用带固定挂钩的彩瓦屋面

木构架砖砌墙体民居破坏严重：少数木构架民居，隔墙和外维护墙都采用黏土砖或自制砌块（图7），此类民居破坏十分严重，几乎全部倒塌。砖砌墙体质量相对较大，结构遭遇的地震力回明显增加，并且，砌体墙体结构周期低，在地基土壤较为坚硬的条件下，在近震源区更易发生共振的现象，加重震害。民居中砖砌墙体与木结构缺少连接措施，木结构变形大，在剧烈的晃动过程中，造成相互碰撞，加速墙体和木构件的破坏。在墙体与木框架有效连接的条件下，木框架中的填充墙体可以有限制木结构变形的作用，但是，村中的民居无论是外墙还是隔墙普遍为120mm厚，墙体本身强度不够，往往先行破坏起不到抗剪作用。因此，在高烈度设防区，木构架承重结构体系宜采用轻质墙体。

屋面瓦落架。屋面瓦滑落是所调研民居中普遍存在的震害现象，主要原因为大部分民居将小青瓦直接铺设在坡屋顶椽条之上，没有采用任何固定措施。与此形成对比的是，部分房屋采用了带有固定挂钩的机制彩瓦（图8），均未出现屋面瓦滑落。

柱脚滑移。大多数民居采用了柱子浮搁在柱脚石上，柱子与石墩间没有设置传统的榫卯连接方式，也无其他加固措施。在地震中柱底出现不同程度的滑移，如滑移量过大会导致柱子支撑失效屋架塌落的后果。此外，部分民居中出现柱脚不落地（图9）的现象，更易导致柱支撑的失效，应该避免这种做法。

2. 砖砌墙体承重房屋

村中的砖砌墙体承重房屋破坏十分严重，倒塌率达到70%以上。与传统的木构架民居不同，砌体承重结构对于村民而言是一种全新的结构体系，村民缺乏砌体房屋建造的基本结构构造概念。主要表现为：墙体过薄，普遍为120mm砖墙，承载强度明显不够，由于墙体抗剪强度不足而出现严重的墙体交叉斜裂缝甚至倒塌。所建砌体承重房屋均无圈梁和构造柱等基本构造措施，墙体拐角处破坏严重（图10）。纵横墙体无任何连接措施，纵墙外闪（图11）。山墙高且山尖部分仍采用砖砌，山墙上直接搁放檩条，无墙揽等拉接措施，极易造成山墙墙体失稳、屋架塌落，如图12中房屋原为2层砖房，震后二层全部垮塌。砌体房屋的建造必须有正规的技术指导和施工，村民不宜随意自建。

图9　柱脚发生滑移

图10　墙体拐角处破坏

图11　二层全部垮塌（1）

图12　二层全部垮塌（2）

三、重建思考

大震之后经过地质专家的评定，大坪村将采取原址重建的方式。就民居单体而言，笔者认为，在重建中应从以下几点进行考虑。

1. 尊重原有民居的建筑形态，采用传统穿斗木构架结构形式

原有民居在形态上的一些特征，体现了适应气候和村民生活方式的传统经验，也是地域文化的反映。结构形式是构成民居建筑形态的基本骨架，穿斗木构架结构是当地村民熟悉的结构形式，村民具备了很多传统的建造经验，旧有房屋的木构件仍有很多具有再利用价值，这些均有利于灾后村民自建。

2. 加强构造措施，完善结构体系

完整的穿斗木构架结构体系具备很好的抗震性能，重建时可以恢复一些优良的传统做法，如完整纵向穿枋的设置，柱脚与基础的暗榫连接方式等。考虑材料、施工中的不确定性，必须加强抗震构造措施。节点连接可以通过以下几个方面进行保证：避免开槽过于集中，保证榫接长度，设置角撑增强节点的抗弯能力，用扒钉、钢夹板等铁件加固节点可以避免或减轻脱榫、折榫的发生。在屋架中部设置纵向竖向剪刀撑，以及纵向柱间设置剪刀撑等措施，可以明显地提高房屋纵向刚度和稳定性。为防止屋瓦落架，小青瓦可以采用铅丝固定在椽条上。除了传统的柱脚柱基暗榫连接方式外，也可以采用铁件加固柱脚与基础间的连接。彭州为抗震设防烈度为7度，村民应依据抗震技术规程[①]采取相应的构造措施，有条件的村民可以采用设防烈度提高1度的构造措施。此外，应采取简单的目测判定方法保证主要承重木构件的质量和强度。

3. 采取灵活、逐步发展的建筑布局方式

原有宅院平面形式，基本为"一"字形、"L"形和"U"形。"一"字形的正房大多为三开间，一明两暗的形制，重建民居可以以此作为基本主体先行建造，使灾民尽快入住，有条件的情况下，再进行单侧或双侧厢房的建造，形成开敞的院落。正房与厢房间应注意在承重结构上的脱离，避免在结构平面上出现对抗震不利的凹角，采用简单、明确的结构布置形式。正房与厢房在结构上的脱离，可以增加建造工作的简易性、灵活性以及民居安全性。

4. 传统墙体材料需要改进

传统采用的木板墙、竹编夹泥墙具有轻质、就地取材的优点，但是在保温、隔声等方面需要改进。大坪村所在山区夏季凉爽，冬季最冷月平均气温约2.4℃，潮湿而寒冷。从构造上提高围护墙体的保温性能是解决冬季室内保温的重要途径。

---

① 中华人民共和国住房和城乡建设部. JGJ 161—2008 镇（乡）村建筑抗震技术规程.

1.11 对民居建筑史研究中"口述史"方法应用的探讨
——以浙西南民居考察为例

王 媛[①]

> **摘要**：本文首先总结了建筑史研究的一般方法，并通过在浙江西南部山区进行民居调查的实例说明在建筑史研究中借鉴"口述史"方法的传统以及如何将这种方法更加纳入规范化和学术化的轨道，指出其在建筑历史研究尤其是民居研究中应引起大家重视。
>
> **关键词**：建筑 口述史 方法

一、建筑史研究一般方法的总结

笔者认为，在目前建筑史研究中并存着以下几种基本方法，一项具体的研究往往是对这些方法同时综合运用的结果。

方法一为考古学中的类型学归纳法，简单地说，即根据对古建筑的出檐、斗栱、构架等建筑形态和装饰题材分析判断它与哪个朝代的类型特征相符，便把它归到哪一个朝代类型中去。因为根据已有资料总结出的建筑年代特点即类型分类标准带有一定的不确定成分，随着新资料的发现，要不断补充或修改。

方法二为文化人类学方法。把这种方法引进中国建筑史研究是同济大学常青研究室的开创性工作，主要理路是把建筑现象与当时的社会生活以及文化习俗等状况联系起来，在场景和行为语境中解读历史建筑极其演变。清华大学陈志华先生的村落研究[②]也可归结为这种方法。

方法三为图像学方法。从艺术史借鉴而来，实际上是对建筑的译码工作，通过可见的建筑形式语言追问意义及意义的本质。这种方法至今仍是西方文艺复兴和中世纪艺术研究主要方法论，中国建筑史界一些优秀的研究比如王鲁民先生的《中国古典建筑探源》[③] 所采用的就是典型意义上的图像学方法。

[①] 王媛，上海交通大学，副教授，邮编：201100，地址：上海市闵行区宝城路155弄5号502室，Email：Wangyuan0526@sjtu.edu.cn。

[②] 陈志华. 楠溪江中游古村落 [M]. 北京：三联书店出版社. 2005.

[③] 王鲁民. 中国古典建筑文化探源 [M]. 上海：同济大学出版社. 1997.

方法四为文献分析方法。建筑史研究尤其需要对中国古代文献的深入解读的功力，有些建筑在古代的碑铭中有详细的描述，如果能够发现这些直接描写建筑的资料，在断代时便多了有力的佐证。

以上这些方法贯穿在中国建筑史学科发展的始终。到20世纪八九十年代，建筑史研究出现了许多新的气象，东南大学陈薇教授曾撰文指出：从20世纪90年代以来，中国建筑史的研究呈现出以下三个特点：其一，从中心移向边缘，即研究对象从帝王将相的建筑活动向民众历史和乡野建筑研究转移，从汉民族的建筑研究向少数民族、周边地区的建筑研究拓展。其二，从中观转向林木互见，从方法上引进不同层次和角度的视角，把建筑历史置于更为宽广的跨学科研究的背景下。其三，从旁观走进心态和人，把建筑史与心态史、社会史的研究结合起来[①]。陈教授所总结的这三个特点，其实是当今考古学和历史学研究转向的一种反映，中国考古学和历史学的研究理路都在从政治经济转向社会学和人类学，视野从精英转向平民，从文献走向田野，关注乡村民间生活中的自然与历史场景。学术思想的转向带来了研究内容研究方法的重大变化，各学科的交叉与创新层出不穷，笔者认为，在建筑史领域最能代表这种趋势的当数研究中历史人类学方法与传统建筑分析方法的深度整合的努力以及在研究视野中社会史视角的凸显，这一方向也是前述的考古学、文化人类学，以及文献分析方法更加密切融合的发展趋势的需要，在建筑历史研究中已经受到广泛关注。

由于一项与香港中文大学合作调查浙西南移民民居的研究课题，自2006年以来，笔者与历史学的几位同事合作考察浙江南部山区的汀州移民村落。历史学家对浙南地区的客家移民的来源、分布、数量、时间以及土著化等问题在20世纪90年代便有深入的研究[②]。引起我们兴趣的是，在历史学家对这一地区的客家移民以及相关的社会历史的研究背景下，这里保存众多的移民村落还保留有十分完整的清代民居建筑群。客家移民的老宅布局各有不同，但装饰具有同样的本地化特点。在装饰上，这些老宅与东阳和徽州的民居属于一种体系，都以"牛腿"构件为主要特点，但是，如果我们的研究仅仅是看到这个特点，也就谈不上研究了。我们的学生到了南方村落的现场，大都只能对照出结构是"穿斗"的，其他的特点便说不出来了，因为我们的理论体系是以《清式营造则例》中北方及官式建筑为主体，除了"斗栱"和大木的"抬梁"、"穿斗"和"井干"等一些术语，关于地方性的建筑结构和构造特点的介绍只限于屋角起翘的南北区别。根据我们现有的建筑领域的知识和理论，不但无法清楚地阐释这些客家移民民居的特点和演变过程，更无法对其特点和演变作出合理解释。

由于民居建筑研究和历史学界村落研究的相关性，笔者与历史学和人类学家共同进行田野考察，并通过在中山大学"历史人类学"培训班的学习，系统了解和实践了历史人类学的理论与方法。"口述史"是历史人类学研究中的常用方法，在我们的研究中，对建筑特点的认知就是利用"口述史"方法取得突破的。本文就以"口述史"方法在村落民居田野调查中的应用为例探讨为何建筑史研究者要掌握相关历史专业的调查方法并树立相对缺乏的问题意识。

---

① 陈薇. 90年代中国建筑史研究谈. 建筑师[J]. (69).
② 曹树基. 中国移民史第六卷[M]. 福州：福建人民出版社. 1997：282-283.

二、"口述史"方法的应用

口述史指的是通过传统的笔录、录音或录影等现代技术手段方式收集、整理历史事件的当事人或者目击者回忆的历史研究方法。在中国历史上，建筑活动是工匠的工作，很少进入到历史文献的记载之中，许多建筑传统都是靠工匠师徒口耳相传延续下来的，大多数木匠有一身出色的木匠手艺却目不识丁，不可能将建筑工艺和活动变成文字的形式传播下去。为了研究传统建筑体系，必须借助调查访谈等直接手段，从当地的传统匠人传人或相关人了解和收集口头资料，以其为依据研究解析建筑对象。其实"口述史"的方法早在建筑历史学科建立的时候就已经被不自觉地使用了，梁思成先生便是通过在北京的胡同中对老匠人进行访谈以弄清楚古建筑中各构件的名称和含义的，比如清式旋子彩画中的"钩丝绕"，也称"狗死咬"，就是来自北京匠人的口语翻译，梁先生所用的方法，就是"口述史"的调查方法。当今熟悉传统建筑做法的民间建筑老匠人已经所剩不多，对他们进行"口述"访谈并留下历史记录的工作更加迫切。

笔者所调查的浙江西南部山区是民居建筑具有鲜明特色的区域，以精雕细刻的"牛腿"构件为人所知。带有"牛腿"构件的民居分布在金衢盆地的金华、衢州、丽水一带和徽州地区，大家所熟知的东阳民居、兰溪诸葛村、武义俞源村、郭洞村和徽州民居都在其中。关于这些民居已经有许多出版物，我们可以从书中看到许多精美的"牛腿"照片。然而令人奇怪的是，没有人去问这些民居的极具特色的檐下构件是怎样组合在一起的？它们之间有无固定的结构关系？其他的构件都叫什么名字？承担什么样的结构作用？这些基本的建筑问题在任何一本出版物中都没有被提到。为何对于结构和构造规律的关注在"乱花渐欲迷人眼"的"牛腿"面前几乎淡出观察者的视野？正如科学史上的证伪主义者波普尔所说：问题是研究工作的开始。而我们长于归纳，常常不知道如何去分析和发现，从某种意义上说，这是方法训练缺失的表现。

仅仅从表象上看，稍加注意就可以发现浙西南民居檐下的构件组合具有相当明显的程式化规律。这些规律在清代是木工匠人们所谙熟的，今天知道这些建筑是怎样制作出来的人却所剩无几，需要我们花费许多周折才可以找得到。再过几年，就如随时都可能坍塌或者被拆掉的明清民居一样，这些传承着古民居营造技艺的老木匠可能再难寻觅。可是怎样寻找那些隐于乡间的老师傅，又怎样才能从他们那里获取真实有效的信息呢？

我们在乡村考察时首先遇到的问题是语言不通。一般年纪大些的村里老人们都只会说方言，北方乡村的方言我们几乎能听懂大概，而在南方的乡村里，就一定要借助当地的"翻译"，这位"翻译"找得好不好，直接关系到调查的收获大小，因为他几乎是我们在调查当地的合作者，他不仅仅要正确地传递双方的信息，而且在大多数时候，他读过书，在村中有较高的声望，熟知这个村落的历史，又关心村落的发展，会主动提供许多有价值的调查线索并参与调查。我们在浙南山区的民居调查，便得益于这样一些人的帮助。

在调查之前，我们事先需要准备几份东西。首先是一份表格，表格中填上被访问者的姓名、住址、出生年月和电话以及访问的时间和地点。其次是一份访问提纲，列出问题；最好再准备一些照片，以使被采访人更加清楚我们所要问的建筑部位和构件是哪里。最后还有一份小礼物。当然，录音设备要仔细检查，尤其是充电情况。

我们在松阳县枫萍乡根下村通过一位小学老师的帮助找到了一位83岁的老木匠。老人虽然年事已高，但是思路清楚，记忆清晰，访谈之后还带着我们在村子里看了几幢年代较早的民居，进行"现场教学"。那一次访谈收获很大，从老人那里我们知道，这一带清代民居的"牛腿"构件与其他的附属构件一起，其实是一种程式化的结构体系，紧密结合在一起使用，在匠人中有专门的称呼，叫作"七块"，但在建筑史领域，还没有人做过总结。在之前和之后的考察中我们证实这个体系是浙西南地区以及东阳和徽州民居共有的特点，偶尔在一些个别村落会稍有变异。以这一体系的构成和各构件名称以及演变过程和形成原因为线索，可以写出一部颇为深入的区域建筑史，对此笔者有专文论及[①]，在此不复赘述。不是每个村落每次下乡都能找到这样的老人，有的时候，老人不在家，或者记忆减退，或者根本不知道你要找的信息，但是多次寻访还是会有收获。

在采集这些老人的口述历史时，因为采集到的资料要被当作文献资料使用，对这一文献产生的过程和情景需要有记录，并保留以备使用者核查。另外，访谈应尽可能在讲述人熟悉的环境里进行，最好在他的家里，以免环境的强烈变化引起讲述人的紧张。访谈时录音或录影设备尽可能简单，同时按访谈对象的原话做笔记。在发问时，我们尽可能采用简单的和直白的词语并配以照片，比如："多大年纪？"，"盖过这样的房子吗？"，在获取足够多的信息之后，我们要根据记录进行信息重构的工作，比如讲述人的身世，我们要根据时间顺序把他所提供的信息排列起来，而对一些矛盾的信息进行甄别。提问时指一个构件问："这是什么？"，"它为什么是这样？"等，而不是问"这是某某构件吗？"，"它是如何如何的吗？"这里重要的不是要求访谈对象明白你，而是你要明白他表达的意思。

所以，"口述史"的方法和访谈有相似之处，但比访谈更加严谨。由于工匠表达的常常是匠人们内部通用的语言，我们的翻译也不一定明白特殊音节的含义。我们的做法是尽量记下音节，通过照片或实物请被采访人指认音节所代表的建筑部位，再与其他资料进行对照。

当你要深入地研究一个村落时，不能希望一次便把所有的资料搜集全，这些对于过去的记载或者讲述在某种机缘下出现时，我们要及时抓住。今年正月我们到松阳县后宅村感应庙调查时，正赶上村中龙灯会散灯聚餐，庙中的院落一幅热闹喜庆的节日场景，村中长者热情招呼我们留下吃饭。与长者们同桌进餐时候，我们顺便了解到许多村落历史信息。我们的访谈对象多是老人家，去拜访这些老人家的时候，我们常带些牛奶一类的小礼物，或者在临近午饭或者晚饭的时间请他们在村边的小饭店吃顿饭，这样可以在双方之间营造一种亲近的气氛，也表达尊重与感谢。尊重是面对访谈对象时应有的态度，要入乡随俗，把自己定位成虚心的学习者。有时老人们对过去的回忆并不确切，不同老人们所说的话常常有矛盾，需要我们不断地求证。

由于来自"口述"，资料有可能被加入了被采访人错误的信息，以至于我们会在判断时被误导。比如我们在松阳县石仓村判断一幢破损情况严重的普通老宅时，根据族谱、牌位以及

---

① 王媛．曹树基．浙南山区明代民居发现的意义．上海交通大学学报［J］．待刊．

建筑特点我们认为这是一幢明末的普通民居，明代所建官宅与豪宅保留至今已属不易，建于明代的普通民居保留至今更为罕见，也有更为特殊的意义，因而我们的判断要相当慎重。所以，我们又对房屋建造者的后代进行访谈。一位60多岁的老者说这幢房屋是建在旁边的一幢房子之后，也就是说这幢房子的历史不会超过一百年。我们在仔细的分析了两幢建筑的空间位置和地形之后，明确肯定这位老人口述的情况是不可能发生的。值得注意的是：老人的口述是来自转述，不是他亲身经历，所以我们可以推翻，如果是老人的亲身经历，便需要修改我们的判断。当然，在具体判断材料时，最好有相关的旁证帮助证实口述材料的真实性，比如碑铭、文献或遗址、实物等。我们要使建筑历史的研究凸显出历史建筑的文化价值，研究的视野必然要拓宽到工匠与民众层面上，对民间文献和"口述史"资料的搜集整理便是研究的基础工作之一。

三、如何利用口述资料进行进一步分析

同一课题组的历史学者所有的出色判断能力常常使笔者惊讶：他们通过观察祠堂或社庙中的不同神主的身份和位置，可以推断村落信仰系统的来龙去脉；通过辨读庙中捐款人的名单，判断村中族姓的来源和村中土客人口比例……在遂昌县的王江口镇，我们在民居中走访，了解到主人姓程，历史学同事曹老师肯定地说他们是徽州移民，了解下来果然如此。而在吴处村、柳方村等处，曹老师亦从房屋主人姓赖、姓巫推断出他们是福建汀州移民。这些历史信息，使我们对民居风格特点的把握从单纯的建筑学领域拓展到移民对建筑风格的影响，这些判断需要建立在深厚的知识底蕴和研究经验基础上，利用口述资料进行分析，首先要求我们有一定的历史学和人类学知识基础。

对建筑本身的分析、测绘等工作是我们的专业特长，而文献分析是建构历史脉络的基础。以我们在浙南山区的石仓村调查为例，族谱和文献为我们提供了村落经济文化的历史图景和居民之间的宗族血缘关系，在进一步调查古民居的居住史之后，对于石仓民居，我们得以在社会史、经济史、国家区域历史甚至村民生活空间变化的各个纬度加以把握。

在我们两年来重点调查的浙西南石仓村，民居有这样一个趋势：从清代初年开始，村里建造的住宅不断地跟随时代潮流把檐下新体系中的各个构件尤其是牛腿变得越来越繁复丰富，出现了雕刻有龙须纹的插梁，出现了楼层，出现了纵深多进的院落和横屋、檐廊。那么，新的建筑构造体系是在什么样的历史背景下出现的？对人们的生活有怎样的影响呢？我们在石仓村中的小饭店里访问了村里72岁的老木匠阙祥源老人和80岁的阙成义老人，了解到老宅中一根较好的"牛腿"需要120个雕工，也就是需要一个雕工工作120天才能完成，而新中国成立后一根不要装饰的柱头只要5~6个大木工（一个工是一个工匠工作一天的劳动量）。民国时期，雕工的报酬是一个工八升米，我们可以算出一根"牛腿"需要花费的代价是960升米。在这个基础上，我们分析"牛腿"构件的出现和演变，显然会联系到当时"康乾盛世"经济繁荣的历史背景，也会意识到村民先祖在那时的富裕生活。

构件的演变我们可以在现象层面把握，现象背后的原因则需要我们对当事者的文化心理以及社会历史背景作准确的分析。比如在1850~1950年的一个世纪中，正是石仓人口快速增加而

对新的居住空间需求不断增强的时期,而这一个世纪中,他们几乎没有建造任何新的住宅。为什么呢?老人们普遍的说法是家族生意衰落而普遍生活贫穷。生活贫穷,有洋货的输入对民间手工工业生存空间的挤压,有人口过快增长带来的生活质量下降,但是贫穷并不妨碍人们建造一些造价便宜、低矮简陋的房子,为何连这样的房子也没有?我们在访谈的资料中记录到石仓村的老人们说:"宁肯挤也不肯做简单房子","有钱的就盖好房子,没钱的就不盖"。我们突然醒悟:最根本的原因在于人们对"住宅"的定义已经定型在清代中期老宅的那种富丽形式,大家不知道除了这种需花巨资建造的住宅之外,还可以有什么样的房子。隐藏在只言片语之中的真相往往连述说者都没有觉察,但这些记录为我们寻找真相提供了一条追寻的脉络,也使建筑史的研究深入到社会史和传统文化心理的层面。仅仅局限在建筑学的领域内,是无法想象这样宽广的研究视野的。

我国传统民居的数量在过去二三十年间急剧减少,我们迫切需要对一种迅速消失的居住文化以及与之相关的生活方式展开历史研究,事实上,传统民居建筑也的确在近年来成为建筑史研究的热点,在福建、浙江一带山村走访的过程中,我们发现村中的成年男子都清楚地了解各房的分支,不用看宗谱就对长幼辈分、房派有精细的认识,都知道每一幢大宅中的居住者是哪一个先祖的后代。在判定早期民居的年代时,老人们对各支派第一代香火堂建造者的清晰指认总能给我们最初的方向。我们所要做的,是将村民口述与文献记载、建筑风格分析互为印证,共同成为我们为民居断代的重要根据。

笔者认为,要对民居建筑现象之下的解释性表述有深刻把握、要在相似的区域文化和历史背景下解释村落独特的民居建筑个性以及建构区域建筑史,对区域历史、经济、文化的微观和宏观两方面的准确把握是基础,而微观的研究材料的获取,除了对建筑对象的专业考察,正规的历史学、人类学以及社会学的田野调查方法是获得资料的必不可少的途径。

四、结语

建筑史研究中常见的困惑是我们经常在作着归纳总结然后演绎推理的简单资料处理,隐藏在表象后面的那些复杂的联系却很难呈现。我们把建筑的历史看作是社会历史的一部分,利用历史学方法搜集族谱、文献、碑铭,进行访谈和历史事件现场考察,对古建筑进行多种方法互相验证的清楚断代,总结各时期建筑特点,分析特点形成和演变的原因,在区域社会史的背景下勾勒出完整的区域建筑史链条,并观照更大范围的建筑发展规律。"验证"固然重要,"发现"却更加体现学科价值所在,"口述史"无疑是我们挖掘和发现建筑与居住、礼制文化深层内涵的重要途径。

参考文献

[1] 赵世瑜. 大历史与小历史:区域社会史的理念、方法与实践 [M]. 北京:三联书店,2007.

［2］朱和双．试论法国年鉴学派的历史人类学研究．史学理论研究［J］，2003（4）．

［3］陈春声．中国社会史研究必须重视田野调查．历史研究［J］，1993（2）．

［4］黄国信等．历史人类学与近代区域社会史研究．近代史研究［J］，2006（5）．

［5］陈明达．古代建筑史研究的基础和发展．文物［J］，1981（5）．

［6］萧默．当代史学潮流与中国建筑史学．新建筑［J］，1989（3）．

［7］常青．世纪末的中国建筑史研究．建筑师［J］，（69）．

［8］王贵祥．关于建筑史学研究的几点思考．建筑师［J］，（69）．

［9］吴良镛．关于中国古建筑理论研究的几个问题．建筑学报［J］，1999（4）．

1.12 广东潮州饶宗颐学术馆建筑设计的继承与创新

陆 琦[①]　廖 志[②]

> **摘要**：饶宗颐学术馆建筑设计既借鉴潮州传统民居的特征，将它演绎深化，又结合现代功能要求，进行创新探索。并把潮州传统的庭园引入建筑空间，体现潮州"朴实、典雅、秀丽"的建筑风格。
>
> **关键词**：传统民居　岭南庭园　传承　借鉴　融合

一、饶宗颐先生与学术馆

饶宗颐教授，字固庵，号选堂，广东潮州人，中国当代著名历史学家、经学家、考古学家、古典文学家和书画家，又是杰出的翻译家。1949年移居香港，任教香港大学，现是香港中文大学荣休讲座教授及中国文化研究所荣誉讲座教授。饶教授学术范围广博，甲骨、敦煌、古文字、楚帛书、上古史、近东古史、艺术史、音乐、词学等均有专著，艺术方面于绘画、书法造诣尤深。迄今为止，先后在美国、法国、日本、新加坡等国讲学，1962年获法国儒莲汉学奖，1993年荣获法国文化部颁授的文学艺术勋章，被国际汉学界誉为"导夫先路的汉学大师"。

为了表彰饶老先生学术成就和治学风范，并收藏和研究饶老先生的学术著作和艺术创作成果，同时，也为弘扬中华优秀传统文化，丰富潮州历史文化名城内涵，促进中外文化学术交流，潮州市人民政府于原饶宗颐学术馆用地基础上扩大重建"新馆"。"新馆"既要展示饶老生的著作、墨宝，又要收藏饶老先生的数千册名贵字画和原件，并为文化学术交流创造研究场所环境。

饶宗颐学术馆新馆从2004年进行筹备，经过勘察、设计，于2006年3月正式动工，同年10月竣工，11月进行展品布置。是年，喜逢饶老先生九十华诞，遂于2006年12月18日庆贺新馆落成典礼，饶老先生亲自光临剪彩。

二、饶宗颐学术馆设计概述

对饶宗颐学术馆扩建工程的规划设计，潮州市领导部门提出要求是，为充分展示国际汉学

[①] 陆琦，华南理工大学建筑学院，教授，博士导师。
[②] 廖志，华南理工大学建筑学院，博士研究生。

大师在学术和艺术领域中的成就、地位和影响，建筑设计应富有地方特色和潮州个性，整体和谐统一。建筑的形态、体量、布局应体现潮州"朴实、典雅、秀丽"的建筑风格；建筑外貌以青瓦白墙的潮州民居形式为主；并把潮州传统的庭园引入建筑空间，真正把饶宗颐学术馆建成一处世人向往的学术殿堂和领略中国传统优秀文化的胜地。

1. 总体布局

因城市规划所限，饶宗颐学术馆大门面临潮州市东门楼内沿城楼南北向马路，学术馆只能在东向为主要出入口。由东大门进入庭院，再向南经拜亭进入主体展厅建筑，形成两条相互垂直的主轴线。

新馆采用民居、庭园相结合的布局方式。总体布局中，以大体量的翰墨林展厅为主，天啸楼（藏书楼）和经纬堂（学术楼）为辅的手法，并在其间用八个庭园相穿插，即双亭交映、镜池倚阑、山亭揽翠、幽竹拂面、窗虚蕉影、石壁流淙、素廊桃梅、斗院韵深等八个大小不一、形状内容各异的平庭、水庭、山庭或山水庭等穿插于建筑之间，其间，又运用了连廊、廊道、巷道、廊墙作为联系又间隔，更衬托了庭园和建筑之间紧密和谐的氛围（图1）。

图1

2. 平面功能，包括翰墨林展览大厅、天啸楼藏书楼和经纬堂学术交流楼三大功能区，经纬堂附有学术报告厅、展览厅、多功能演示厅，还有一个本市考古研究所。此外，还有办公室、接待室，设备辅助房等。

进入东向正门，只见三间传统凹廊式门厅、大门匾额上是饶宗颐教授亲题的"颐园"二字（图2）。自东门入庭院，只见主展厅前的庄重风采的前奏——拜亭，拜亭上方有"翰墨林"匾额，乃原广东省政协主席吴南生先生所题（图3）。紧邻翰墨林展厅是藏书楼"天啸楼"，门口配有饶老先生亲笔撰写的对联："天涯久浪迹，啸路忆几时"。"天啸楼"匾额是从饶老先生旧居莼园复制的，乃民国年间由潮州书法家陈景仁题写。天啸楼西侧是经纬堂，是展示饶老先生15个学术门类巨大成就展示场所，"经纬堂"三字乃广东省原省长、全国人大常委、华侨委员会副主任委员卢瑞华所题。此外，文化部副部长、北京故宫博物院院长郑欣淼还为"颐园"撰写碑记。

图2

在交通方面有主入口，经拜亭进入展厅，也可以从南门进入考古所、学术楼、多功能演示厅。西门为服务人员和供应出入口。各区还有次出入口，交通流畅，不致拥挤和堵塞，各馆之间联系密切。在一、二层廊道上，还有美人靠依池而建可供观众休息。在参观的最后处，有贵宾休息室，可供贵

图3

宾、墨客、诗人即兴题词赋诗、即席留下珍贵的墨宝。

在藏书楼入口处的过道上，设一小过厅，旁置液压电梯一座，主要为饶老先生和年长观众上下交通之用，同时，也为残疾人士和贵重书画上下运输所用。

3. 在设备方面，藏书楼和展览大厅采用防盗监控系统。在主体建筑和侧楼展厅采用自然顶光采光系统，同时，也用人工照明，这样，可机械、人工两用，以节约用电，在空调方面，采用集中和分区相结合的空调体系，以节约能源。在排气方面采取隐蔽出气口，这样可以不影响造型。值得提出的是在较多体形不同和高差不等的建筑屋面组合下，在设计和施工中比较妥善地解决了建筑屋面的交义和排水的难题。现在整个学术馆屋面排水通畅，外形美观，所用排水饰物恰到好处。

图 4

4. 在建筑造型上，从大门入口，经拜亭到主体建筑展览大厅，采用先东西轴线进门，再转到南北正轴线上，建筑也

图 5

是由小到大，由简到繁，再由繁到简，进入主体展厅可以达到瞻览饶老先生的学术展品成果和书画，形成一种既平凡又严肃、庄严的气氛。

在展厅正中又安置了饶老先生慈祥、温和的汉白玉半身雕像，这是广州美术学院著名雕塑家曹崇恩教授的珍贵艺术作品，更衬托了饶老先生的学术风范和他的亲切感。在整体建筑造型和细部处理上，学术馆采用灰瓦、白墙，简朴外观（图4），山墙则采用传统的金式墙头，墙头下垂带和垂花采用简化了的浅绿与白色相间的卷草花纹。只是在脊饰上采用了既有传统韵味又有新意的简洁彩色嵌瓷，这也是学术馆建筑中的重点装饰之一。

三、饶宗颐学术馆设计特点

饶宗颐学术馆建筑设计在继承传统和创新处理上，我们采用了多方面的手法，既借鉴潮州传统民居的特征，将它演绎深化，又结合现代功能要求，进行创新探索。

1. 继承传统平面布局。潮州传统民居的居住模式有两种，小型民居为农家居住，以爬狮、四点金为主。大型民居为大户家族居住，是一种密集院落从厝式民居形式。饶老先生是潮州人，他来自民间，因而我们在平面设计中取材民宅，认为采用四点金民居模式作为学术馆的平面布局出发点比较合适。同时考虑到学术馆陈列需要，因而，把四点金民居模式加大加高，即加大空间两层作为学术馆的主体展厅建筑。此外，又考虑到饶老先生的高长条幅字画作品展出，因而，在四点金主体展厅之侧加建并联主体建筑的两层高侧展厅。建成后，主厅空间开朗，中央天井上空玻璃顶盖采光，光源均匀充足。侧厅高6米，在主侧厅相连处采用剪刀梯和2米高平台，从平台看长卷字画展品，视觉恰到好处，建成后记者和观众们都反映这是一个非常良好的摄像视点（图5）。

2. 潮州传统民居布局受中原士大夫家族南迁带来的影响，其宅第居住方式，通常都带有书斋庭园，宅居、书斋、庭园三者合一而建的布局是潮州传统民居的一个特色，饶老先生在潮州市西平路旧居就是这种居住形式。

在学术馆新设计中，我们继承了这种宅、斋、园三合一模式，结合各馆新功能的要求，在建筑之间安置了八个庭园，特别在天啸楼前的庭园是仿照饶老先生旧居庭园莼园的布局形式而建，包括重檐攒尖小圆亭和玲珑假山。至于庭园之间、庭园与建筑的联系，或用漏窗围墙，或用廊道巷道，或用檐廊，交通畅顺，景色丰富（图6、图7）。

图6　　　　　　　　　　　　　　　图7

3. 潮州民居平面构成三大要素——厅房、天井和廊道，它们三者之间的有机结合是潮州民居调节通风的又一特征。厅房是居住、生活功能之用，庭院、天井是纳阳、通风、采光、换气、排水又是休息的场地，廊道巷道乃交通联系之用。三者有机的结合，是传统民居解决通风、调节微小气候的有效措施。我们在新馆借鉴这种通风原理和手法，妥善地安排了建筑、檐廊、巷道和庭园天井，使疏密大小有度，从现场看，通风、遮阳良好，天热时可以不开或少开空调，节约能源。

4. 宅中设置拜亭（又称抱印亭）也是潮州民居的特征之一。拜亭的作用，在古代是宅主女眷晚上在庭院焚香拜月、祈祷苍天的场所，同时也是户主通过建筑布局用来显示其尊贵和地位。学术馆在设计中，考虑到饶老先生的学术成就，认为用拜亭布局的做法，可以借鉴到主体展厅建筑之前加建拜亭来作为主厅前的入口，即开敞的门厅，以增加主展大厅隆重的气氛。拜亭采用上等木材，梁架木雕工艺精致。拜亭两柱一对楹联"瞻世奇才导人先路，鸿篇钜囊惠及后人"悬挂两边立柱，檐下又有原广东省政协吴南生主席亲笔题写"翰墨林"横匾，整座建筑显得庄严、朴实而又高贵、典雅、有气魄。

5. 屋面组合又是潮州民居艺术表现又一特征。潮州传统民居由多座院落、建筑、天井、从厝所构成，建筑多而散，虽有组合，但因体型或纵或横、或大或小，或高或低，造成屋面高低、大小不等，它错落组合，富有艺术特色。学术馆继承吸取潮州民居屋面组合的优点，妥善处理屋面组合中的两个关键问题：一是连接好，并要艺术化；二是排水要通畅，外观呈现自然性。学术馆比较妥善解决了上述问题。

6. 至于艺术处理方面，学术馆充分运用了潮州民居传统的木雕、石雕、灰塑、嵌瓷特色。在进入"颐园"东大门门厅前，见到檐廊石柱、石础和石阶，其凹廊三壁墙面采用正面四幅两侧各一幅的整块大麻石贴面。石面原设想用字画浅色浮雕，但因工期太紧，先取原色，现在效果高雅庄严、朴实大方。

在木雕装饰方面采取重点装饰。如拜亭梁架和联廊外檐梁架，只在这两个部位采用比较高贵的木材和雕饰手法，既节约资金，又使重点部位突出尊贵隆重气氛。

灰塑只是用在山墙面的垂带和垂花部位，嵌瓷则用于屋脊部位，都属于重点装饰。

7. 门窗细部的尺寸，虽然够不上潮州民居的传统特征，但我们在新馆设计中，都认真考虑当地营建习俗，对门窗的宽高大小，都按实际功能要求确定尺寸，它符合现代设计模数制，又符合潮州传统营造的吉尺形制。

四、传承与创新关系的启示

任何建筑设计都存在传承与创新问题，饶宗颐学术馆也不例外。但是，两者之间关系上必须立足于创新，因为，创新是时代的要求，是设计的核心。没有创新，设计就要走老路，这是建筑创作的主导思想。我国是一个有着悠久历史和深厚文化底蕴的多民族国家，因此，在我国建筑创作中突出民族和地方特色尤其重要，这是衡量我国新时代建筑与文化水平的标志。

至于在具体处理中，传承和创新内容究竟孰多孰少，要看建筑物具体情况来定，即在创新思想指导下考虑下列因素，一是功能要求，二是历史文化条件，三是自然环境。

饶宗颐学术馆在建筑形式和内容上采取：平面内容要满足现代功能要求，而外观形式采用以本地传统民居为蓝本，进行扩大、组合并与当地书斋庭园相结合的形式，从而形成具有浓厚本地民间特色的一种新型文化建筑。

考虑到潮州古城还是广东省内保留有古城墙、古门楼，以及古城内又保留了古街巷、古民居比较完整的现状，整个古城人文气息和传统建筑风貌浓厚（图8）。现在，在东门楼内沿城墙下的道路旁，又建造了采用有潮州本地传统民居和庭园特色的饶宗颐学术馆新馆，特别在主庭院中又采用拜亭建筑形式作为主体展览大厅入口，正中开间檐下挂上翰墨林横匾，既庄严又隆重，符合饶老先生的大师身份及其学术成就。建筑创作中，传承和创新两者之间的关系不是绝对的，只要主导思想明确，那么，在满足历史文化与自然条件环境下，学术馆建筑外貌在简朴中反映传统气氛浓厚一些，也是适宜的，可以说是符合特定历史条件、历史地点、环境和历史人物。

图8

五、饶宗颐学术馆建成后的反映

饶宗颐学术馆 2006 年 12 月 18 日举行落成典礼，饶老先生在开幕前一天亲自到学术馆走了一圈，参观后说："出乎我意料，太好了"。此前，饶老先生已捐本人著作数千册和珍贵墨宝字画。参观后说，准备再捐书 2000 册，以充实馆内藏书。

香港潮州商会会长陈伟南先生为饶老学术馆的建造赞助了经费，自始至终关心饶宗颐学术馆新馆工程建设。建成后，他感到非常高兴，认为这是潮州文化建设中的一件大事，值得庆贺。

当地居民在饶馆建成前后都来参观，感到古城内又多了一个新景点，见到建筑有气魄、有文化，是真正的潮州新建筑。有关部门认为以后在旧城改造中，这种建筑方式可以作为街区和建筑改造的参考蓝本。

1.13 杜仙洲老先生专函

杜仙洲

元鼎先生：

去岁十月间寄赐的学术论文和手扎均已收到，因故迟复为歉，祈多原谅。我因患白内障，眼力不济，阅读能力衰退，只能间读间歇，慢慢地吸收消化。文章内容丰富，观点新鲜，读后受益匪浅。建筑科学是人类的智慧结晶，从考古发现所示，远在七千年前，浙江河姆渡人已能制造榫卯复杂的干阑式建筑，加工的技术水平，已超出人们的想象。人文随世运，无日不趋新。"石头的史书，木头的画卷，混凝土的诗篇，钢铁与玻璃的交响乐"，这些人文科技成就都是人类文明的伟大创造。

由于城乡改造速度过快，急功近利的思想太重，不愿意多作历史思考，致使许多优秀的古建筑频频遭到破坏，使人痛心的事例屡见不鲜。我作为文物保护队伍的一名退休老兵，深感迷惘，"未饮河东桑落酒，休向人间售典章"，我虽非文化名宿，但对祖国的人文国粹，也深有感情，我每以恋旧怀故之情，好钻研古建筑营造技术的含金量，和美学见解的高端成就，如能拂去灰尘，定能发现耀眼的明珠。我对于清代皇家和民间的匠作技术颇感兴趣，我认为土、木、砖、石、紮；油、漆、彩、画、糊等十大工种里都有很多含金量，如能遵循"三贴近"的治学道路钻研下去，定有很大收获。就我近年来读书心得而言，研究每门学科都要求实务真，力戒浮躁，"板凳须坐十年冷，文章不写一句空"，只有这种刻苦精神，才能学有所成。"学术文章贵务真，考工考史要刨根；结论须有钩沉度，莫写虚文乱视听。"

当今，政通人和，环境宽松，正是中华民族文艺复兴的大好时光。西方文艺复兴运动，出现了三位大师——达·芬奇、米开朗琪罗和拉菲尔；我热望我国的文艺复兴，也能出现几位大师！

年老头脑不清，语无伦次，谬误失言之处，祈能多加指正！书难尽意，容后再叙。此致

大安！

杜仙洲
2010 年 4 月 28 日

编者按：

陆元鼎老师于 2009 年 10 月给杜老先生寄去了《第 16 届中国民居学术会议论文集上下卷》、《中国民居建筑年鉴（1988—2008）》等书，杜老先生于今年 4 月寄来了专函。专函表达了老一辈古建筑专家对当前城乡改造中的忧虑，也表达了我国古建筑营造技术和美学见解的高端成就。他对我们年轻民居研究者的殷切期望，语重情深，值得我们后辈学习和敬仰。

值此本辑《年鉴》即将付印之前，喜获杜老先生来函，特补录在本辑《年鉴》内，并向杜老先生表示衷心的谢意。

2010 年 5 月

民居会议概况与回顾(2008—2009)

2.1 第十六届中国民居学术会议纪要

陆元鼎

第 16 届中国民居学术会议暨民居会议举办二十周年庆祝活动经过近一年的筹备，2008 年 11 月 21~25 日在广州华南理工大学逸夫科学馆胜利召开，参加会议的有：住房和城乡建设部城乡规划司城乡规划处处长傅殿起，中国建筑学会副理事长、中国民族建筑研究会副会长李先逵，广东省土木建筑学会理事长陈之泉，我校李琳副校长，我校教授、中国科学院吴硕贤院士，我校建筑学院副院长孟庆林，以及中国的北京、天津、哈尔滨、山西、湖北、广东、云南、贵州、新疆、台湾、香港、澳门及美国、韩国等国家和地区的 242 位代表。

会议共收到论文 136 篇，内容包含传统村镇民居的保护继承和发展、民居的价值与今后利用、民居特征在新建筑的借鉴与运用、民居史与艺术美学、方法论、民居灾后思考、技术与经验运用等。特别引人关注的是民居研究与国家建设的结合，如农村村镇的保护与发展、灾后思考与民居建筑经验的运用，民居特征与新建筑的创造等已为广大民居研究人员所重视。

会议于 11 月 22 日上午 9 时举行了开幕式，会议由我校建筑学院孟庆林副院长主持，我校李琳副校长致词，热烈欢迎各地代表来我校参加民居会议，并预祝大会圆满成功。随后，住房和城乡建设部城乡规划同城乡规划处傅殿起处长致词，他代表部城乡规划司参加会议，并宣读了城乡规划司贺信。接着，李先逵教授代表中国建筑学会和中国民族建筑研究会致词，阐述了中国民居建筑二十年来的学术研究成就和贡献（发言见附件）。广东省土木建筑学会陈之泉理事长致词，并阐述了当前节能的重要性。再后，大会宣读了中国文物学会名誉会长、国家文物局古建筑专家组组长罗哲文的贺信。

大会最后举行了"中国民居建筑丛书"大型系列图书首发式，中国建筑工业出版社王珮云社长阐述了该丛书是国家"十一五"重点项目，是中国民居建筑学术研究的阶段性成果的体现。该丛书共 18 分册，定于 2009 年出齐，丛书第一批三册，为《广东民居》、《江西民居》、《贵州民居》，这次会议举行了这三册民居的首发式。王社长亲自把该三册民居赠送给我校建筑学院，由孟庆林副院长接书。

大会开幕式结束，代表们进行了集体照相留念。

休息后，举行了学术报告会。由东南大学陈薇教授、天津大学张玉坤教授、西安建筑科技大学王军教授、韩国成均馆大学李相海教授分别从"民居建筑的历史回顾"、"时空发展"、"灾后营建策略和民居保护与管理"三方面作了专题报告。

11月22日下午和11月23日上午，分组进行八场专题学术报告，共有60位代表发言。

11月23日下午再次进行大会学术报告，由华南理工大学陆琦教授和华中科技大学李晓峰教授分别作"民居新建筑创作借鉴"和"民居聚落保护理念"专题发言。随后，举行了民居会议举办二十周年回顾感言。很多老委员争着发言，民居第三届会议主持人桂林市规划设计院李长杰教授、安徽罗来平高级工程师、东南大学郑光复教授、民居第二届会议主持人昆明理工大学朱良文教授、西南交通大学季富政教授等就民居研究回顾作了热情的发言，博得与会代表的热烈掌声。

最后，大会举行了闭幕式。第一项是大会给经评选出来的参加会议优秀论文作者颁奖，七位青年研究生上台领奖。随后新一届的民居建筑专业委员会副主任委员戴志坚教授作会议总结。大会主席、新一届民居建筑专业委员会主任委员陆琦教授宣布了明年（2009年）民居会议的安排，江西赣州市万幼楠代表介绍了明年7月中下旬在赣州举办的第八届海峡两岸传统民居理论（青年）学术研讨会的计划和考察路线。接着，河南大学建筑学院直长运院长介绍了明年10月下旬在秋菊盛开季节的古都开封举办第17届中国民居学术会议的简要计划。紧跟着，由陆琦主任委员向第17届中国民居学术会议主办单位代表直长运院长举行了中国民居学术会议会旗的交接仪式。中国民居学术会议第16届大会在热烈的掌声中宣告闭幕。

11月24日一早，160多位代表分乘四辆豪华大巴，由广州出发到开平市，考察了塘口镇自力村和百合镇马降龙村的碉楼与村落民居，又考察了立园近代园林以及赤坎镇近代骑楼和近代建筑。在考察中，代表们受到了开平市人民政府吴平超市长的热烈欢迎和接待。通过考察，代表们进一步认识到今年（2008年）6月28日联合国教科文组织通过的《世界文化遗产——开平碉楼与村落》的历史、文化和建筑价值，它是我国近代最早由民间自发产生和发展的中外建筑文化交流的产物，它奇特的建筑外貌，独树一帜。

11月25日代表们考察了中山市天龙山庄泮庐住宅区，这是一个具有我国岭南和徽式地方建筑特征的住宅楼盘。住宅有多种类型，它都根据现代功能要求，同时传承了岭南和徽式建筑的地方特征，并充分利用了五桂山麓的地貌、溪水和田野，使住宅小区置于大自然环境之中。溪水流入宅区，宅内布置庭园，住宅中不仅有传统特征，更有创造新意。代表们反映传统民居地方特征在新建筑、新住宅创作中是可以得到传承和借鉴的，这是我国创造有民族、地方特色建筑的一条途径。

下午继续到广州大学城外围的博物馆村考察。它原是一个古村落练溪村，大部分建筑已毁。经修复古宅、古庭园、古书斋，同时迁入原在大学城内古村落的七座祠堂，与博物馆村内的原祠堂加以组合，再增加一些具有岭南传统特征的具有现代功能需要的新建筑，这样就形成了具有广府特色的民间村落的改造与再现。它继承传统布局和建筑外貌特征，但内部功能适应了现代建筑与文化的需要。现在，它已改作为文化、旅游、休闲场地。在广州这个明显的现代化城市中，有这么一块具有广府特色的传统村落留给人们考察记忆，显示了岭南民间文化的延续和发展。

会议经过两天的学术活动和两天的考察，于25日结束。

在会议期间，我们还为青年研究生举办了"台湾建筑学术讲座"。我们邀请了三位台湾建筑专家主讲，他们是：台湾文化大学李乾朗教授主讲"中国古建筑中的儒释道"、台湾德简书院王镇华教授主讲"主体建筑主体人——天赋主体、德道在起；自明自然、知止有格"、台湾华梵大学徐裕健教授主讲"历史空间人文意义的发掘与生活故事场域的再现——台湾台北宾馆及三峡老街历史保存个案经验"。

由于民居会议较紧，因而讲座都安排在三个晚上举行。在我校27号楼阶梯教室内，170多座位的教室，坐满了学生、研究生和老师，还有不少的会议代表和外校青年人参加听讲，连走道、大门口都挤满了听讲者。

王镇华教授的建筑哲理演讲，学生们凝思，一时难于理解，初步领略到建筑哲理思想需要具备一定的建筑理论基础才能进一步的理解。李乾朗教授讲解了中国儒学、佛教、道教对古建筑的影响，李教授仪态端庄，语言生动、通俗，时而运用优美的手势和舞蹈动作，博得了满座青年学子的掌声。徐裕健教授在自己参加的建筑实践中，讲述了台湾两个建筑实例设计和建造过程的心得体会，使大陆青年学生对台湾现代建筑与传承有一个初步的了解。通过会议，加深了海峡两岸建筑教育界的学术交流和彼此友谊的建立和增长。

这次会议是民居学术研究近二十年来一个阶段性的总结会议，这次会议的特点主要表现在以下几方面。

第一，出席人数多，80%的老一辈的委员都参加了，在新一届的专业委员会中，84%以上的委员也到齐了。台湾来了嘉宾30位，这是最多代表参加的一次会议。

第二，会议资料丰富。参加会议的论文正式印入会议论文集共140篇，分上、下两集装订印册。此外，民居学术委员为民居研究二十年成果编印《中国民居建筑年鉴（1988—2008）》一本，该书主要把在1949年—2008年5月期间国内、外正式出版的中国民居、民间建筑的著作、论文编制了《目录索引》，同时还把民居专业和学术委员会二十年来召开的近三十次会议的目录和全文做成光盘，它为中国民居建筑教学和科研工作者今后进行民居研究时有一个比较全面的资料查阅。

此外，我们还收到了浙江省永嘉县博物馆的赠书和香港民居学会的赠书。台湾王镇华教授还为他的主题演讲发放了演讲专集。因而，会议代表都反映本次会议资料十分丰富。

第三，民居成果二十年来比较丰硕，这在《中国民居建筑年鉴（1988—2008）》中朱良文教授的《民居建筑学术成就二十年》文章已有谈及，不再重复。

第四，新一代民居研究者迅速成长，而且都已成为教学和科研机构的骨干，以第二届民居建筑专业委员会为例，70位委员中，来自30所高等学校，中、青年占90%以上。民居研究后继有人，令人鼓舞。

第五，本次会议领导重视，如住房和城乡建设部城乡规划司派专人参加会议指导并带来贺信。国家文物局古建筑专家组组长、中国文物学会名誉会长罗哲文发来了贺信。中国建筑学会、中国民族建筑研究会、广东省土木建筑学会都有领导亲自参加会议指导。领导的重视，使广大民居建筑研究人员得到了鼓舞，更体会到民居研究的重要意义。

本次会议存在一些缺点，主要是我们民间学术团体主办会议，无论人力、经费都很不够。感谢我校建筑学院和亚热带建筑科学国家重点实验室，感谢香港、澳门校友，感谢有关设计、出版、企业等单位支持和赞助，感谢我校建筑学院和研究所各位老师同人的热心支持和出力帮助。依靠大家同心齐力和支持，使我们完满地办好这次学术会议。

华南理工大学建筑学院民居建筑研究所
中国民族建筑研究会民居建筑专业委员会
中国建筑学会建筑史学分会民居专业学术委员会
中国文物学会传统建筑园林委员会传统民居学术委员会
执笔人　陆元鼎
2008 年 12 月 18 日

附件一　住房和城乡建设部城乡规划司的贺信
附件二　中国文物学会名誉会长罗哲文的贺信
附件三　中国建筑学会副理事长、中国民族建筑研究会副会长李先逵教授在开幕式大会上的发言摘要（见本书第 12 页《民居学术会议二十年来的特点和成就》一文）

2.1.1 住房和城乡建设部城乡规划司的贺信

中华人民共和国住房和城乡建设部

贺　信

第十六届中国民居学术会议组委会：

　　欣闻第第十六届中国民居学术会议暨民居学术活动二十周年庆典在华南理工大学举行。为此，住房和城乡建设部城乡规划司向大会表示衷心祝贺！并预祝大会圆满成功！

　　民居是千百年来广大劳动人民在建设家园过程中，创造出来的带有鲜明地域特色和风格的居住空间，同时，民居又是历史文化名城名镇名村的重要组成部分；它反映了不同时期、不同地域、不同民族、不同经济社会发展阶段聚落形成和演变的历史过程，真实记录了传统建筑风貌、优秀建筑艺术、传统民俗民风和原始形态，具有很高的研究和利用价值。

　　二十年来，在热爱民居事业的专家和学者的努力下，培养造就了一批民居建筑人才，为我国民居的保护和村镇建设事业的发展作出了突出贡献。

　　希望广大热爱民居事业的专家和学者，在未来的研究中，以求真务实的态度，为民居的保护、利用、发展和现代化改造，探索一条成功之路。

住房和城乡建设部城乡规划司（公章）
二〇〇八年十一月二十二日

2.1.2 国家文物局古建专家组组长、中国文物学会名誉会长罗哲文的贺信

贺　信

陆元鼎教授并请转

第十六届中国民居学术会议暨民居学术活动二十周年庆典大会：

　　感谢盛情邀请参加盛会活动，由于早已安排了的其他工作，不能前来参加盛会，特此专函致谢和致歉。

　　祝华南理工大学建筑学院、华南理工大学民居研究所以及与会各单位的专家学者们在多年来对中国民居建筑研究取得丰硕成果的基础上，与时俱进、更上层楼，取得更加丰硕的成果，为保护文化遗产和建设有中国特色的住房建筑新民居建筑作贡献。

　　祝大会圆满成功。

国家文物局古建专家组组长
中国文物学会名誉会长　罗哲文（印）
2008 年

2.2 中国民族建筑研究会民居建筑专业委员会五年工作总结和第二届专业委员会会员代表大会换届概况

陆元鼎①

一、中国民族建筑研究会民居建筑专业委员会五年工作总结

民居建筑专业委员会于2003年成立，到2008年已历经五年。

民居建筑专业委员会五年来的工作总结于下。

1. 举办了学术会议

民居建筑专业委员会和中国建筑学会建筑史学分会民居专业学术委员会、中国文物学会传统建筑园林委员会传统民居学术委员会联合一起，与当地有关部门和单位举办和主持了下列会议。

（1）全国性中国民居学术会议举办了三届，即：

2004年7月20—28日在无锡，与无锡市园林管理局联合主办第十三届中国民居学术会议；

2006年9月23—26日在澳门，与澳门特别行政区文化局联合主办第十四届中国民居学术会议；

2007年7月21—26日在西安，与西安建筑科技大学联合主办第十五届中国民居学术会议。

（2）举办海峡两岸传统民居理论（青年）学术研讨会两届，即：

2005年10月23—29日在武汉，与华中科技大学建筑学院联合主办第六届海峡两岸传统民居理论（青年）学术研讨会。

2007年，后延期到2008年1月25—31日在台北，由台湾传统住宅研究会、台湾中华海峡两岸文化资产交流促进会主办第七届海峡两岸传统民居理论（青年）学术研讨会。

（3）此外，还举办了下列会议：

2006年3月4—11日在云南元阳、通海等地与昆明理工大学本土建筑设计研究所合办了一次"滇东南民居专题考察小型研讨会"；

2007年6月17—21日在永嘉、杭州，与浙江省文物局、建设厅和浙江省永嘉县人民政府联合主办了"新农村建设中乡土建筑保护暨永嘉楠溪江古村落保护利用研讨会"；

2008年5月24—26日在扬州，与扬州意匠轩园林古建筑营造有限公司联合主办了"中国民间建筑与古园林营造与技术学术会议。"

（4）会议议题中，有民居建筑的历史与文化价值、村镇街区的保护与发展、民居特征与新

---

① 华南理工大学，教授，中国民族建筑研究会第一届民居建筑专业委员会主任委员。

建筑创作、民居研究方法论和民居建筑营造技术等。

参加会议的代表人数，最近二三年已达到100多人，最多达到195人。人员结构中，中青年代表和研究生几乎占了大多数。说明民居研究后继有人，也说明民居研究有广阔的天地。

近年来，围绕国家对三农工作的重视，民居已和村镇保护与建设结合起来，更好地为村镇文化保护和为当前社会主义新农村建设实践服务。

2. 学术研究活动主要有下列收获

第一，民居学术活动发展向深向广发展，研究范围在上述各次会议专题中已有表达。

第二，民居研究队伍不断壮大，参加会议的人数愈来愈多，特别是年轻队伍，后继有人，形势大好。

过去在建筑高校中研究队伍不多，现在更多、更广泛，而且在硕士、博士队伍中有较多专题研究，有专门化方向，并有很多论文选择民居作为研究课题。

第三，民居研究的观念方法呈现多种多样的论说。

第四，民居建筑营造技术得到重视和发展。

第五，民居理论和民居史的研究已经开始并逐步走向深入。

第六，民居研究结合国家建设需要，加强了实践活动。

民居研究为村镇和街区的保护、利用、更新、发展呈现出更大的服务空间，同时，充分利用民居的优秀特征为我国进行有民族和地方特色新建筑创作服务，这是民居研究当前的新趋向。

五年中民居专业委员会的工作重点有四个方面：一是加强学术；二是依靠委员、会员；三是培养年青人，把民居学术会议当作校外学术研究交流培养提高的场所；四是照顾老年委员，同时，发挥老专家的学术专长和知识，尽可能对青年人有所帮助。

3. 今后的学会工作现提出几点希望

第一，学会工作始终要把学术研究和交流，提高大家学术研究水平放在第一位。学术活动中有些好的方式如学术报告和民居考察相结合的好方式可以延续下去，同时，可以再创造更好的学术活动方式。

第二，领导班子要团结合作，为学术活动，要挤出时间，要真心实意为民居事业作出贡献，并要求各委员、会员和民居研究人员大家来支持，共同来为发展民居学术研究事业作出贡献。

第三，民居学术研究仅仅是开始走了第一步，国家那么大，很多穷乡僻地、边远山区，还有很多村落、民居没有发现，很多村镇民居建筑亟待普查研究、鉴定，并要保护、管理、利用和发展，任务十分艰巨。村镇与民居中的艺术、技术、营建等经验尚待进一步总结。民居理论与民居史是一个非常重要的研究课题，但又是一个非常薄弱的环节，要花大力去研究。民居特征的总结借鉴，如何为新建筑创作服务，是我国创造有民族和地方特色建筑的重要资源和基础，需要我们共同努力去开拓。

第四，在民居研究工作中也要贯彻科学发展观，要有以人为本的思想，在村镇保护和发展中要把三农（农业、农村、农民）放在重要位置，要树立重视农民的思想，要有全面发展的观点。

二、专业委员会2008年换届的汇报

我专业委员会自2003年成立，原定在2007年换届，因筹备不及，经领导批准延期一年召开，现已于2008年11月21日下午在广州华南理工大学举行会员代表大会。出席会议的有原专业委员会委员43人（包括延续担任委员25人），正副主任委员8人中，有7位参加。新一届专业委员会中，出席了委员候选人57人，上级研究会委派副会长李先逵教授、办公室杨东生主任出席会议并指导。此外，研究会副会长，也是民居建筑专业委员会委员陈震东、单德启、陆元鼎也参加了会议。

会议开始，由陆元鼎主任委员代表第一届专业委员会作五年工作汇报，然后宣读上级关于第二届专业委员会正、副主任委员、秘书长候选人的批文，并介绍候选人简历。

大会正式选举专业委员会正、副主任委员和秘书长。先选出谭刚毅、靳亦冰为监票人，发出选票57张，收回56张。选举结果一致通过（见附件一）。随后，大会讨论《专业委员会工作条例》，各代表提出了修改意见后，原则上表决通过，待修改后上报研究会审批。

最后，研究会领导李先逵副会长讲话表示祝贺，并总结了民居建筑专业委员会学术研究成就和贡献。换届大会结束。

晚上，新一届专业委员会正、副主任委员、秘书长举行了会议，会议决定副秘书长人选为廖志、谭刚毅、靳亦水、徐怡芳4人，会议还通过了聘请陆元鼎、朱良文、黄浩等人为新一届专业委员会顾问的决议。最后讨论了2009~2010年工作计划要点，待今后由下一届专业委员会上报。

第二届民居建筑专业委员会委员共73人名单上及聘请顾问名单另见附件二、附件三。

2008年11月21日

2.2.1 附件一 中国民族建筑研究会第二届民居建筑专业委员会正、副主任委员、秘书长名单

姓名	性别	民族	单位、职称、职务	担任本社团职务
陆 琦	男	汉	华南理工大学建筑学院教授、博士生导师	主任委员
王 军	男	汉	西安建筑科技大学建筑学院教授、博士生导师	副主任委员
王 路	男	汉	清华大学建筑学院教授、博士生导师	副主任委员
张玉坤	男	汉	天津大学建筑学院教授、博士生导师、学院党委书记	副主任委员
李晓峰	男	汉	华中科技大学建筑与城规学院教授、博士生导师、副院长	副主任委员
杨大禹	男	汉	昆明理工大学建筑学院教授、博士	副主任委员
戴志坚	男	汉	厦门大学建筑学院教授、博士	副主任委员

续表

姓名	性别	民族	单位、职称、职务	担任本社团职务
唐孝祥	男	汉	华南理工大学建筑学院教授、博士生导师	秘书长
廖 志	男	汉	广东中煦建设工程设计咨询有限公司总建筑师，华南理工大学博士生	副秘书长
谭刚毅	男	汉	华中科技大学建筑与城规学院副教授、博士、副系主任	副秘书长
靳亦冰	男	汉	西安建筑科技大学建筑学院讲师、博士生	副秘书长
徐怡芳	女	汉	北京建筑工程学院建筑学院讲师、博士	副秘书长

中国民族建筑研究会民居建筑专业委员会

2008 年 11 月 21 日

2.2.2　附件二　中国民族建筑研究会第二届民居建筑专业委员会委员名单

（共 73 名，排名不分先后）

顺序	姓名	性别	职称/职务	单位
1	王 路	男	教授、博士生导师、主编	清华大学建筑学院、世界建筑杂志
2	戴 俭	男	教授、博士、院长	北京工业大学建筑与规划学院
3	范霄鹏	男	副教授、博士后	北京建筑工程学院
4	徐怡芳	女	讲师、博士	北京建筑工程学院
5	熊 炜（土家族）	男	古建工程师	北京建工建筑设计研究院文保所
6	张 宇	男	副院长、副总建筑师	北京建筑设计研究院
7	李东禧	男	主任	中国建筑工业出版社第四图书中心
8	侯九义	男	高级工程师、理事长	北京西城区土木建筑学会
9	张玉坤	男	教授、党委书记、博士生导师	天津大学建筑学院
10	梁 雪（满族）	男	教授	天津大学建筑学院
11	郭治明	男	高级建筑师、局长	太原市城市规划局
12	徐 强	男	高级建筑师、总建筑师	太原市聚川建筑事务所
13	王金平	男	教授	太原理工大学土木建筑学院
14	周立军	男	教授、博士	哈尔滨工业大学建筑学院
15	吕海平	女	副教授、博士	沈阳建筑大学建筑学院
16	金光泽（朝鲜族）	男	高级工程师	吉林省延边朝鲜族自治州建筑工程设计审查中心
17	刘 甦	男	教授、院长	山东建筑大学建筑学院
18	胡 石	男	教授	东南大学建筑学院
19	李 浈	男	教授、博士生导师	同济大学建筑城规学院
20	雍振华	男	教授	苏州科技大学建筑城规学院
21	梁宝富	男	总工程师、总经理	扬州意匠轩园林古建筑营造有限公司
22	戴明荣	男	副总工程师	江苏省江阴市园林旅游管理局
23	韩洪保	男	高级工程师、经理	江苏省常熟市古建园林工程公司

续表

顺序	姓名	性别	职称/职务	单位
24	夏泉生	男	高级园艺师、副总工程师	江苏省无锡市园林管理局
25	余 健	男	教授、博士	浙江大学建筑学院
26	丁俊清	男	高级规划师、所长	浙江省温州市城乡规划设计研究所
27	杨新平	男	高级建筑师、副处长	浙江省文物局文物处
28	汪光耀	男	经理	安徽省歙县徽州古建园林公司
29	张敏龙	男	教授	南昌大学建筑工程学院
30	罗 奇	男	教授、院长	江西师范大学城市建设学院
31	张义锋	男	高级建筑师、所长	江西省浩风建筑工程设计事务所
32	万幼楠	男	研究员、副局长	江西省赣州市文物局
33	戴志坚	男	教授、博士	厦门大学建筑学院
34	关瑞明	男	教授、博士、院长	福州大学建筑学院
35	朱永春	男	教授	福州大学建筑学院
36	左满常	男	教授、所长	河南大学土建学院古建园林设计研究所
37	吕红医	女	副教授、博士、副所长	郑州大学城乡建设与可持续发展研究所
38	李红光	男	副教授、所长	华北水电水利学院建筑学院设计研究所
39	李晓峰	男	教授、副院长、博士生导师	华中科技大学建筑学院
40	谭刚毅	男	副教授、博士	华中科技大学建筑学院
41	柳 肃	男	教授、博士生导师、副院长	湖南大学建筑学院
42	陆 琦	男	教授、博士生导师	华南理工大学建筑学院
43	唐孝祥	男	教授、博士生导师	华南理工大学建筑学院
44	郭 谦	男	教授、博士生导师	华南理工大学建筑学院
45	潘 莹	女	副教授、博士	华南理工大学建筑学院
46	廖 志	男	总经理、总建筑师	广东中煦建设工程设计咨询有限公司
47	潘 安	男	高级建筑师、副市长、博士	广东省河源市人民政府
48	余 英	男	高级建筑师、总经理、博士	广州保利房地产（集团）股份有限公司
49	朱火保	男	教授	广东工业大学建筑学院
50	王 瑜	女	副教授	广东工业大学建筑学院
51	吴国智	男	古建筑高级工程师	潮州市建筑设计院
52	雷 翔	男	总经理、总规划师、博士	广西华蓝设计（集团）有限公司
53	龙 彬	男	教授、博士生导师	重庆大学建筑城规学院
54	陈 颖	女	副教授、所长	西南交通大学建筑学院建筑历史研究所
55	杨大禹	男	教授、博士	昆明理工大学建筑学院
56	车震宇	男	副教授、博士	昆明理工大学建筑学院
57	张 军	男	副总建筑师、院长	云南省设计院建筑分院
58	严 彬	男	高级建筑师、院长	云南省西双版纳州建筑规划设计院
59	曲吉建才（藏族）	男	高级建筑师、所长	西藏勘察建筑设计研究院建筑研究所
60	王 军	男	教授、博士生导师	西安建筑科技大学建筑学院
61	靳亦冰	男	讲师、博士生	西安建筑科技大学建筑学院
62	梁 琦	女	高级建筑师、处长	青海省建设厅科技处
63	张胜仪	男	高级建筑师	新疆建筑设计研究院
64	许焯权	男	教授、博士	香港中文大学文化与宗教研究系

续表

顺序	姓名	性别	职称/职务	单位
65	林社铃	男	高级建筑师、高级经理	香港建筑署物业事务处
66	梁以华	男	高级建筑师、主任	香港建筑师协会文物及保育委员会
67	蔡田田	女	建筑师、副会长	澳门建筑师协会
68	陈泽成	男	副局长	澳门特别行政区文化局
69	李乾朗	男	教授	台湾文化大学建筑系
70	阎亚宁	男	教授	台湾中国技术大学建筑系
71	徐裕健	男	教授	台湾华梵大学建筑系
72	薛　琴	男	教授	台湾中原大学建筑系
73	关华山	男	教授	台湾东海大学建筑系

2.2.3　附件三　中国民族建筑研究会第二届民居建筑专业委员会聘请顾问名单

中国民族建筑研究会民居建筑专业委员会于2008年11月21日晚在华南理工大学西湖苑举行的第二届专业委员会正副主任委员及正、副秘书长第一次工作会议讨论，后再征求意见，决定聘请下列年老的委员和专家，为民居建筑专业委员会顾问。名单如下（按姓氏笔画为序）：

王其明（女）	业祖润（女）	朱良文	刘金钟	刘叙杰
孙大章	张润武	李长杰	李先逵	陈志华
陈震东	麦燕屏（女）	陆元鼎	巫纪光	杨谷生
罗德启	单德启	季富政	郑光复	侯幼彬
高介华	黄　浩	黄汉民	黄为隽	蒋高宸
颜纪臣	魏彦钧（女）	魏挹澧（女）		

注：郑光复先生，东南大学建筑学院退休教授，建筑设计与民居建筑研究专家。2009年11月12日因心脑急病不幸猝逝，我们传统民居专业与学术委员会同仁特致以深切的哀悼，并对郑教授一贯支持与参加民居建筑研究学术活动，并发表众多论著表示衷心感谢与怀念。

编者
2010年3月

2.3 第十七届中国民居学术会议纪要

渠滔[①]

2009年10月25~29日在河南省开封市河南大学召开了"第十七届中国民居学术会议",会议由中国民族建筑研究会民居建筑专业委员会、中国建筑学会建筑史学分会民居专业学术委员会、中国文物学会传统建筑园林委员会传统民居学术委员会、中国建筑工业出版社、河南大学土木建筑学院联合主办,承办单位为河南大学土木建筑学院。

河南省地处中原,历史悠久,文化灿烂,20多个王朝建都于此,古建筑众多,遗留下了丰富的历史文化遗产。作为七朝古都的历史文化名城开封,建城史已有2700多年,文物古迹驰名中外,并且开封菊花甲天下,形成了独树一帜的菊文化,每年10月下旬的开封菊花花会吸引无数的中外游客。拥有厚重历史的百年老校河南大学,曾是河南贡院的所在地,老校区近代建筑群为全国重点文物保护单位,建筑群从整体到局部,均是中国近代优秀建筑的代表作品。河南民居建筑也同样类型丰富、形式多样,是研究传统民居建筑的宝贵资源。在河南民居的一些形态和细部处理方面,也明显带有与周边文化的融合的痕迹,充分体现了其地域文化的特征。

本次会议共有来自全国17各省市地区的160余名代表,其中港、台代表6名。为使代表们更好地进行交流和学习,会议共分为两大阶段:会议10月25—27日在河南大学校内举行,除开幕式和闭幕式外,共安排有5场主题报告,46位代表的大会发言,1场对学生的学术报告,其间还穿插了对河南大学老校区近代建筑群、开封铁塔、开封山陕甘会馆和开封菊花花会主会场龙亭公园的参观和考察;10月28—29日两天考察河南省内的典型传统民居:安阳蒋村镇考察马丕瑶府第、三门峡南塬庙上村地坑院和巩义市康百万庄园,原计划还有焦作博爱县古村落寨卜昌村的考察,但因一些特殊原因未能成行,很是遗憾。虽然本次会议时间紧,内容多,但代表们都不辞辛苦,对会议交流和考察内容都表现出极高的热情,认为会议开得高效、紧凑。

本次会议共设三个主题:①传统民居与文化研究;②地域民居对现代建筑设计的启示;③传统村镇保护利用与可持续发展。会议论文集共收录论文137篇,另增补论文4篇。其中选出优秀学生论文8篇,并授予优秀学生论文证书。在会议期间,各个不同年龄层次的专家学者,就传统民居的研究交流了自己的研究成果、思路和方法,大家对传统民居研究的前景都充满了信心,对未来的发展及传统民居的应用前景提出了很多很好的建议和想法。

会议圆满地结束了,作为承办方我们感谢各位代表对会议的支持和参与,感谢河南大学古建园林设计院、煤炭工业郑州设计研究院、河南匠人国际建筑规划设计顾问有限公司、河南省第三建筑工程有限公司、河南立信工程咨询监理有限公司给予会议的大力支持和协助。并为会议的不足之处表示抱歉,预祝我们的中国民居学术会议越办越好,更进一步地提高民居研究的

[①] 河南大学土木建筑学院,教师。

学术水平，促进优秀传统民居文化的保护，使民居文化能在住房建设和文化建设中发挥更大的作用。

2.3.1 简短的贺词

我国传统民居建筑，布满城乡。既是物质技术产物，又是文化载体，千姿百态，雅俗共赏，可称是引人入胜的露天博物馆。今天的城市规划和建筑设计都可以从中获汲许多有益的参考研究资料。受益多、建筑城乡，壮美中原。

祝中国民居学术会议圆满成功！

中国文化遗产研究院　杜仙洲
2009 年 10 月 9 日

2.4 多元文化视野下的传统民居文化研究
——"第八届海峡两岸传统民居理论暨客家聚落与文化学术研讨会"综述

周建新[①]　殷飞飞[②]

由赣南师范学院与中国民族建筑研究会民居建筑专业委员会主办，赣南师范学院客家研究院、江西省高校人文社科重点研究基地客家研究中心承办的"第八届海峡两岸传统民居理论暨客家聚落与文化学术研讨会"于2009年7月18—23日在赣州市山水人厦举行。来自台湾大学、台湾师范大学、中原大学、台湾联合大学、彰化师范大学、宜兰大学、逢甲大学、香港大学以及厦门大学、华南理工大学、华中科技大学、同济大学、北京工业大学、北京建筑工程学院等海峡两岸的专家学者近百人，会聚客家摇篮——赣州，进行广泛而深入的学术探讨和实地参访。

此次研讨会收到论文60余篇，与会学者围绕"民居、聚落、文化"这一主题，从"台湾客家聚落"、"客家民居"、"各地聚落与民居"、"城乡社区保护与发展"等议题方面进行广泛讨论。此次会议加深了对中国各地传统民居的认识，提升了民居建筑与文化的研究水平，同时也进一步扩大了客家研究的影响。

一、主题报告

7月19日上午在隆重而简短的大会开幕式之后，紧接着举行大会主题演讲，由中国民居研究会主任陆琦教授主持。吴庆洲、张智钦、吴卫光、戴志坚、周建新五位学者分别以"梅州侨乡客家民居中西合璧的建筑文化"、"宜兰的客家信仰与族群互动"、"围龙屋五星石的图像与符号化"、"闽中土堡的建筑特色探源"、"客家传统民居的文化人类学透视：以围龙屋为中心的分析"为题作了主题报告。

华南理工大学吴庆洲教授以广东梅县的联芳楼、联辉楼、万秋楼、济济楼、南华又庐及继善楼六座客家民居为实例，介绍了梅州侨乡客家民居的中西合璧的建筑和装饰艺术。作者通过对客家民居的建筑技术、建筑艺术、建筑仪式、建筑意象、建筑风水的梳理，体现了客家民居的独有特色。作者认为，中西合璧的客家民居是梅州等地客家侨乡特有的文化景观，这些民居的创建者多有侨居海外的背景，接受西方的建筑文化，才将两方建筑艺术文化融入客家建筑之中。同时梅州侨乡的建筑文化与五邑等地侨相比别具特色，使侨乡建筑文化的万花园丰富多彩，绚丽多姿。

台湾宜兰大学张智钦教授以台湾宜兰地区的客家信仰——三山国王信仰为切入口，探讨了

[①] 周建新，男，赣南师范学院客家研究中心，副主任，博士，教授；jxzhou16@163.com。
[②] 殷飞飞，女，赣南师范学院历史文化与旅游学院，研究生。

宜兰的客家信仰和族群互动。文中运用GPS定位分析的研究方法，揭示了宜兰地区三山国王信仰的形成及族群互动，以及它所体现客家民间信仰的包容性。

围龙屋作为最典型、最具代表性的客家民居建筑之一，是粤东客家文化的标志和象征，早已成为客家学界和民居理论界关注的热点。广州美术学院吴卫光教授以客家围龙屋的"五星石"为研究对象，结合田野调查方法，通过对围龙屋五行石的位置、特征等角度的分析，揭示了粤东客家人的生命观。作者认为五行石是抽象的五行概念，由五星、山形演变而来的五行石，体现了"相生序"的排列次序。

厦门大学戴志坚教授指出闽中土堡是福建省内有别于土楼的另一种建筑形式，并结合实例分析闽中土堡的建筑特点，包括平面格局、空间特色、防卫体系、结构和构造、选址与环境等。

赣南师范学院周建新博士从人类学视角透视客家传统民居，以围龙屋为个案进行分析，阐释了客家传统民居的历史演进过程，其形制结构、分布范围和数量遗存，并根据自己多年的调查经验，就围龙屋的概念内涵和外延提出个人独到见解，重点分析了作为生活空间和文化载体的客家传统民居所具有的空间意含和文化意义；最后总结概括客家传统民居的总体性，以及它反映的客家社会与族群文化。

来自台湾中原大学薛琴教授、赣南师范学院罗勇教授、深圳市博物馆张一兵研究员、华中科技大学李晓峰教授、台湾师范大学韦烟灶教授逐一对上述五位学者的演讲进行了精彩点评，并提出个人的问题和建议，主讲人分别进行了回应。

二、分组研讨

7月19日下午，研讨会分三个会场举行了六场次的分组研讨，共有29位学者发表了自己的学术论文，每篇宣读论文都有一位学者进行评议。

在"民居理论与风水研究"专场，日本东京都立大学河合洋尚博士从人工环境的人类学理论入手，将其分为三个阶段进行整理介绍，并指出其理论上的问题点及课题。作者认为，基于目前几乎没看到用生产论和构筑论的理论模式进行村落社会的研究，所以在今后的践行中需要重新考虑这种根据城市—村落对立关系用不同理论进行研究；同时生产论和构筑论所提到的时间（近代化）概念也值得重新考虑其有效性。本专场的其他论文发表人以江西形势派风水为着眼点，分别从风水村落营造、风水理论研究等角度进行有益尝试。赣南师范学院客家研究院温春香博士以赣州兴国县三僚村为例，探讨村落风水的营造，揭示了其风水的营造都是建立在宗族强大经济实力基础上，从一侧面反映出三僚宗族在当时的情况及体现"弱肉强食"的自然法则。肖承光讲师从中国传统风水学出发，以人类与一棵树的原始情结为契机，以全息观念解读"一树一太极"的风水奥秘，解析"树木风水"在阳宅的功用，揭示人类生命存在、繁衍与大地绿色生命树相互依存的事实。江西理工大学邓建辉以白鹭古村为个案，从古村的选址、道路建设、建筑布局与特色、排水工程等方面，阐释了有关杨公风水理论和村落规划建设的关系，从而为更好地指导村落规划建设提供更多的借鉴与思考。

在"台湾客家聚落研究"专场，台湾师范大学徐胜一教授从乾隆末年台湾发生林爽之乱入手，揭示了台湾客家义民信仰传承着客家精神，并逐渐形成本土特有的义民爷信仰。台湾研究院科学史委员会刘昭民委员以台湾南部的客家聚落——美浓镇为例，说明了当地土地庙的分布情况、土地庙的外形和结构及礼仪活动—头芽（土地公诞辰）新年福、中秋、尾芽等，由此所构建的土地庙文化，成为客家文化不可或缺的一部分，发挥着它对客家族群凝聚力的影响。台湾师范大学韦烟灶教授以台湾新竹地区——红毛港为契入口，通过对半福佬客区的考察，揭示了清代台湾竹堑地区拓垦的族群关系。

从地域文化的视角出发，探讨客家民居理论，是"客家民居在地研究"专场的一大特点。西南交通大学陈颖教授从全国五大客家聚居省之一的四川着手，阐述了17世纪以来川西客家民居的特点，从思想文化的角度探讨客家民居在地域文化中的生存演变方式及其变迁，从建筑文化领域反映客家移民融入不同地域文化的过程。作者认为，在社会层面上，入川客家移民也经过了一个有分到合，由保持强烈的原乡认同到转向新家乡的过程。但是这一过程绝非移民融入土著社会的单向流动，而是移民与土著及不同的移民群体之间互动的结果，同时在民居建筑也体现为双方的互相影响。赣州市博物馆万幼楠研究员从设计理念到外观形式的考察，揭示了赣南围屋"设防求安"的特点。南昌工程学院许飞进从传播学的视角出发，对江西客家民居建房仪式进行了初步探讨，揭示了伴随着社会需求的变化，建房仪式信息保留的缺失。

第五场次主题是"各地聚落与民居研究"。中国古代的都城建设思想与西方现代城市规划思想，是近年来建筑研究的一大热点，而对中国古代村庄聚落形成的探索仍然不足。华中科技大学李晓峰教授和周彝馨博士对经规划改造的岭南水乡—杏坛、新会等城镇的考察，认为传统岭南水乡与当地网络状态城市形态具有本质区别，并揭示出当前盲目借用西方现代城市规划的模式来进行水乡城镇的改造是不可取的，带来的后果是岭南水乡的空间异化与线性时空的消失。香港大学江盈盈博士通过对徽派建筑和村落与客家围屋聚落的分析，旨在说明不同经济和社会文化背景影响下形成的各具特色的围屋建筑和村落建筑。广东省湛江市博物馆叶彩英副馆长以雷州半岛为例，说明了当地古民居建筑的装饰文化的多元性；装饰形式的地域特色及装饰内容体现的民风习俗。北京工业大学张学飞通过对南北两种民居——客家围龙屋和内蒙古窑居建筑文化内涵比较研究，提出民居的文化承传应该注重保护和利用，将自然和艺术进行和谐演绎。

"城乡社区保护和发展研究"专场，几乎就是研究生的专场。北京工业大学闫惠同学以北京市昌平区黑山寨村为例，分析传统山区村落在规划选址、营造技术和绿化方面蕴含的生态观，分析其演变的社会文化背景，并通过结合该村的规划实践提出传统民居的可持续发展途径，构建"天人合一"的人居环境。刘力波同学以昌平区七里渠南村为例，通过对该村进行的规划设计，探讨北京市城中村的模式与方法。北京建筑工程学院袁媛同学以浙江遂安古城姜家镇为个案，结合姜家镇商业街的规划设计，以建立地区文化脉络为设计理念，以遂安古城风貌的当代再创造和周边历史建筑的迁地保护为设计措施，探讨地区文化的延展途径。

客家文化是中国传统文化不可或缺的一部分，对它的研究在当代具有重大的现实意义。台湾师范大学王志文助理教授介绍了闽粤客家地区特有神明信仰"惭愧祖师"在台湾的转变过程，及各地造型之差异比较。台湾大华技术学院陈燕钊助理教授以清代会馆与日本占领台湾时代旅馆进行比较，旨在透过研究成果，能对今日观光教育加入更多人文及历史之认知与涵养。台湾师范大学地理系名誉教授陈国彦则以台湾东北角宜兰平原的拓垦为契入点，揭示了客家先民在边疆无政府状态的战斗型开垦中，依靠当地最大族群语言——漳州福佬语生存，继而客家语系族群变成"福佬客"

族群。台湾联合大学刘焕云教授等其他学者还就"客家文化及其他研究"发表了看法。

三、综合论坛

综合论述是本次民居研讨会的一大亮点。主会主办方基于认真考虑,试图将综合论坛打造成为集专家精彩发言、大会总结、闭幕式于一体的会议综合版块。

综合论坛由中国民居研究会秘书长唐孝祥教授主持。大会首先邀请来自两岸三位的民居建筑界代表介绍传统民居研究的最新动态,福州大学建筑学院院长关瑞明教授、香港大学建筑学系贾倍思副教授、台湾中原大学建筑系薛琴教授作为综合论坛的引言人。关瑞明教授就客家民系、传统民居、客家土楼与闽西土楼的关系进行了精辟的阐述,并指出了本次探讨会的一个重要的学术特点——多学科交叉。贾倍思副教授从建立中国建筑系的宏伟志向出发,梳理了中国建筑史的脉络,指出了当代建筑领域研究的缺陷与不足,更是鼓励我们学习文艺复兴的精神:解放我们的思想,启迪我们的智慧,向建筑学领域的开拓者和奠基者——梁思成教授学习,为探索中国的建筑创作道路而努力奋进,祝愿中国建筑学的道路越走越好,越走越远。薛琴教授则畅谈了此次民居研讨会的感受和收获,并对接下来的传统民居实地考察寄予期望。三位引言人精彩而深情的发言,赢得热烈的掌声,唐孝祥教授还分别对三位引言人进行了精彩点评。最后,会议主办方负责人对本次研讨会进行了总结陈词,介绍了会议的筹备过程、所取得主要成果以及其他会务信息。

四、研讨会的特点

从本次大会的学术交流情况看,主要有以下五方面的特点:

1. 此次研讨会的成功举办,加强了海峡两岸专家学者的交流与互动,增进彼此之间的友谊,成效良好。共有约30位台湾学者与会,是一次名符其实的海峡两岸的民居研讨盛会。来自台湾的张智钦教授深情地说,难忘的七月炎夏赣南之行,既是一次客家文化之旅,也完成了一次寻根之旅。

2. 此次研讨会的一大特点在于开创了由文科院校主办民居建筑学术研讨会的先河。会议的成功召开,提供了多学科的交叉的学术信息,并带来新的研究视角与方法。与会的不少专家学者交流了传统民居研究的最新理论成果,针对传统民居和古村落的有种种抢救与保护,提出许多办法,大家一致认为最重要的是取得民众对传统民居的文化认同感。

3. 此次研讨会参会人员的年轻化,给大会注入一股新鲜的活力。与以往大会相比,本次会议彰显了建筑学领域的新生代力量,不少在读硕士和博士以及年轻学者崭露头角,获得与会的专家学者充分肯定。

4. 此次研讨会规模大,层次高,影响好,整个研讨会的程序规范,时间紧凑。

5. 此次研讨会内容丰富、形式多样。在紧张的学术研讨会之余,安排两岸专家学者考察了一系列典型民居建筑和古村落。如:江西省赣县的白鹭古村、龙南县的关西围、酒堡渔仔潭围、沙坝围及吉安市钓源古村、美陂古村等。

3

资料篇

3.1 民居学术会议概况（2008—2009）

民居专业与学术委员会

3.1.1 中国民居学术会议

届次	会议时间	地点	承办与主持单位	参加人数	论文集	会议主题	会议成果
十六	2008.11.21—25	广州、开平、中山	华南理工大学建筑学院	242人（包含美国、韩国和中国香港、澳门、台湾代表）	136篇	1. 民居研究与社会主义新农村建设；2. 传统街村、民居的保护及其持续发展；3. 传统民居特征在新民居新建筑上的运用	会议同时举办了民居会议二十周年庆祝活动和大型系列图书《中国民居建筑丛书》首发式
十七	2009.10.25—29	河南开封、巩义、安阳、三门峡	河南大学土木建筑学院	164人（包含台湾代表）	141篇	1. 传统民居与文化研究；2. 地域民居对现代建筑设计的启示；3. 传统村镇保护利用与可持续发展	选出优秀学生论文8篇

3.1.2 海峡两岸传统民居理论（青年）学术研讨会

届次	会议时间	地点	承办与主持单位	参加人数	论文集	会议主题	会议成果
八	2009.7.18—23	江西 赣州	赣州师范学院客家研究院；赣州市文化局	近百人，其中有近30位台湾代表	54篇	民居、聚落、文化	

3.1.3 其他学术会议

会议时间	会议名称	地点	承办与主持单位	参加人数	会议主题	会议成果
2009.9.15—19	中国传统建筑及园林的传承与发展研讨会	江苏江阴市	江阴市园林旅游管理局	39人	中国传统建筑园林的传承与发展	

3.2 中国传统民居论著文献索引（2008—2010）

杨 柳　吴姗姗　何凤娟

3.2.1 民居著作中文书目（2008.01—2010.03）
杨 柳

书名	作者	出版社	出版时间
2008 年前的著作（补遗）			
客家民系与客家聚居建筑	潘 安	中国建筑工业出版社	1998.07
屋宇春秋——山西老宅院	孙丽萍	山西人民出版社	2002.03
解读千年古村——上甘棠	毛华东	香港天马图书公司	2004.01
巴渝历史名镇	吴 涛	重庆出版社	2004.04
长沙老建筑	谢建辉　陈先枢　罗斯旦	五洲传播出版社	2006
中国民族建筑概览·华南卷	陆琦　唐孝祥　廖志	中国电力出版社	2007.09
2008 年			
阿庐公房	段锦良	云南人民出版社	2008
百年银川 1908—2008	于小龙　唐志军	宁夏人民出版社	2008
板桥街道志	雨花台区板桥街道编纂委员会	中国文史出版社	2008
比较城市化 20 世纪的不同道路	贝 利	商务印书馆	2008
采风乡土　巴蜀城镇与民居续集	季富政	西南交通大学出版社	2008
承德普宁寺	孙大章	中国建筑工业出版社	2008
传统村落的旅游开发与形态变化	车震宇	科学出版社	2008
大同历史文化名城保护与发展战略规划研究	曹昌智	中国建筑工业出版社	2008
房梁遗梦　福建经典古民居　英汉对照	叶恩忠	海潮摄影艺术出版社	2008
湖南古村镇古民居	章锐夫	岳麓书社	2008
建筑百家谈古论今：图书编	杨永生　王莉慧	中国建筑工业出版	2008
近代建筑流派演绎与鉴赏	沈福煦　黄国新	同济大学出版社	2008
晋系风土建筑彩画研究	张 昕	东南大学出版社	2008
里院·青岛平民生态样本	青岛市市南区政协	青岛出版社	2008
清代台湾城镇研究	唐次妹	九州出版社	2008
矢量图形特征的空间数据挖掘及其应用	毕硕本	科学出版社	2008
思茅镇志	思茅镇人民政府	云南民族出版社	2008
四合院情思　中英文本	王文波	中国民族摄影艺术出版社	2008
现代建筑与古代风水	丁文剑	东华大学出版社	2008
湘南传统人居文化特征	胡师正	湖南人民出版社	2008
新中国风建筑设计导则	王 晓	中国电力出版社	2008
雨中春树人家　品味华夏古建筑	王其钧	幽雅阅读丛书	2008

续表

书名	作者	出版社	出版时间
云南藏族民居	翟辉 柏文峰 王丽红	云南科学技术出版社	2008
张驭寰文集 古建筑研究 古建考察 杂文	张驭寰	中国文史出版社	2008
张驭寰文集 中国古代建筑史新著 第2卷	张驭寰	中国文史出版社	2008
张驭寰文集 综合、园林、石窟、戏台	张驭寰	中国文史出版社	2008
张驭寰文集 中国民居、万里长城 第9卷	张驭寰	中国文史出版社	2008
震后乡镇典型调查分析	仇保兴	中国建筑工业出版社	2008
中国传统建筑 门窗、隔扇装饰艺术	朱广宇	机械工业出版社	2008
中国传统建筑外部空间构成	戴俭 邹金江	湖北教育出版社	2008
中国传统建筑文化	楼庆西	中国旅游出版社	2008
中国传统建筑屋顶装饰艺术	刘淑婷	机械工业出版社	2008
中国村镇建筑文化	李百浩 万艳华	湖北教育出版社	2008
中国宫殿史	雷从云 陈绍棣 林秀贞	百花文艺出版社	2008
中国民族建筑研究	肖厚忠	中国建筑工业出版社	2008
中国现代建筑教育史 1920—1980	钱锋 伍江	中国建筑工业出版社	2008
中华客家行 龙南围屋大观	彭昌明	天津古籍出版社	2008
中原文化大典 文物典 聚落	邓本章	中州古籍出版社	2008
大明屯堡第一屯：鲍家屯	杨有为	四川教育出版社	2008.01
地上博物馆——山西建筑	王其钧	上海画报出版社	2008.01
东方住宅明珠·浙江东阳民居	王仲奋	天津大学出版社	2008.01
解读旧城——重庆大学城市规划专业"旧城有机更新"课程教学实践	赵万民	东南大学出版社	2008.01
平遥县志	王夷典 录疏	山西经济出版社	2008.01
千年家园——广西民居	牛建农	中国建筑工业出版社	2008.01
千年家园——湘西民居	柳肃	中国建筑工业出版社	2008.01
陕西民居木雕集	王山水 张月贤	三秦出版社	2008.01
探访中国稀世民居——海草房	刘志刚	海洋出版社	2008.01
图解中国民居	王其钧	中国电力出版社	2008.01
武夷山世界文化遗产的监测与研究 第二辑：闽文化与武夷山	刘家军	厦门大学出版社	2008.01
寻找梦中的家园：发现婺源	武旭峰	广东旅游出版社	2008.01
张驭寰文集 第6卷 中国古塔 2	张驭寰	中国文史出版社	2008.01
中国建筑文化之西渐	冯江 刘虹	湖北教育出版社	2008.01
中国传统建筑装饰构成	戴志坚	福建科技出版社	2008.01
中国古代建筑师	张钦楠	生活·读书·新知三联书店	2008.01
中国古都：北京	阎崇年	中国民主法制出版社	2008.01
中国古都：北京（精装本）	阎崇年	北京科文图书业信息技术有限公司	2008.01
中国古建筑吉祥装饰	宋国晓	水利水电出版社	2008.01
中国古建筑与园林（附光盘）	芦爱因	高等教育出版社	2008.01
中国老村——阳新民居	王炎松 何滔	湖北人民出版社	2008.01
中国一张漂亮的名片——桂林	谢迪辉	广西师范大学出版社	2008.01
记忆：京鲁明清古民居	桑新华	中国摄影出版社	2008.02

续表

书名	作者	出版社	出版时间
厦门古代建筑	陈文	厦门大学出版社	2008.02
厦门间里记忆	卢志明	厦门大学出版社	2008.02
赣地艺术 民俗 建筑	龚国光	江西增教育出版社	2008.03
建筑西部：西部城市与建筑的当代图景（理论篇）	支文军 张兴国 刘克成	中国电力出版社	2008.03
民居风景速写	陈敬良	中国电力出版社	2008.03
民居习俗	赵丙祥	中国社会出版社	2008.03
少数民族民居	叶禾	中国社会出版社	2008.03
我们的遗产 我们的未来	张松 王骏	同济大学出版社	2008.03
新视野中的乡土建筑	季富政	哈尔滨工程大学出版社	2008.03
幽雅阅读丛书——雨中春树人家：品味华夏古建筑	王其钧	北京大学出版社	2008.03
仿生建筑	许启尧	知识产权出版社	2008.04
梦断黄沙——平遥（新版）	吴大弃 王炫文	工人出版社	2008.04
南浔——水墨人家	徐晓航	工人出版社	2008.04
千年古县汤阴	汤阴县《千年古县》编委会	中国社会出版社	2008.04
青岩镇的建筑文化	吴正光	贵州人民出版社	2008.04
中国风水史	何晓昕 罗依	九州出版社	2008.04
中国建筑装修语言	王其钧	机械工业出版社	2008.04
周庄——朗月孤舟	刘新平	工人出版社	2008.04
走近北京——北京100讲	梅松	首都师范大学出版社	2008.04
长城真相调查	南方都市报	鹭江出版社	2008.05
村落景观的特色与整合	王浩 唐晓岚 孙新旺 王婧	中国林业出版社	2008.05
徽州老房子（中英文版）	江森强	江苏美术出版社	2008.05
羌族文化 汉、英、法对照	陈蜀玉	西南交通大学出版社	2008.05
中国建筑装饰精品读解	王谢燕	机械工业出版社	2008.05
中国客家建筑文化（上、下）	吴庆洲	湖北教育出版社	2008.05
中国民族建筑概览——华东卷	戴志坚 李华珍 潘莹	中国电力出版社	2008.05
北京城市发展史 先秦——辽金卷	于德源 富丽	北京燕山出版社	2008.06
东方古城堡	郭志坤 张志星	上海人民出版社	2008.06
河北地区古建筑文化及艺术风格研究	赵晓峰	河北大学出版社	2008.06
吉安红色记忆·绿色生态·古色人文	丁仁祥 李梦星	上海文化出版社	2008.06
平武报恩寺	四川省文物考古研究所 四川省平武报恩寺博物馆	科学出版社	2008.06
乡土建筑遗产的研究与保护	陆元鼎 杨新平	同济大学出版社	2008.06
烟雨楼台：北京大学图书馆藏西籍中的清代建筑图像	北京大学图书馆	中国人民大学出版社	2008.06
中国风土人情	程麻	商务印书馆	2008.06
中国古建筑装饰图集	岳翠贞	华中科技大学出版社	2008.06
中国近代建筑研究与保护（六）	张复合	清华大学出版社	2008.06
大同历史文化名城保护与发展战略规划研究	曹昌智	中国建筑工业出版社	2008.07

续表

书名	作者	出版社	出版时间
发现徽州建筑	赵焰 张扬	合肥工业大学出版社	2008.07
姑苏宅韵	施文球	同济大学出版社	2008.07
寻找北京城	赵润田	清华大学出版社	2008.07
中国传统建筑屋顶装饰艺术	刘淑婷	机械工业出版社	2008.07
中国近、现代建筑历史整合研究论纲	邓庆坦	中国建筑工业出版社	2008.07
中国名镇	韩欣	东方出版社	2008.07
此景只应天上有——原味侗乡	刘芝凤	上海文艺出版有限公司	2008.08
大理山水人文	母锡鹏	云南民族出版社	2008.08
当代北京四合院史话	陈义风	当代中国出版社	2008.08
读图时代中国建筑分类图典	嘉禾	化学工业出版社	2008.08
建筑与都市：现实感 北京2008 家琨建筑工作室	马卫东 《建筑与都市》中文版编辑部	宁波出版社	2008.08
江南民居	丁俊清	上海交通大学出版社	2008.08
江南水乡（第二版）	林峰	上海交通大学出版社	2008.08
精神的形迹艺术札记	廖少华	湖南人民出版社	2008.08
两宋时期的中国民居与居住形态	谭刚毅	东南大学出版社	2008.08
闽南建筑	曹春平 庄景辉	福建人民出版社	2008.08
齐鲁家族聚落与文化变迁	王蕊	齐鲁书社	2008.08
水墨徽州——黄山与婺源的诱惑	朱晓栋	人民交通出版社	2008.08
图说十大民居（建筑文化系列）	鲁芳	中国人民大学出版社	2008.08
图说中国的世界文化遗产（建筑文化系列）	刘珍强	中国人民大学出版社	2008.08
皖南民居写生与设计考察	温庆武 侯云汉	湖北美术出版社	2008.08
追寻文脉 追求和谐	吴予敏 陶一桃 刘会远 陈小坚	商务印书馆	2008.08
"海西"文化遗产 两岸历史记忆：海峡西岸文化遗产保护论坛（2007）论文集	福建省文化厅	福建省地图出版社	2008.09
城市与区域规划研究 第1卷第3期（总第3期）	顾朝林	商务印书馆	2008.09
河南省古代建筑保护研究所三十周年论文集 1978—2008	河南省古代建筑保护研究所	大象出版社	2008.09
建筑历史与理论：2008年学术研讨会论文选辑	中国建筑学会建筑史学分会 河南大学土木建筑学院	中国科学技术出版社	2008.09
建筑是首哲理诗	赵鑫珊	百花文艺出版社	2008.09
李家大院：讲解词	张刚忍	山西人民出版社	2008.09
中国传统建筑中的时间观念研究	孟彤	中国建筑工业出版	2008.09
中国古代建筑鉴赏语言：走进艺术	王其钧	广西师范大学出版社	2008.09
中国国粹艺术读本：民居建筑	戴华刚	中国文联出版公司	2008.09
川盐古道——文化线路视野中的聚落与建筑	赵逵	东南大学出版社	2008.10
湖北古民居 附：木兰湖古民居解说词	王玉德 沈远耀	崇文书局	2008.10
识别中国古建筑	李金龙	上海书店出版社	2008.10
世界住居与居住文化	胡惠琴	中国建筑工业出版社	2008.10
线描西藏——边境城市、集镇、村落、边贸市场探访	黄凌江	中国电力出版社	2008.10

续表

书名	作者	出版社	出版时间
营造之道：古代建筑	萧默	生活·读书·新知三联书店	2008.10
中国科学技术史·建筑卷	付熹年	科学出版社	2008.10
壮侗民族传统建筑研究	黄恩厚	广西人民出版社	2008.10
广东民居	陆琦	中国建筑工业出版社	2008.11
贵州民居	罗德启	中国建筑工业出版社	2008.11
江西民居	黄浩	中国建筑工业出版社	2008.11
居所的图景——东南亚民居	全峰梅　侯其强	东南大学出版社	2008.11
玛瑙山官田寨	凤冈县旅游事业局	贵州人民出版社	2008.11
南京城市规划史稿　古代篇·近代篇	苏则民	中国建筑工业出版社	2008.11
陕北窑洞民居	吴昊	中国建筑工业出版社	2008.11
武夷山摩崖石刻与武夷文化研究	朱平安	厦门大学生出版社	2008.11
中国建筑图鉴——400座贯中国历史的经典建筑，5000年华夏文明的不朽丰碑	中国建筑图鉴编辑部	陕西师范大学出版社	2008.11
中国民居建筑年鉴（1988—2008）	陆元鼎	中国建筑工业出版社	2008.11
C. 北纬45°的建坛思辨（规划卷）	哈尔滨工业大学建筑学院	哈尔滨工业大学出版社	2008.12
C. 北纬45°的建坛思辨（建筑卷）	哈尔滨工业大学建筑学院	哈尔滨工业大学出版社	2008.12
传统之"脐"：状元故里霞街村的变迁	朱爱东	广东人民出版社	2008.12
河里的石头滚上坡　贵州安顺屯堡民居	越剑	贵州科技出版社	2008.12
建筑文化感悟与图说（国外卷）	张祖刚	中国建筑工业出版社	2008.12
上海老房子	娄承浩　薛顺生	上海辞书出版社	2008.12
文化建设案例丛书　第1辑	廖自力　窦维平	中国社会科学出版社	2008.12
湘西历史城镇、村寨与建筑	湖南省建设厅	中国建筑工业出版社	2008.12
云南农村住房　（二）云南省农村住房建筑方案设计竞赛获奖作品集	云南省建设厅	云南科技出版社	2008.12
浙江城镇发展史	陈国灿	杭州出版社	2008.12
中国城市发展史	傅崇兰　黄志宏	社会科学文献出版社	2008.12
中国传统建筑墙、地界面装饰艺术	崔鹤亭　崔轩	机械工业出版社	2008.12
中国传统建筑文化审美欣赏	王小回	社会科学文献出版社	2008.12
中国传统砖雕	潘嘉来	人民美术出版社	2008.12
中国古代堪舆	李城志　贾慧如	九州出版社	2008.12
中国塔文化与九江古塔	吴宜先	长江出版社	2008.12
2009年			
《营造法式》与江南建筑（中国传统文化与江南地域文化研究丛书）	项隆元	浙江大学出版社	2009
福建土楼　中英文本	叶恩忠	海潮摄影艺术出版社	2009
福建土楼：中国传统民居的瑰宝（修订本）	黄汉民	生活·读书·新知三联书店	2009
古民居（中华文化丛书）	陈旭　阿印	湖南科学技术出版社	2009
近代天津名人故居	李正中	天津人民出版社	2009
晋商民居	朱向东　王崇恩　王金平	中国建筑工业出版社	2009
民居史话　中英文双语版	贾虎君	中国大百科全书出版社	2009
农村民居建筑抗震实用技术	尚守平	中国建筑工业出版社	2009

续表

书名	作者	出版社	出版时间
千年家园—贵州民居	罗德启 谭晓东	中国建筑工业出版社	2009
三晋古民居建筑新论	仇晓风	三晋出版社	2009
三明古民居	袁德俊	福建教育出版社	2009
色彩·风水·家居	静 缘	江西人民出版社	2009
手绘中国民居百态 徽州古街	张 兵 赵世勇	天津大学出版社	2009
手绘中国民居百态 晋陕老宅	陈学文 印景亮	天津大学出版社	2009
手绘中国民居百态 西南村寨	夏克梁	天津大学出版社	2009
云南绿色乡土建筑研究与实践 以西双版纳傣族民居及香格里拉藏族民居为例	柏文峰 曾志海	云南科技出版社	2009
中国传统建筑装饰	高 阳	百花文艺出版社	2009
中国传统建筑装饰艺术—屋顶艺术	楼庆西	中国建筑工业出版社	2009
中国传统剧场建筑	薛林平	中国建筑工业出版社	2009
中国建筑史论汇刊 2008 第1辑	王贵祥	清华大学出版社	2009
中华民居：传统住宅建筑分析（精）	刘森林	同济大学出版社	2009
藏维人家/手绘中国民居百态套书	张 斌	天津大学出版社	2009.01
潮州传统建筑大木构架	李哲扬	广东人民出版社	2009.01
城镇景观撷趣	林锦枝	中国城市出版社	2009.01
创意设计——灾后重建的理性思考	韩林飞 林 澎	中国电力出版社	2009.01
黄土高原河谷中的聚落（陕北地区人居环境空间形态模式研究）/人居环境科学丛书	周庆华	中国建筑工业出版社	2009.01
徽州古街/手绘中国民居百态套书	张 斌 赵世勇	天津大学出版社	2009.01
江南禅寺/江南建筑文化丛书	王 媛	上海交通大学出版社	2009.01
江南古镇/手绘中国民居百态套书	彭 军 赵世勇	天津大学出版社	2009.01
江南木构/江南建筑文化丛书	刘 杰	上海交通大学出版社	2009.01
津门洋楼/手绘中国民居百态套书	尚金凯	天津大学出版社	2009.01
晋陕老宅/手绘中国民居百态套书	陈学文 邱景亮	天津大学出版社	2009.01
客家旧居/手绘中国民居百态套书（手绘中国民居百态套书）	杨北帆	天津大学出版社	2009.01
历史印痕（浙江篇）	范崇德	文汇出版社	2009.01
民族民间艺术瑰宝：吊脚楼	宛志贤	贵州民族出版社	2009.01
民族民间艺术瑰宝：石板房	宛志贤	贵州民族出版社	2009.01
西南村寨/手绘中国民居百态套书	夏克梁	天津大学出版社	2009.01
先秦两汉岭南建筑研究	曹 劲	科学出版社	2009.01
演变与传承（皖浙地区传统聚落空间营建策略及当代发展）	王小斌	中国电力出版社	2009.01
营造论——暨朱启钤纪念文选/建筑名家文库	朱启钤	天津大学出版社	2009.01
豫园/上海古典园林书系	陈业伟	上海文化出版社	2009.01
中国100魅力古镇	《国家地理系列》编委会	蓝天出版社	2009.01
中国传统建筑廊装饰艺术	王志敏	机械工业出版社	2009.01
中国传统建筑墙、地界面装饰艺术	崔贺亭 崔 轩	机械工业出版社	2009.01
中国传统建筑文化审美欣赏	王小回	社会科学文献出版社	2009.01
中国传统建筑形制与工艺	李 浈	同济大学出版社	2009.01

续表

书名	作者	出版社	出版时间
中国建筑与城市文化/东方文化集成	吴良镛	昆仑出版社	2009.01
中华名塔大观/中华名胜大观	罗哲文 柴福善	机械工业出版社	2009.01
中华文明史话 中英文双语版 民居史话	《中华文明史话》编委会	中国大百科全书出版社	2009.01
中华文明史话（中英文双语版）—民居史话	中华文明史话编委会	中国大百科全书出版社	2009.01
朱家峪	岳庆林	齐鲁书社	2009.01
不可不知的100座人文建筑	王德鸿	化学工业出版社	2009.02
城市论	沈福煦	中国建筑工业出版社	2009.02
都江堰史	谭徐明	中国水利水电出版社	2009.02
古建筑设计（普通高等院校建筑专业十一五规划精品教材）	柳肃	华中科技大学出版社	2009.02
建筑谈艺录	萧默	华中科技大学出版社	2009.02
京城民居宅院	郑希成	学苑出版社	2009.02
京城民居宅院 郑希成钢笔白描画集	郑希成	学苑出版社	2009.02
燕赵古桥（精）/物质文化遗产研究系列/燕赵文化研究系列丛书	刘忠伟	科学出版社	2009.02
赵都邯郸城与赵文化（精）/物质文化遗产研究系列/燕赵文化研究系列丛书	段宏振	科学出版社	2009.02
中国古建筑散记	张驭寰	人民邮电出版社	2009.02
2008第三次文物普查重要新发现	国家文物局	科学出版社	2009.03
城市气候设计 城市空间形态气候合理性实现的途径	柏春	中国建筑工业出版社	2009.03
第2届建筑类多媒体课件大赛获奖作品系列—中国传统民居（附光盘）	李燕 陈雷	中国建筑工业出版社	2009.03
故宫观澜	柳坡博溪	紫禁城出版社	2009.03
杭州老房子	杨军	浙江大学出版社	2009.03
历史环境的再生之道——历史意识与设计探索	常青	中国建筑工业出版社	2009.03
世界文化遗产宏村古村落空间解析	段进 揭明浩	东南大学出版社	2009.03
天下名城/文化天府系列丛书	蒋蓝	成都时代出版社	2009.03
中国传统建筑文化系列丛书 中国传统建筑雕饰	王其钧	中国电力出版社	2009.03
中国传统建筑文化系列丛书 中国传统建筑色彩	王其钧	中国电力出版社	2009.03
中国传统建筑文化系列丛书 中国传统建筑屋顶	王其钧	中国电力出版社	2009.03
中国传统建筑文化系列丛书 中国传统建筑小品	王其钧	中国电力出版社	2009.03
中国传统建筑文化系列丛书 中国传统建筑组群	王其钧	中国电力出版社	2009.03
中国建筑艺术年鉴2007—2008	中国艺术研究院建筑艺术研究所	文化艺术出版社	2009.03
中国客家民居建筑艺术 粤闽赣客家民居写生	曹知博	人民美术出版社	2009.03

续表

书名	作者	出版社	出版时间
中国客家民居建筑艺术——粤闽赣客家民居写生	曹知博	人民美术出版社	2009.03
北京的故事	王谢燕	机械工业出版社	2009.04
传统建筑（人文西藏）	张 鹰	上海人民出版社	2009.04
千碉净土（神山护佑下的丹巴）	邓延良	上海人民出版社	2009.04
我为丹青（第二辑）：湘西南民间乡土雕刻	唐文林　王艳萍	湖南人民出版社	2009.04
香格里拉（横断山民族文化走廊）	张春文	上海人民出版社	2009.04
中国西部　甘孜藏族民居：汉英对照	热贡·多吉彭措	四川美术出版社	2009.04
中华民居——传统住宅建筑分析	刘森林	同济大学出版社	2009.04
甘南藏族民居地域适应性研究	齐 琳	甘肃民族出版社	2009.05
解读徽州	方 静	合肥工业大学出版社	2009.05
文化遗产研究集刊（第四辑）	复旦大学文物与博物馆学系　复旦大学文化遗产研究中心	复旦大学出版社	2009.05
易经和谐人居	钟庆财	江西人民出版社	2009.05
白族民居中的避邪文化研究：以云南剑川西湖周边一镇四村为个案	张春继	云南大学出版社	2009.06
江南建筑雕饰艺术（南京卷）	长 北	东南大学出版社	2009.06
解读颐和园（一座园林的历史和建筑）	张加勉	当代中国出版社	2009.06
历史住区（2009年3月　总第37期）	《住区》编委会	中国建筑工业出版社	2009.06
闽南传统建筑文化在当代建筑设计中的延续与发展	泉州市城乡规划院　同济大学建筑与城市规划学院	同济大学出版社	2009.06
图说人民英雄纪念碑	树 军	解放军出版社	2009.06
线条的表现（中国古镇民居）	孙 勇	上海交通大学出版社	2009.06
中国古都历史文化解读/中国历史文化书系	于希贤　于 洪	中国三峡出版社	2009.06
丰盛古镇/山地人居环境研究丛书	赵万民	东南大学出版社	2009.07
福建土楼	何葆国	海潮摄影艺术出版社	2009.07
龚滩古镇/山地人居环境研究丛书	赵万民	东南大学出版社	2009.07
建筑聚落介入基地环境的适宜性研究/中国城市规划建筑学园林景观博士文库	李 宁	东南大学出版社	2009.07
解读徽州祠堂：徽州祠堂的历史和建筑	郑建新	当代中国出版社	2009.07
解读土楼（福建土楼的历史和建筑）	廖 东　唐 齐	当代中国出版社	2009.07
龙潭古镇/山地人居环境研究丛书	赵万民	东南大学出版社	2009.07
罗田古镇/山地人居环境研究丛书	赵万民	东南大学出版社	2009.07
南昌人居（人文南昌丛书）	于子佳	江西人民出版社	2009.07
宁厂古镇/山地人居环境研究丛书	赵万民	东南大学出版社	2009.07
松溉古镇/山地人居环境研究丛书	赵万民	东南大学出版社	2009.07
文化沙湾：传统文化在现代设计中的传承与传播	东美红	中国建筑工业出版社	2009.07
线条的表现　中国古镇民居	勇	上海交通大学出版社	2009.07
章朗布朗族建筑礼仪（附光盘）	街顺宝	云南大学出版社	2009.07
传统聚落结构中的空间概念	王 昀	中国建筑工业出版社	2009.08
从废园到燕园	唐克扬	三联书店	2009.08

续表

书名	作者	出版社	出版时间
广西民居	雷翔	中国建筑工业出版社	2009.08
桂林古民居	唐旭 谢迪辉	广西师范大学出版社	2009.08
徽山烟雨（透过建筑看徽州）	王杰	机械工业出版社	2009.08
建筑师札记2	中国建筑设计研究院	清华大学出版社	2009.08
民居风景钢笔速写	陈敬良	湖南科技出版社	2009.08
诗意栖居——中国传统民居的文化解读（简装版）（共三卷）	赵新良	中国建筑工业出版社	2009.08
图说中国建筑艺术	钱正坤	凤凰出版传媒集团 江苏人民出版社	2009.08
乡土民居	李秋香	百花文艺出版社	2009.08
整合与重构（关中乡村聚落转型研究）/新农村建设丛书	雷振东	东南大学出版社	2009.08
慧缘风水学	慧缘	百花文艺出版社	2009.09
吉林民居（中国古建筑图说系列）	张驭寰	天津大学出版社	2009.09
建筑中国60年（1949—2009）遗产卷	《建筑创作》杂志社	天津大学出版社	2009.09
江南民居（英文版）	丁俊清	上海交通大学出版社	2009.09
羌碉羌绣羌民居：汉、英	周耀伍	四川美术出版社	2009.09
石库门：上海特色民居与弄堂风情	冯绍霆	上海人民出版社	2009.09
说园——中国文库·科技文化类	陈从周	同济大学出版社	2009.09
我与王家大院	侯廷亮	山西经济出版社	2009.09
中国风格2	《家居主张》编辑部	上海辞书出版社	2009.09
中国古代建筑艺术（上、下卷）	韩欣	研究出版社	2009.09
AUing——与时代同行（第七届全国建筑与规划研究生年会论文集）	李保峰 洪亮平	华中科技大学出版社	2009.10
福建民居（中国民居建筑丛书）	戴志坚	中国建筑工业出版社	2009.10
建筑文化感悟与图说（国内卷）	张祖刚	中国建筑工业出版社	2009.10
科学发展观下的中国人居环境建设—2009年全国博士生学术论坛（建筑学）论文集	全国博士生学术论坛（建筑学）学术委员会 清华大学建筑学院	中国建筑工业出版社	2009.10
前童：古村落的活化石	顾希佳	浙江大学出版社	2009.10
秦汉人的居住环境与文化	黄宛峰	光明日报出版社	2009.10
求索与守望	浙江省考古学会	科学出版社	2009.10
上海光影	上海市历史博物馆 郭允	同济大学出版社	2009.10
乡土屏南/中华遗产乡土系列	刘杰 周芬芳	中华书局	2009.10
浙江省文物保护工程设计案例与研究（精）	李小宁	科学出版社	2009.10
中国古戏台建筑	罗德胤	东南大学出版社	2009.10
中国建筑	王文思	时代文艺出版社	2009.10
中国建筑60年（1949—2009）历史纵览	邹德侬 王明贤 张向炜	中国建筑工业出版社	2009.10
古建筑丛谈	张驭寰	天津大学出版社	2009.11
建筑历史与理论	杨鸿勋	科学出版社	2009.11
老河口九里山秦汉墓（精）	襄樊市文物考古研究所 武安铁路复线建设九里山考古队	文物出版社	2009.11

续表

书名	作者	出版社	出版时间
灵明泰顺（一处在与水周旋经验中昂然崛起的边地历史山境）	萧百兴	齐鲁出版社	2009.11
刘敦桢先生诞辰110周年暨中国建筑史学史研讨会论文集	东南大学建筑学院	东南大学出版社	2009.11
清文化遗产廊道构建研究	王肖宇	东北大学出版社	2009.11
沿着长江看建筑	汤 涛	新世界出版社	2009.11
易经风水图鉴（从入门到行家一本通）	柯 可	广西人民出版社	2009.11
中国读本——中国古代建筑	楼庆西	中国国际广播出版社	2009.11
中华传统建筑：天人谐和的流淌旋律	杨小彦	广东省出版集团，广东人民出版社	2009.11
走入中国的传统农村（浙江泰顺历史文化的国际考察与研究）	吴松弟 刘 杰	齐鲁出版社	2009.11
陈从周讲园林	陈从周	湖南大学出版社	2009.12
古村探源 中国聚落文化与环境艺术	何重义	中国建筑工业出版社	2009.12
幻方——中国古代的城市	阿尔弗雷德.申茨（译者：青梅）	中国建筑工业出版社	2009.12
上海滩风情	孙树棻	学林出版社	2009.12
台湾民居	李乾朗 阎亚宁 徐裕健	中国建筑工业出版社	2009.12
文物建筑（第3辑）	湖南省古代建筑保护研究所	科学出版社	2009.12
新疆民居	陈震东	中国建筑工业出版社	2009.12
2010年			
北京朝阳门（人文历史750年）	臧汝奇	人民出版社	2010.01
传统堡寨聚落研究—兼以秦晋地区为例（中国城市规划·建筑学·园林景观博士文库）	王 绚	东南大学出版社	2010.01
从历史中走来的古村落	王修筑	山西人民出版社	2010.01
理气风水	高友谦	团结出版社	2010.01
品读中国文化丛书——中国园林（英汉对照）	方华文	安徽科学技术出版社	2010.01
石头上的史诗 德国建筑旅行笔记	杨 克	广西人民出版社	2010.01
世界建筑文化	呼志强	时事出版社	2010.01
一个皖南古村落的历名与现实	朱晓明	同济大学出版社	2010.01
园林建筑（高职高专园林工程技术专业系列规划教材）	钟喜林 谢 芳	中国电力出版社	2010.01
中国传统建筑空间修辞	毛 兵	中国建筑工业出版社	2010.01
中国传统建筑梁、柱装饰艺术	齐学君 王宝东	机械工业出版社	2010.01
中国传统建筑室内装饰艺术	朱广宇	机械工业出版社	2010.01
中国传统建筑图鉴—中国传统文化图鉴系列	宋文	东方出版社	2010.01
中国建设文化艺术概论	王大恒	中国城市出版社	2010.01
中国民居文化/经典文化系列	刘丽芳	时事出版社	2010.01
中国西部古建筑讲座	张驭寰	中国水利水电出版社	2010.01
生态家屋	荆其敏 张利安	华中科技大学出版社	2010.03
中外建筑简史（普通高等教育高职高专土建类精品规划教材）	郑朝灿 张献梅	水利水电出版社	2010.03

3.2.2 民居著作英文书目 (2008.06—2010.04)

何凤娟

书名	作者	pages 码	编辑出版单位	出版日期
中国传统民居研究				
Chinese Bridges: Living Architecture from China's Past	Ronald G. Knapp, Peter Bol, A. Chester Ong	272 pages	Tuttle Publishing	July, 2008
Feng Shui in Chinese Architecture	Dr. Evelyn Lip	152 pages	Marshall Cavendish Corporation	December, 2008
Another World Lies Beyond: Creating Liu Fang Yuan, the Huntington's Chinese Garden (Huntington Library Garden Series)	T. June Li	130 pages	Huntington Library Press	January, 2009
Art and Architecture (Inside Ancient China)	Anita Croy	80 pages	Sharpe Focus	January, 2009
Chinese Houses: A Pictorial Tour of China's Traditional Dwellings	Chen; Hongxaun, Pan; Bingjie, Congzhou	336 pages	Readers Digest	February, 2009
Canal Towns South of the Yangtze	LIN Feng	250 pages	Shanghai Jiao Tong University Press	August, 2009
Wood Construction South of the Yangtze	Liu Jie	252 pages	Shanghai Jiao Tong University Press	August, 2009
100 Landmarks of Shanghai	Shi Lei	260 pages	Shanghai Culture Publishing House	October, 2009
Shikumen: Townhouses, Terrace House, Townhouse, Chinese Architecture, Courtyard, Taiping Rebellion	Lambert M. Surhone, Miriam T. Timpledon, Susan F. Marseken	84 pages	Betascript Publishing	February, 2010
Jokhang: Tibet's Most Sacred Buddhist Temple	Gyurme Dorje, Tashi Tsering, Heather Stoddard, Andre Alexander, Ulrich van Schroeder	288 pages	Thames & Hudson	March, 2010
The Mingqi Pottery Buildings of Han Dynasty China, 206BC – AD220	Qinghua Guo	272 pages	Sussex Academic Press	April, 2010
民居通论的著作				
New Spaces for Old Buildings	Marshall Cavendish	264 pages	Marshall Cavendish International	August, 2008
2009 International Residential Code For One-and-Two Family Dwellings	International Code Council	868 pages	ICC	April, 2009
Vernacular Architecture and Regional Design: Cultural Process and Environmental Response	Kingston Wm. Heath Ph. d.	216 pages	Architectural Press	April, 2009
Proceedings of International Conference on Earthquake Engineering	Wenhao Liang, Qiao Li&Bo Gao	737 pages	Southwest Jiaotong University Press	June, 2009
The Living House: An Anthropology of Architecture in South-East Asia	Roxana Waterson	300 pages	Tuttle Publishing	March, 2010
Lessons from Traditional Architecture: Achieving Climatic Buildings by Studying the Past	Simos Yannas, Willi Weber	208 pages	hscan Publications Ltd.	September, 2010
亚洲及其他国家和地区民居研究				
Experiences of Well-being: in Thai Vernacular Houses	Wandee Pinijvarasin	260 pages	VDM Verlag	June, 2008

续表

书名	作者	pages 码	编辑出版单位	出版日期
Traditional Architecture of the Arabian Gulf: Building on Desert Tides	R. Hawker	252 pages	WIT Press	June, 2008
The Evolving Arab City: Tradition, Modernity and Urban Development	Yasser Elsheshtawy	328 pages	Routledge; 1 edition	June, 2008
Early Stone Houses of Kentucky	Carolyn Murray-Wooley	272 pages	The University Press of Kentucky	July, 2008
Native Villages and Village Sites East of the Mississippi	Jr. David Ives Bushnell	132 pages	BiblioBazaar	August, 2008
Vernacular Mudbrick Architecture in the Dakhleh Oasis, Egypt: And the Design of the Dakhleh Oasis Training and Archaeological Conservation Centre (Dakhleh Oasis Project Monographs, 10)	Wolf Schijns, Olaf Kaper, Joris Kila	63 pages	Oxbow Books Limited	December, 2008
Old Cottage and Domestic Architecture in South-West Surrey, and Notes on the Early History of the Division	Ralph Nevill	106 pages	General Books LLC	January, 2009
Don't Tear It Down! Preserving the Earthquake Resistant Vernacular Architecture of Kashmir	Randolph Langenbach	154 pages	Oinfroin Media; 1 edition	June, 2009
Tourism in Traditional Bali Settlement: Institutional Analysis of Built Environment Planning	Wiwik Pratiwi	420 pages	VDM Verlag	June, 2009
American Vernacular Buildings and Interiors: 1870—1960	Herbert Gottfried, Jan Jennings	378 pages	W. W. Norton & Company	July, 2009
Indonesian Houses, Volume 2: Survey of Vernacular Architecture in Western Indonesia	Reimar Schefold	722 pages	KITLV Press	July, 2009
Indonesian Houses	Schefold, Reimar (EDT) / Nas, Peter J. M. (EDT) / Domenig, Gaudenz (EDT) / Wessing, Robert	716 pages	Univ of Washington Pr	July, 2009
Caribbean Houses: History, Style, and Architecture	Michael Connors	272 pages	Rizzoli	September, 2009
The Most Beautiful Villages and Towns of the Southwest (Most Beautiful Villages)	Joan Tapper	208 pages	Thames & Hudson	September, 2009
The Santa Fe House: Historic Residences, Enchanting Adobes and Romantic Revivals	Margaret Moore Booker	246 pages	Rizzoli	September, 2009
Rustic: Country Houses, Rural Dwellings, Wooded Retreats	Bret Morgan	228 pages	Rizzoli	October, 2009
Building to Endure: Design Lessons of Arid Lands	Paul Lusk Alf Simon	296 pages	University of New Mexico Press	October, 2009
The City in South Asia	James Heitzman	300 pages	Routledge	November, 2009
Uyghur Vernacular Architecture: Cultural Form and Syntax of Built Environment	Rushan Rozi	60 pages	LAP Lambert Academic Publishing	January, 2010
Cottage: Cape Cod (house), Chalet, Serfdom, Bothy, Bungalow, Putting-out system, Dacha, Log cabin, Mobile home, Mountain hut, Summer house, Vacation rental, Vernacular architecture	Frederic P. Miller, Agnes F. Vandome, John McBrewster	80 pages	Alphascript Publishing	January, 2010

续表

书名	作者	pages码	编辑出版单位	出版日期
Japanese Garden: Garden, Buddhism, Shinto, Japanese castle, Western world, Japanese rock garden, Culture of Japan, Ink and wash painting, Chinese garden, Kokan Shiren, Bonseki, Sensei, Koi	Frederic P. Miller, Agnes F. Vandome, John Mcbrewster	148 pages	Alphascript Publishing	January, 2010
New Architecture and Urbanism: Development of Indian Traditions	INTBAU	350 pages	Cambridge Scholars Publishing	January, 2010
Indian Architecture, Its Psychology, Structure, and History From the First Muhannadan Invasion to the Present Day	Ernest Binfield Havell	144 pages	General Books LLC	January, 2010
Old Houses and Village Buildings in East Anglia, Norfolk, Suffolk	Basil Oliver	66 pages	General Books LLC	January, 2010
Handmade Houses and Other Buildings: The World of Vernacular Architecture	John May	192 pages	Thames & Hudson Ltd	March, 2010
Pride in Modesty: Modernist Architecture and the Vernacular Tradition in Italy	Michelangelo Sabatino	336 pages	University of Toronto Press	March, 2010
The History of Qatari Architecture 1800-1950	Ibrahim Jaidah and Malika Bourennane	336 pages	Skira	March, 2010
Wo Hing Society Hall: Lahaina Historic District, Lahaina, Hawaii, Sugar Cane, Chinese Society Halls on Maui	Lambert M. Surhone Miriam T. Timpledon Susan F. Marseken	160 pages	Betascript Publishing	March, 2010
The Living House: An Anthropology of Architecture in South-East Asia	Roxana Waterson	300 pages	Tuttle Publishing	March, 2010
Buildings without Architects: A Global Guide to Everyday Architecture	John May	192 pages	Rizzoli	April, 2010

3.2.3 民居著作日文书目 (1984.01—2009.10)

吴姗姗

书名	作者	页码	编辑出版单位	出版日期
民居通论方面的书籍				
第三世界の都市と住宅—自然発生的集落の見通し	D.J.ドワイヤー（著），金坂 清則（翻訳）	276	地人書房	1984.01
個室群住居—崩壊する近代家族と建築的課題	黒沢 隆	247	住まいの図書館出版局	1997.09
家をつくって子を失う—中流住宅の歴史 子供部屋を中心に	松田 妙子	447	住宅産業研修財団	1998.04
集落探訪（建築ライブラリー）	藤井 明	72	INAX	2005.03
山村環境社会学序説—現代山村の限界集落化と流域共同管理	大野 晃	298	農山漁村文化協会	2005.04
中国民居研究的书籍				
中国民居の空間を探る—群居類住"光・水・土"中国東南部の住空間	茂木 計一郎，片山 和俊，稲次 敏郎，東京芸術大学中国住居研究グループ，木寺 安彦	247	建築資料研究社	1991.05
書斎の宇宙—中国都市的隠遁術	村松 伸	47	INAX	1992.10

续表

书名	作者	页码	编辑出版单位	出版日期
中国湖南省の漢族と少数民族の民家	土田 充義（編集），楊 慎初（編集）	526	中央公論美術出版	2003.03
中華中毒—中国的空間の解剖学	村松 伸	452	筑摩書房	2003.06
日本国民居研究的书籍				
関東地方の民家〈2〉埼玉・千葉（日本の民家調査報告書集成）	埼玉県教育委員会（編集），千葉県教育委員会（編集）		東洋書林	1998.06
関東地方の民家〈3〉東京・神奈川（日本の民家調査報告書集成）	東京都教育委員会（編集），神奈川県教育委員会（編集）		東洋書林	1998.06
四国地方の民家—徳島・香川・愛媛・高知（日本の民家調査報告書集成）	徳島県教育委員会（編集），香川県教育委員会（編集），高知県教育委員会（編集），愛媛県教育委員会（編集）		東洋書林	1998.10
中部地方の民家〈4〉岐阜・静岡・愛知（日本の民家調査報告書集成）	岐阜県教育委員会（編集），静岡県教育委員会（編集），愛知県教育委員会（編集）		東洋書林	1998.10
北海道・東北地方の民家〈1〉北海道・青森・秋田（日本の民家調査報告書集成）	北海道教育委員会（編集），青森県教育委員会（編集），秋田県教育委員会（編集）		東洋書林	1998.11
北海道・東北地方の民家〈3〉山形・福島（日本の民家調査報告書集成）	山形県教育委員会（編集），福島県教育委員会（編集）		東洋書林	1998.12
北海道・東北地方の民家〈2〉岩手・宮城（日本の民家調査報告書集成）	岩手県教育委員会（編集），宮城県教育委員会（編集）		東洋書林	1999.01
九州地方の民家〈2〉熊本・宮崎・鹿児島・沖縄（日本の民家調査報告書集成）	熊本県教育委員会（編集），宮崎県教育委員会（編集），沖縄県教育委員会（編集），鹿児島県教育委員会（編集）		東洋書林	1999.07
中国地方の民家—鳥取・島根・岡山・広島・山口（日本の民家調査報告書集成）	宮沢 智士（編集），迫垣内 裕（編集），鳥取県教育委員会（編集），島根県教育委員会（編集），山口県教育委員会（編集）		東洋書林	1999.10
農家〈1〉東北地方（日本の民家重要文化財修理報告書集成）	村上 訒一（編集），近藤 光雄（編集），亀井 伸雄（編集），日塔 和彦（編集）	809	東洋書林	1999.12
農家〈2〉関東地方（日本の民家重要文化財修理報告書集成）	村上 訒一（編集），近藤 光雄（編集），亀井 伸雄（編集），日塔 和彦（編集）	790	東洋書林	2000.01
農家〈3〉中部地方（1）（日本の民家重要文化財修理報告書集成）	村上 訒一（編集），近藤 光雄（編集），亀井 伸雄（編集），日塔 和彦（編集）	779	東洋書林	2000.05
農家〈4〉中部地方（2）（日本の民家重要文化財修理報告書集成）	村上 訒一（編集），近藤 光雄（編集），亀井 伸雄（編集），日塔 和彦（編集）	829	東洋書林	2000.05
農家〈5〉近畿地方（1）（日本の民家重要文化財修理報告書集成）	村上 訒一（編集），近藤 光雄（編集），亀井 伸雄（編集），日塔 和彦（編集）	1002	東洋書林	2000.07
農家〈6〉近畿地方（2）（日本の民家重要文化財修理報告書集成）	村上 訒一（編集），近藤 光雄（編集），亀井 伸雄（編集），日塔 和彦（編集）	777	東洋書林	2000.09
農家〈7〉中国・四国・九州（日本の民家重要文化財修理報告書集成）	村上 訒一（編集），近藤 光雄（編集），亀井 伸雄（編集），日塔 和彦（編集）	843	東洋書林	2000.09

续表

书名	作者	页码	编辑出版单位	出版日期
町家・宿場〈1〉東日本（日本の民家重要文化財修理報告書集成）	村上 訒一（編集），近藤 光雄（編集），亀井 伸雄（編集），日塔 和彦（編集）	607	東洋書林	2000.10
日本の民家重要文化財修理報告書集成〈11〉漁家・その他	村上 訒一（編集），近藤 光雄（編集），亀井 伸雄（編集），日塔 和彦（編集）	797	東洋書林	2001.07
町家・宿場〈2〉西日本2（日本の民家重要文化財修理報告書集成）	村上 訒一（編集），近藤 光雄（編集），亀井 伸雄（編集），日塔 和彦（編集）	562	東洋書林	2001.07
日本美の再発見	ブルーノ・タウト（著），篠田 英雄（翻訳）	182	岩波書店	1962.02
古建築の細部意匠	近藤 豊	294	大河出版	1972.06
伝統のディテール―日本建築の詳細と技術の変遷	伝統のディテール研究会（著）	197	彰国社	1975.01
図説日本住宅の歴史	平井 聖	138	学芸出版社	1980.01
継手・仕口	濱島正士，田中文男，伊藤延男，安藤直人，伊原惠司，大河直躬，太田邦夫，且原純夫，戸村浩	60	INAX	1984.11
藩制と民家―藩領域からみた民家の成立と発展	大岡 敏昭	341	相模書房	1990.03
図解 古建築入門―日本建築はどう造られているか	西 和夫	149	彰国社	1990.11
東北民家史研究	草野 和夫	374	中央公論美術出版	1991.05
仕組まれた意匠―京都空間の研究	川崎 清，大森 正夫，小林 正美	272	鹿島出版会	1991.10
民家の来た道―古代の伝承	川島 宙次	141	相模書房	1992.01
街道の民家史研究―日光社参史料からみた住居と集落	津田 良樹	208	芙蓉書房出版	1995.02
近世民家の成立過程―遺構と史料による実証	草野 和夫	257	中央公論美術出版	1995.02
住まいの伝統技術	安藤 邦広，乾 尚彦，山下 浩一	167	建築資料研究社	1995.03
北海道農村住宅変貌史の研究	足達 富士夫	181	北海道大学図書刊行会	1995.04
家屋（いえ）と日本文化	ジャック プズー＝マサビュオー（著），Jacques Pezeu-Massabuau（原著），加藤 隆（翻訳）	321	平凡社	1996.12
京都の意匠〈2〉街と建築の和風デザイン（コンフォルト・ライブラリィ）	吉岡 幸雄，喜多 章	148	建築資料研究社	1997.05
住まいにいきる	佐藤 浩司（編集）	254	学芸出版社	1998.08
民家の自然エネルギー技術	木村 建一，荒谷 登，石原 修，浦野 良美，伊藤 直明，小玉 祐一郎	253	彰国社	1999.03
日本の風土文化とすまい―すまいの近世と近代	大岡 敏昭	316	相模書房	1999.03
間（ま）・日本建築の意匠	神代 雄一郎	204	鹿島出版会	1999.06
風土が生んだ建物たち―庶民が築いた知恵のかたちを探る	マガジントップ（編集）	159	山海堂	1999.10
てりむくり―日本建築の曲線	立岩 二郎	220	中央公論新社	2000.01

续表

书名	作者	页码	编辑出版单位	出版日期
民家・町並み探訪事典	吉田 桂二	166	東京堂出版	2000.09
古くて豊かなイギリスの家 便利で貧しい日本の家	井形 慶子	238	大和書房	2000.12
図説 日本建築のみかた	宮元 健次	318	学芸出版社	2001.03
住空間史論〈2〉農村住居篇	島村 昇	596	京都大学学術出版社	2001.06
図説 民俗建築大事典	日本民俗建築学会（編集）	484	柏書房	2001.11
住まいを語る―体験記述による日本住居現代史（建築ライブラリー）	鈴木 成文	237	建築資料研究社	2002.04
建築家・吉田鉄郎の『日本の住宅』	吉田 鉄郎	219	鹿島出版会	2002.06
日本の家―空間・記憶・言葉	中川 武	267	TOTO出版	2002.06
建築における「日本的なもの」	磯崎 新	332	新潮社	2003.04
重文民家と生きる	全国重文民家の集い（編集）	239	学芸出版社	2003.05
居住の文化誌	佐藤 京子	165	文芸社	2003.09
間取り百年―生活の知恵に学ぶ	吉田 桂二	198	彰国社	2004.01
民家の事典―北海道から沖縄まで	川島 宙次, 島田 アッヒト	87	小峰書店	2004.01
日本の町並み（3）（別冊太陽）	西村 幸夫	175	平凡社	2004.01
日本伝統の町―重要伝統的建造物群保存地区62	河合 敦（編集）	207	東京書籍	2004.06
甦る住文化―伝統木構法と林業振興の道	菊間 満, 増田 一真	156	日本林業調査会	2004.06
近世近代町家建築史論	大場 修	622	中央公論美術出版	2005.01
近代化遺産探訪―知られざる明治・大正・昭和	清水 慶一, 清水 襄	72	INAX	2005.03
泥小屋探訪―奈良・山の辺の道	小林 澄夫, 奥井 五十吉, 藤田 洋三	72	INAX	2005.03
住まいの考源楽	金田 正夫	189	ピエブックス	2005.11
西岡常一と語る 木の家は三百年	原田 紀子	243	朝日新聞社	2006.04
伝統建築と日本人の知恵	安井 清	400	草思社	2007.04
合掌造り民家成立史考	佐伯 安一	181	桂書房	2009.03
中廊下の住宅―明治大正昭和の暮らしを間取りに読む	青木 正夫, 鈴木 義弘, 岡 俊江	290	住まいの図書館出版局	2009.03
住まいの文化誌〈1〉日本人〈上〉		195	ミサワホーム総合研究所	2009.03
住まいの文化誌〈2〉日本人〈下〉		195	ミサワホーム総合研究所	2009.03
木造軸組構法の近代化	源 愛日児	206	中央公論美術出版	2009.08
伝統木造建築を読み解く	村田 健一	207	学芸出版社	2006.09
日本の伝統建築の構法―柔軟性と寿命	内田 祥哉	138	市ケ谷出版社	2009.10

3.2.4 民居论文（中文期刊）目录（2008.05—2010.02）

吴姗姗

论文名	作者	刊载杂志	页码	编辑出版单位	出版日期
中国传统山水画与园林设计	王妍	《安徽农业科学》2008，36卷，13期	5386	《安徽农业科学》编辑部	2008.05
老城区交通系统与空间环境优化策略——以历史文化名城浙江省绍兴市为例	刘国园 黎晴	《城市交通》2008.05	53	《城市交通》编辑部	2008.05
辽宁满族民居在当今新城镇建设和规划中的继承	王玉 满意	《大众文艺（理论）》2008，10期	129	《大众文艺》编辑部	2008.05
女性主义视阈下的中国传统居住建筑设计	李麟	《电影评介》2008，10期	80	《电影评介》编辑部	2008.05
浅谈斗拱所蕴含的中国传统文化	王艺林 黄有曦	《硅谷》2008，10期	200	《硅谷》编辑部	2008.05
应用模糊综合评判模型评价历史街区保护的研究	石若明 刘明增	《规划师》2008.05	72	《规划师》编辑部	2008.05
中国传统民居庭院空间的生态文化内涵	张慧 赵晓峰	《河北学刊》2008，28卷，3期	245	《河北学刊》编辑部	2008.05
从中国传统道家思想看中国园林	谷小娜	《黑龙江科技信息》2008，10期	195	《黑龙江科技信息》编辑部	2008.05
木构建筑在现代技术下的传统表达	罗志勇 郑志	《华中建筑》2008，26卷	60	《华中建筑》编辑部	2008.05
关中民居与上海石库门的对话：谈传统民居的城市特征与借鉴	屈张	《建筑创作》2008.05	171	《建筑创作》编辑部	2008.05
浅议旧城区传统风貌的保护与再生	林雪琼	《建筑设计管理》2008.05	48	《建筑设计管理》编辑部	2008.05
传统元素的现代表达——以苏州穹隆山区块为例	叶琴音 华晨	《建筑与文化》2008.05	84	《建筑与文化》编辑部	2008.05
建筑形态设计应该保留民族传统	周娅	《科技风》2008.05	7	《科技风》编辑部	2008.05
中国现代室内设计中传统内涵和现代形式的交织	肖琼芳	《科技信息》2008，15期	318	《科技信息》编辑部	2008.05
浅析徽州传统民居的特色	程晓玲 顾春华	《美与时代（下半月）》2008.05	102	《美与时代》编辑部	2008.05
时代记忆下——云南民居墙体材料的生态艺术建构	范静 杨大禹	《南方建筑》2008.05	14	《南方建筑》编辑部	2008.05
东北汉族传统合院式民居的空间特点解析	周立军 李同予 曲永哲	《南方建筑》2008.05	20	《南方建筑》编辑部	2008.05
湘赣民系、广府民系传统聚落形态比较研究	潘莹 施瑛	《南方建筑》2008.05	28	《南方建筑》编辑部	2008.05
岭南民居庭园借鉴与运用——广东潮州饶宗颐学术馆设计	陆琦 廖志	《南方建筑》2008.05	32	《南方建筑》编辑部	2008.05
简论岭南汉族民居建筑的适应性	唐孝祥	《南方建筑》2008.05	37	《南方建筑》编辑部	2008.05
山地特色 文化内涵 与时俱进——《贵州民居》编写前的思考	罗德启	《南方建筑》2008.05	40	《南方建筑》编辑部	2008.05
浅谈广州传统居住文化的现状与未来	李鸣正	《山西建筑》2008，34卷，13期	44	《山西建筑》杂志社	2008.05

续表

论文名	作者	刊载杂志	页码	编辑出版单位	出版日期
中国传统民居的生态设计观	张 萍 李春雨	《山西建筑》2008，34卷，13期	61	《山西建筑》杂志社	2008.05
关中民居在现代居住建筑中的应用研究	董 睿 张 倩 李志民	《山西建筑》2008，34卷，14期	20	《山西建筑》杂志社	2008.05
传统庭院空间的现代转换与运用	胡云杰 高长征	《山西建筑》2008，34卷，14期	48	《山西建筑》杂志社	2008.05
徽州民居景观价值初探	王 璇 石 田 侯 方	《山西建筑》2008，34卷，14期	50	《山西建筑》杂志社	2008.05
历史古镇中的农业景观研究	何 晴 朱 勇	《山西建筑》2008，34卷，14期	57	《山西建筑》杂志社	2008.05
陕北米脂老城区铜窑民居保护与再生研究	王文正 张 倩 李志民	《山西建筑》2008，34卷，15期	20	《山西建筑》杂志社	2008.05
以青浦老城厢为例谈传统水乡城镇的空间变迁	王 隽	《山西建筑》2008，34卷，15期	32	《山西建筑》杂志社	2008.05
传统建筑空间的装饰意义及人文化育作用——以闽南地区传统民居为例	李蔚青	《文艺研究》2008.05	147	《文艺研究》编辑部	2008.05
世居少数民族传统民居急待抢救和保护	杜金林	《小城镇建设》2008.05	63	《小城镇建设》编辑部	2008.05
普通乡镇历史遗存的保护与乡镇的发展	翟彦华	《小城镇建设》2008.05	66	《小城镇建设》编辑部	2008.05
新开发模式下的岭南传统街区复兴实践——广州市越秀区解放中路旧城改造	刘宇波 张振辉 何正强	《新建筑》2008.05	36	《新建筑》杂志社	2008.05
明榆林镇军事聚落分布对现代城镇的影响	李 威 李 哲 李 严	《新建筑》2008.05	62	《新建筑》杂志社	2008.05
传统聚落旅游开发中的色彩景观规划与管理	张 静	《新建筑》2008.05	77	《新建筑》杂志社	2008.05
鄂西北南漳地区堡寨聚落探析	石 峰 郝少波	《新建筑》2008.05	82	《新建筑》杂志社	2008.05
传统建筑文化对现代建筑设计的影响	谷 林	《艺术教育》2008.05	128	《艺术教育》编辑部	2008.05
1996~2005年壮族传统民居的期刊文献分析	方 仁 黄万鹏	《云南地理环境研究》2008，20卷，3期	121	《云南地理环境研究》编辑部	2008.05
古村落布局的形与意——以浙南黄檀硐古村落聚居形态的分析为例	孟海宁 王 昕 孙天钾	《浙江建筑》2008，25卷，5期	1	《浙江建筑》编辑部	2008.05
历史文化古镇的规划保护与利用——以浙江省台州市章安古镇为例	叶君强	《浙江建筑》2008，25卷，5期	9	《浙江建筑》编辑部	2008.05
传统建筑翼角技术的发展	杨 达	《中华建设》2008.05	46	《中华建设》编辑部	2008.05
现代建筑与传统建筑装饰手法的运用	张睿丰	《中华建设》2008.05	55	《中华建设》编辑部	2008.05
山西民居中的墀头装饰艺术	薛林平 刘 烨	《装饰》2008.05	114	《装饰》编辑部	2008.05
新农村建设类设计的重要源泉——解读传统徽派建筑聚落空间的创作手法	郑育春	《贵州工业大学学报（社会科学版）》2008，10卷，3期	182	贵州工业大学	2008.05

续表

论文名	作者	刊载杂志	页码	编辑出版单位	出版日期
安顺云山屯民居建筑及环境景观的规划与保护	陆明浩 张倩	《贵州工业大学学报（自然科学版）》2008，37卷，4期	137	贵州工业大学	2008.05
石头与木头的对话、历史与现代的交融——贵州屯堡建筑景观特色保护研究	刘建浩	《贵州工业大学学报（自然科学版）》2008，37卷，4期	140	贵州工业大学	2008.05
以国际宪章为线索的传统人居聚落遗产保护历程的研究	胡光宏	《贵州工业大学学报（自然科学版）》2008，37卷，4期	143	贵州工业大学	2008.05
浅谈贵州民族村落文化景观保护与利用——以花溪镇山布依族村寨为案例	蒋盈盈 王红	《贵州工业大学学报（自然科学版）》2008，37卷，5期	182	贵州工业大学	2008.05
安顺云山屯民居建筑环境艺术规划与保护	李万松 王红	《贵州工业大学学报（自然科学版）》2008，37卷，5期	185	贵州工业大学	2008.05
从徽州古民居保护看地域建筑文化的传承与创新	杨有广	《合肥工业大学学报（自然科学版）》2008，31卷，5期	798	合肥工业大学	2008.05
我国传统建筑亮化设计中的文化意蕴	张葛	《内蒙古民族大学学报（社会科学版）》2008，34卷，3期	113	内蒙古民族大学	2008.05
宋家庄聚落与民居形态浅析	王金平 付晓欢	《太原理工大学学报》2008，39卷	100	太原理工大学	2008.05
浅析中国传统文化在晋商大院中的体现——以乔家大院和渠家大院为例	李雅琦 胡柏彦	《太原理工大学学报》2008，39卷	212	太原理工大学	2008.05
对忻州秀容书院作为传统文化建筑的初步研究	孟聪龄 田智峰	《太原理工大学学报》2008，39卷	216	太原理工大学	2008.05
天津老城乡地区历史文化及拆迁前保留建筑现状记述	王岩 张颀	《天津大学学报（社会科学版）》2008，10卷，3期	247	天津大学	2008.05
浅议中国传统庭院空间围合与构成的基本方式	季文娟	《安徽建筑》2008，3期	13	《安徽建筑》编辑部	2008.06
城市边缘地带历史文化建筑的保护与利用	吴卓珈	《安徽农业科学》2008，36卷，16期	6749	《安徽农业科学》编辑部	2008.06
空间营构的非空间之道——从设计方式解读传统文人园	黄一如 王挺	《城市规划学刊》2008，3期	18	《城市规划学刊》编辑部	2008.06
传统：地域性建筑创作之源——以丽江束河茶马驿栈规划为例	翟辉 王丽红	《城市建筑》2008.06	25	《城市建筑》编辑部	2008.06
陇东窑洞民居文化艺术价值初探	刘学莘 宋魁彦	《大众文艺（理论）》2008，12期	189	《大众文艺》编辑部	2008.06
浅析坦洋古村落的空间结构与建筑特色	林琼华	《福建建筑》2008.06	4	《福建建筑》编辑部	2008.06
宏村传统民居屋檐排水方式的分析与启示	刘典典 申晓辉	《福建建筑》2008.06	9	《福建建筑》编辑部	2008.06
徽州民居建造工艺技术探析	罗先松	《工程与建设》2008，22卷，6期	766	《工程与建设》编辑部	2008.06

续表

论文名	作者	刊载杂志	页码	编辑出版单位	出版日期
传统徽派建筑风格的传承与发扬——黄山市的经验	朱生东 陈安生	《华中建筑》2008，26卷，6期	15	《华中建筑》编辑部	2008.06
浙江传统祠堂戏场建筑研究	薛林平	《华中建筑》2008，26卷，6期	114	《华中建筑》编辑部	2008.06
句法视阈中的传统聚落空间形态研究	王静文 毛其智 杨东峰	《华中建筑》2008，26卷，6期	141	《华中建筑》编辑部	2008.06
城镇历史街区景观保护研究	何晴	《华中建筑》2008，26卷，6期	138	《华中建筑》编辑部	2008.06
传统山区聚落的防御特征研究——以湖北钟祥张集古镇为例	周红 李百浩	《华中建筑》2008，26卷，6期	154	《华中建筑》编辑部	2008.06
新疆农村民居——"阿依旺"式住宅建筑的节能浅析	艾尔肯 吐拉洪 马永军 艾斯哈尔	《建筑经济》2008.06	23	《建筑经济》编辑部	2008.06
谈如何从中国传统建筑文化中吸取精华	巩波 姜旭豪	《建筑设计管理》2008.06	49	《建筑设计管理》编辑部	2008.06
兰州青城镇明清民居分析	任贵	《建筑与文化》2008.06	79	《建筑与文化》编辑部	2008.06
江南水乡古镇历史文化遗产保护策略研究——以常熟市梅李古镇为例	王剑	《江苏城市规划》2008.06	23	《江苏城市规划》编辑部	2008.06
现代室内环境中的传统再造探讨	戴珊珊 魏力敏	《科教文汇（下旬刊）》2008.06	187	《科教文汇》编辑部	2008.06
中国传统建筑之于现代建筑的可融合因素	陶纳	《科学经济市场》2008.06	42	《科学经济市场》编辑部	2008.06
中式民居建筑细部装饰艺术	黄保源	《美术大观》2008.06	106	《美术大观》编辑部	2008.06
云南金华镇清代民居建筑木雕装饰艺术——以金华镇忠义巷11号为例	王薇 冯柯	《美术大观》2008.06	132	《美术大观》编辑部	2008.06
浅析传统民居与现代高层住宅的居住心理	李闻茹	《美术大观》2008.06	204	《美术大观》编辑部	2008.06
为什么要研究传统建筑防灾	郑力鹏	《南方建筑》2008.06	18	《南方建筑》编辑部	2008.06
从审美情趣浅谈徽州传统民居的木雕装饰	曹伟 叶喜	《内蒙古林业调查设计》2008，31卷，3期	95	《内蒙古林业调查设计》编辑部	2008.06
论基诺族民居的文化内涵	董学荣 罗维萍	《农业考察》2008.06	244	《农业考察》编辑部	2008.06
满族民居与乡村景观研究	岳天明 赵伟韬	《山东林业科技》2008，6期	102	《山东林业科技》编辑部	2008.06
以良户古村落为例谈传统建筑的艺术成就	刘宇	《山西建筑》2008，34卷，18期	77	《山西建筑》杂志社	2008.06
苏州民居文化生态解析及其启示	曹婷婷	《社科纵横》2008，23卷	169	《社科纵横》编辑部	2008.06
从现代园林设计看中国传统文化	温军鹰	《时代文学（下半月）》2008.06	125	《时代文学》编辑部	2008.06
传统生土窑洞的土拱结构体系	童丽萍 韩翠萍	《施工技术》2008，37卷，6期	113	《施工技术》编辑部	2008.06
传统空间对现代建筑设计的启示——从重庆磁器口场镇谈起	韩婧	《室内设计》2008，3期	16	《室内设计》编辑部	2008.06

续表

论文名	作者	刊载杂志	页码	编辑出版单位	出版日期
基于传统的城市文化景观设计——以成都宽窄巷子少城文化景观设计为例	戴宇	《四川建筑》2008，28卷，3期	9	《四川建筑》编辑部	2008.06
阆中民居空间浅析	申敏	《四川建筑》2008，28卷，3期	35	《四川建筑》编辑部	2008.06
传统建筑文化——建筑的创作之源	熊海珍	《四川建筑》2008，28卷，3期	37	《四川建筑》编辑部	2008.06
吐鲁番地区传统民居建筑文化初探	穆洪洲 陈颖	《四川建筑》2008，28卷，3期	40	《四川建筑》编辑部	2008.06
昔阳县楼坪村古民居——天聚生	史永红	《文物世界》2008.06	6	《文物世界》编辑部	2008.06
山西明清民居建筑木雕艺术与保护	郝昌明	《文物世界》2008.06	63	《文物世界》编辑部	2008.06
拯救藏羌民居——属于世界的宝贵文化遗产	陈同滨 傅晶 刘剑	《小城镇建设》2008.06	19	《小城镇建设》编辑部	2008.06
东南沿海历史城镇风貌保护与利用初探——以台州市椒江区"海门老街"为例	刘烈雄	《小城镇建设》2008.06	85	《小城镇建设》编辑部	2008.06
辽南海岛民居环境适应性探讨——以大连市掩子岛为例	李世芬 赵瑛 路晓东	《新建筑》2008.06	120	《新建筑》杂志社	2008.06
江头村古民居保护开发策略初探——大桂林旅游、文化与经济的协调	唐林 刘永娟 吴菁蔓	《沿海企业与科技》2008，3期	130	《沿海企业与科技》编辑部	2008.06
中国传统文化在现代景观中的价值体现	李沁茹 杨茂川 李杰	《艺术与设计》2008.06	98	《艺术与设计》编辑部	2008.06
广西本土建筑元素在现代建筑设计中的创新应用——西南民族传统建筑的"楼"式文化比较研究	李杨	《艺术与设计》2008.06	99	《艺术与设计》编辑部	2008.06
绍兴历史街区的保护规划与实施——以仓桥直街历史街区为例	孟嘉	《浙江建筑》2008，25卷，6期	16	《浙江建筑》编辑部	2008.06
三峡地域传统民居的成因与特色探析	周传发	《资源与人居环境》2008，12期	68	《资源与人居环境》编辑部	2008.06
传统村落户外空间中人的行为特征探析	李改维	《安徽建筑工业学院学报（自然科学版）》2008，16卷，3期	42	安徽建筑工业学院	2008.06
通道县侗族民居吊脚装饰构件初考	杨友妮	《长沙民政职业技术学院学报》2008，15卷，2期	128	长沙民政职业技术学院	2008.06
元江——红河流域傣族传统民居保护探微	方仁	《湖南民族职业学院学报》2009	46	湖南民族职业学院	2008.06
浅析中国传统民居与现代建筑形式的关系	杨黎	《淮南职业技术学院学报》2008，8卷，2期	80	淮南职业技术学院	2008.06
浙江西部传统民居的生物气候设计	王建华 王竹	《江南大学学报（自然科学版）》2008，7卷，3期	339	江南大学	2008.06
贵州镇远村寨林与和谐生态村寨民居调查与探讨——漆树坪村寨典型调查	袁政坤 王宇 罗婷	《凯里学院学报》2008，26卷，3期	120	凯里学院	2008.06

续表

论文名	作者	刊载杂志	页码	编辑出版单位	出版日期
客家传统民居建筑审美与客家文化	郑杰	《牡丹江大学学报》2008，17卷，6期	93	牡丹江大学	2008.06
从徐州户部山历史地段古民居改造论历史建筑的保护与重生	刘永强 孙银莉	《三门峡职业技术学院学报》2008，7卷，2期	55	三门峡职业技术学院	2008.06
河北传统聚落中寺庙戏场浅析	彭鹏 刘华领	《石家庄铁道学院学报（社会科学版）》2008，2卷，2期	67	石家庄铁道学院	2008.06
传统川西民居外观色彩的形成原因分析	鲁引	《四川教育学院学报》2008，24卷，6期	65	四川教育学院	2008.06
梁子湖地区民居民俗艺术设计	毛连鹏 张靖鸣	《武汉职业技术学院学报》2008，7卷，3期	12	武汉职业技术学院	2008.06
培田古民居与徽派古民居的相似性	李志文	《厦门理工学院学报》2008，16卷，2期	6	厦门理工学院	2008.06
理想生活与居住环境——论传统文化对现代居住环境精神养护的价值	李冬	《燕山大学学报（哲学社会科学版）》2008，9卷，2期	77	燕山大学	2008.06
乡土建筑保护论纲	陈志华	《乡土建筑遗产的研究与保护》	3	同济大学出版社	2008.06
我国南方村镇民居保护与发展探索	陆元鼎 廖志	《乡土建筑遗产的研究与保护》	7	同济大学出版社	2008.06
保护乡土建筑营造和谐家园——浙江乡土建筑建筑遗产保护实践	鲍贤伦	《乡土建筑遗产的研究与保护》	13	同济大学出版社	2008.06
世界遗产视野中的乡土建筑遗产	阙维民	《乡土建筑遗产的研究与保护》	18	同济大学出版社	2008.06
瑞典乡土建筑保护	瑞典 史雯	《乡土建筑遗产的研究与保护》	22	同济大学出版社	2008.06
我国乡土建筑遗产保护及其转型	杨新平	《乡土建筑遗产的研究与保护》	26	同济大学出版社	2008.06
浅论村庄社区关联与乡村遗产管理	杨莹	《乡土建筑遗产的研究与保护》	35	同济大学出版社	2008.06
浙江新农村建设中乡土建筑遗产保护的困境及对策研究	李新芳	《乡土建筑遗产的研究与保护》	41	同济大学出版社	2008.06
古村落保护与新农村建设和谐发展对策研究	杨晓蔚	《乡土建筑遗产的研究与保护》	46	同济大学出版社	2008.06
梅州传统民居多元化保护与利用研究	李婷婷 顾红祥	《乡土建筑遗产的研究与保护》	53	同济大学出版社	2008.06
村落及群体类乡土建筑的文物保护规划研究	梁伟	《乡土建筑遗产的研究与保护》	58	同济大学出版社	2008.06
文化生态对于传统村落保护的价值估量	朱佩丽	《乡土建筑遗产的研究与保护》	65	同济大学出版社	2008.06
乐清市北村保护和开发利用初探	周开阳	《乡土建筑遗产的研究与保护》	68	同济大学出版社	2008.06
对奉化岩头村落保护与利用的思考	林浩	《乡土建筑遗产的研究与保护》	72	同济大学出版社	2008.06
走马塘古村落建筑考证与保护研究	江怀海 徐炯明	《乡土建筑遗产的研究与保护》	78	同济大学出版社	2008.06

续表

论文名	作者	刊载杂志	页码	编辑出版单位	出版日期
古村落保护与利用初探——以杭州梅家坞和岳阳陆城为例	卢英振	《乡土建筑遗产的研究与保护》	91	同济大学出版社	2008.06
探索古村落文物保护的新途径——半浦村文物保护的思考	娄学军	《乡土建筑遗产的研究与保护》	97	同济大学出版社	2008.06
山区盆地型古村落空间形态的保护与利用利用问题浅析——以宁波象山县儒雅洋古村为例	徐炯明 张亚红 虞琰	《乡土建筑遗产的研究与保护》	104	同济大学出版社	2008.06
培田村宗祠等级与职能探究	李秋香	《乡土建筑遗产的研究与保护》	115	同济大学出版社	2008.06
霍童古镇传统聚落建筑形态研究	聂彤 戴志坚	《乡土建筑遗产的研究与保护》	129	同济大学出版社	2008.06
江西传统聚落中的文化类建筑	潘莹 施瑛	《乡土建筑遗产的研究与保护》	137	同济大学出版社	2008.06
村落意义构成初探——以楠溪江流域为主	宣建华 吴朝辉	《乡土建筑遗产的研究与保护》	141	同济大学出版社	2008.06
顺德昌教岭南水乡古村落研究	林小峰 刘娟 赵欢	《乡土建筑遗产的研究与保护》	148	同济大学出版社	2008.06
试论传统村落形态	赵一新	《乡土建筑遗产的研究与保护》	157	同济大学出版社	2008.06
晋商文化对晋中宅院建筑的影响	郑加文 王平	《乡土建筑遗产的研究与保护》	162	同济大学出版社	2008.06
楠溪江遗产价值研究	王贵	《乡土建筑遗产的研究与保护》	169	同济大学出版社	2008.06
楠溪江乡村园林研究初探	朱景所	《乡土建筑遗产的研究与保护》	174	同济大学出版社	2008.06
永嘉楠溪江乡土建筑的地域特征	黄培量 杨念中	《乡土建筑遗产的研究与保护》	182	同济大学出版社	2008.06
永嘉芙蓉古村文化探讨	陈继跃 黄培量	《乡土建筑遗产的研究与保护》	195	同济大学出版社	2008.06
乡土文化建筑的典范	林鞍钢 潘浩	《乡土建筑遗产的研究与保护》	204	同济大学出版社	2008.06
楠溪江古村落之宗祠建筑与传统文化	陈晓燕	《乡土建筑遗产的研究与保护》	209	同济大学出版社	2008.06
浅谈永嘉花坦梅堂祠二房祠的建筑特色	刘惠民	《乡土建筑遗产的研究与保护》	214	同济大学出版社	2008.06
传统古民居的价值及其历史地位——以平阳县顺溪古建筑群为例	陈余良	《乡土建筑遗产的研究与保护》	217	同济大学出版社	2008.06
慈城、石浦、前童古镇特色的比较研究	许孟光	《乡土建筑遗产的研究与保护》	230	同济大学出版社	2008.06
楠溪江流域新农村建设中乡土建筑的保护	徐建光	《乡土建筑遗产的研究与保护》	239	同济大学出版社	2008.06
楠溪江古村落的建筑工艺、人文意义与保护思路	徐逸龙	《乡土建筑遗产的研究与保护》	246	同济大学出版社	2008.06
新农村建设中乡土建筑的保护利用——永嘉县小若口村规划浅析	金昊	《乡土建筑遗产的研究与保护》	254	同济大学出版社	2008.06
浅议传统建筑保护与更新——以岩头村为例	金亮 张姿艳	《乡土建筑遗产的研究与保护》	258	同济大学出版社	2008.06

续表

论文名	作者	刊载杂志	页码	编辑出版单位	出版日期
新农村建设中楠溪江古村落的规划与保护——以大若岩镇埭头村为例	卢建峰 张志平 潘海云	《乡土建筑遗产的研究与保护》	262	同济大学出版社	2008.06
永嘉县岩头镇加强古村落保护的实践与思考	戴晓勇	《乡土建筑遗产的研究与保护》	267	同济大学出版社	2008.06
苗族民居建筑艺术的文化内涵	赵秀琴	《中央民族大学学报（哲学社会科学版）》2008，35卷，3期	51	中央民族大学	2008.06
浅析信阳古民居的建筑特色	孙 强	《才智》2008.007	41	《才智》编辑部	2008.07
明代堡寨聚落砥泊城保护研究	何 依 李锦生	《城市规划》2008，32卷，7期	88	《城市规划》编辑部	2008.07
佛山市顺德区碧江村：保护历史文化名村 延续水乡传统风貌	冯 萍	《城乡建设》2008.07	39	《城乡建设》编辑部	2008.07
霍童镇古代传统建筑的保护与利用问题研究	陈毅锋	《福建建筑》2008.07	11	《福建建筑》编辑部	2008.07
传统聚落景观保护与环境整治——以华安大地土楼群为例	杨 列	《福建建筑》2008.07	16	《福建建筑》编辑部	2008.07
徽州古建彩画及对现代徽州民居建筑的思考	郑秋阳	《工程建设与设计》2008.07	24	《工程建设与设计》编辑部	2008.07
皖南古民居村落景观构成特征及其规划启示	刘艳娟	《规划师》2008，24卷，7期	71	《规划师》编辑部	2008.07
泰顺传统建筑木作技术研究	孔 磊 刘 杰	《华中建筑》2008，26卷，7期	157	《华中建筑》编辑部	2008.07
华北平原民居适宜性建造策略与方法探讨	李世芬 张小岗 宋盟官	《华中建筑》2008，26卷，7期	165	《华中建筑》编辑部	2008.07
现代建筑设计中传统装饰手法的运用	蒋雪枫	《建材技术与应用》2008.007	41	《建材技术与应用》编辑部	2008.07
深圳市龙岗区客家民居的特色及保护研究	蒋建权	《建材与装饰》2008.07	58	《建材与装饰》编辑部	2008.07
岭南传统聚落的保护与功能置换——广州大学城民俗博物村保护与更新设计	廖 志 陆 琦	《建筑学报》2008.07	46	《建筑学报》编辑部	2008.07
理想景观图式的空间投影——苏州传统园林空间设计的理论分析	陆 鞾	《江苏城市规划》2008，7期	24	《江苏城市规划》编辑部	2008.07
荷文化在民居艺术中的体现	王晓黎	《科技情报开发与经济》2008，18卷，19期	226	《科技情报开发与经济》编辑部	2008.07
江南传统建筑中"灰空间"成因探析	陈 燕	《科技信息》2008，19期	212	《科技信息》编辑部	2008.07
保护历史遗存片段，构建和谐古城——关于古城保护引发的几点思考	唐春益	《科技信息》2008，21期	270	《科技信息》编辑部	2008.07
解读泉州传统民居装饰艺术	李 俐 张 恒	《美术》2008.07	107	《美术》编辑部	2008.07
传统街区边缘空间设计初探	岳 欢 赵 爽	《山西建筑》2008，34卷，19期	27	《山西建筑》杂志社	2008.07
福州近代传统建筑形态的变异	郑君彧	《山西建筑》2008，34卷，19期	30	《山西建筑》杂志社	2008.07

续表

论文名	作者	刊载杂志	页码	编辑出版单位	出版日期
泸沽湖摩梭人井干式民居的改造探讨	袁玉康 向明炎 陈晔	《山西建筑》2008，34卷，20期	52	《山西建筑》杂志社	2008.07
初探花溪民居建筑风格与自然环境	龙熠	《山西建筑》2009，34卷，20期	61	《山西建筑》杂志社	2008.07
浅谈传统城市规划建设理论如何走向实践	陈丹 曹晖	《山西建筑》2008，34卷，21期	30	《山西建筑》杂志社	2008.07
湘西民居建筑雕刻艺术探析	龙社勤 唐琼	《陕西教育》2008.07	59	《陕西教育》编辑部	2008.07
融水木楼寨改建18年——一次西部贫困地区传统聚落改造探索的再反思	单德启 袁牧	《世界建筑》2008.07	21	《世界建筑》编辑部	2008.07
传统宗教文化对古典园林艺术的影响	张晶	《现代商贸工业》2008.07	268	《现代商贸工业》编辑部	2008.07
适应性视角下的岭南城镇传统住宅与庭园灰空间述略	曾娟	《小城镇建设》2008.07	34	《小城镇建设》编辑部	2008.07
鄂西传统商业聚落纳水溪古村落研究初探	武静 杨麟	《小城镇建设》2008.07	56	《小城镇建设》编辑部	2008.07
中国传统建筑理念的"古为今用"——传统院落空间布局在当代住宅设计中的运用	周延	《艺术百家》2008.07	124	《艺术百家》编辑部	2008.07
潮汕近代民居装饰细节的文化分析	吴宗敏	《艺术教育》2008.07	30	《艺术教育》编辑部	2008.07
中国传统建筑入口空间初探	傅宏英 丁大军	《中外建筑》2008.07	84	《中外建筑》编辑部	2008.07
浅谈潮汕民居的装饰文化	吴宗敏	《装饰》2008.07	120	《装饰》编辑部	2008.07
福建闽清古民居——宏琳厝装饰审美特征	傅宝姬	《装饰》2008，183期	122	《装饰》编辑部	2008.07
中国传统民居的价值与保护探析	王颂	《住宅产业》2008.07	43	《住宅产业》编辑部	2008.07
福建土楼——中国民居之瑰宝	杨龙	《住宅产业》2008.07	46	《住宅产业》编辑部	2008.07
岭南、岭北传统民居适应性营造技术比较探析	曾娟	《住宅科技》2008.07	36	《住宅科技》编辑部	2008.07
党家村古民居村落的消防对策研究	邢烨炯	《住宅科技》2008.07	40	《住宅科技》编辑部	2008.07
中国传统民间住宅建筑研究——思路、方法、视角与途径	刘森林	《上海大学学报（社会科学版）》2008，15卷，4期	107	上海大学	2008.07
建筑传统：传承、转化与当代表述	汝军红 陈燕 梁兵	《沈阳建筑大学学报（社会科学版）》2008，10卷，3期	262	沈阳建筑大学	2008.07
历史街区及周边地段保护与开发的几点思考	朱珠 罗爱红	《镇江高专学报》2008，21卷，3期	24	镇江高专	2008.07
从西递古民居看地域文化对建筑的影响	程君 苏继会	《安徽建筑》2008，4期	9	《安徽建筑》编辑部	2008.08
试析人的基本需要对传统聚落风水选址的影响	梁智尧 纪金皓	《安徽建筑》2008，4期	11	《安徽建筑》编辑部	2008.08
中国徽州地区农村传统民居"住"空间构造的变化——关于黄山市黟县清代村落卢氏住宅构成的研究	倪琪 张毅 菊地成朋	《城市建筑》2008.08	95	《城市建筑》编辑部	2008.08

续表

论文名	作者	刊载杂志	页码	编辑出版单位	出版日期
王家大院民居建筑雕刻艺术	王开	《重庆建筑》2008，4期	49	《重庆建筑》编辑部	2008.08
四川碉楼民居建筑艺术特点分析	邓可彪	《电影评介》2008，15期	85	《电影评介》编辑部	2008.08
陕北黄土丘陵区威胁窑洞民居的地质灾害问题——以陕西延安地区为例	黄玉华 张睿 王佳运 武文英	《地质通报》2008，27卷，8期	1223	《地质通报》编辑部	2008.08
中国传统建筑的秩序美	付庆向	《高等建筑教育》2008，17卷，4期	57	《高等建筑教育》编辑部	2008.08
珠江三角洲传统聚落公共空间体系特征及意义探析——以明清顺德古镇为例	梅策迎	《规划师》2008.08	84	《规划师》编辑部	2008.08
贵州少数民族传统民居旅游发展及其保护策略	龚镭	《贵州民族研究》2008，28卷，5期	136	《贵州民族研究》编辑部	2008.08
苏州三山岛民居生态营建模式解析	王海松 孙桦	《华中建筑》2008，26卷，8期	59	《华中建筑》编辑部	2008.08
历史街区分阶段整体性保护更新研究——以苏州山塘历史街区为例	袁泉 张炯	《华中建筑》2008，26卷，8期	127	《华中建筑》编辑部	2008.08
古村落"农家游"的改造尝试——新农村建设背景下的温州文成县岭后乡下庄村的改造	韩飞 林峰	《华中建筑》2008，26卷，8期	137	《华中建筑》编辑部	2008.08
公共空间的层次与变迁——村落公共空间形态分析	刘兴 吴晓丹	《华中建筑》2008，26卷，8期	141	《华中建筑》编辑部	2008.08
古运河遗产村落茅草屋内在价值的探析——基于鲁南台儿庄地区兴隆村茅草屋的调研	张杰 乔兴亚	《华中建筑》2008，26卷，8期	166	《华中建筑》编辑部	2008.08
传统民居建筑装饰的图像学意义——以粤东客家围龙屋为例	吴卫光	《华中建筑》2008，26卷，8期	172	《华中建筑》编辑部	2008.08
西藏日喀则夏鲁寺村宅的考察报告——兼与阿克苏维族等其他民居的比较	邓智勇	《华中建筑》2008，26卷，8期	223	《华中建筑》编辑部	2008.08
桂北侗族传统聚落公共空间分析	吴斯真 郑志	《华中建筑》2008，26卷，8期	229	《华中建筑》编辑部	2008.08
新疆喀什维吾尔族高台民居建筑研究	刁炜	《华中建筑》2008，26卷，8期	235	《华中建筑》编辑部	2008.08
浅谈中国传统建筑与现代建筑的设计趋势	李彩霞	《环渤海经济瞭望》2008.08	62	《环渤海经济瞭望》编辑部	2008.08
深幽、洁净的小街水巷和依水而建粉墙黛瓦的民居建筑群——苏州古城风貌研究之五	俞绳方	《江苏城市规划》2008.08	14	《江苏城市规划》编辑部	2008.08
溧阳市传统特色街区体系构建浅析	胡永进	《江苏城市规划》2008.08	21	《江苏城市规划》编辑部	2008.08
湘南古民居的通风采光系统研究	张光俊	《经济研究导刊》2008，15期	135	《经济研究导刊》编辑部	2008.08
重塑传统建筑的价值与意义	邓登 李倩	《科技促进发展》2008.08	66	《科技促进发展》编辑部	2008.08
论传统建筑与现代建筑的融合	李丹	《科技信息》2008，24期	327	《科技信息》编辑部	2008.08
简述中国传统民居	葛朝晖 赵丹青	《科教文汇》2008.08	258	《科教文汇》编辑部	2008.08

续表

论文名	作者	刊载杂志	页码	编辑出版单位	出版日期
中国传统南北院落的文化差异	张博	《美术大观》2008.08	172	《美术大观》编辑部	2008.08
广西农村地区传统民居的保护和改造问题初探	陈建新	《三农探索》2008，8期	61	《三农探索》编辑部	2008.08
陕北地区小城镇传统商业街空间形态研究	陈乐 王晓静 温宇	《山西建筑》2008，34卷，22期	34	《山西建筑》杂志社	2008.08
桂林地区汉族民居特色的研究与继承	王丽	《山西建筑》2008，34卷，22期	40	《山西建筑》杂志社	2008.08
中国传统文化与中国园林	周婷	《山西建筑》2008，34卷，24期	338	《山西建筑》杂志社	2008.08
上海郊区村落历史建筑调研	侯斌超	《上海城市规划》2008，04期	44	《上海城市规划》编辑部	2008.08
中华传统建筑之"土木"情结	杨雨嘉 彭伟 陶兵	《四川建筑》2008，28卷，4期	36	《四川建筑》编辑部	2008.08
新理性主义在西藏传统建筑继承与发展上的运用	拉瓜登顿 贾玲利 杨坤丽	《四川建筑》2008，28卷，4期	40	《四川建筑》编辑部	2008.08
夏热冬冷地区传统建筑气候缓冲空间设计	冯力 桑振群 高健	《四川建筑》2008，28卷，4期	56	《四川建筑》编辑部	2008.08
北京民居四合院的形与神	李雪妍	《文史知识》2008.08	104	《文史知识》编辑部	2008.08
湘西南的"一颗印"——湖南洪江古城"窨子屋"民居建筑特征初探	朱国婷 胡振宇	《小城镇建设》2008.08	23	《小城镇建设》编辑部	2008.08
关于传统古典建筑与地震的思考	胡志坚	《小城镇建设》2008.08	31	《小城镇建设》编辑部	2008.08
嬗变中的黔东民居——对贵州铜仁市和松桃苗族自治县民居的考察	李智伟	《艺术探索》2008，22卷，4期	49	《艺术探索》编辑部	2008.08
新疆阿以旺民居的营造法式与艺术特色	张健波	《艺术探索》2008，22卷，4期	51	《艺术探索》编辑部	2008.08
传统文化元素在室内外设计中的应用	赵鸿炜	《中国高新技术企业》2008，15期	199	《中国高新技术企业》编辑部	2008.08
纪父亲刘敦桢对中国传统古典园林的研究和实践	刘叙杰	《中国园林》2008.08	41	《中国园林》编辑部	2008.08
云南白族纳西族木结构民居文化	刘将 邱坚	《中华建设》2008.08	31	《中华建设》编辑部	2008.08
湖北传统建筑中的装饰艺术与文化关联	杨洁 武芳	《中华建设》2008.08	33	《中华建设》编辑部	2008.08
解读凉山彝族传统民居——瓦板房的文化内蕴	胡晓琳 邹勇	《装饰》2008.08	133	《装饰》编辑部	2008.08
为生活添彩的巴渝民居装饰图形	罗晓容 邓宏	《装饰》2008.08	138	《装饰》编辑部	2008.08
寻求历史保护与社区发展的融合——历史文化街区保护与改善的社区发展途径探讨	焦怡雪 刘涌涛	《重庆建筑大学学报》2008，30卷，4期	33	重庆建筑大学	2008.08
地域文化视野下的都城民居——洛阳十字街人文色彩的保护与更新	乔峰 崔文	《重庆建筑大学学报》2008，30卷，4期	38	重庆建筑大学	2008.08
福建沿海古民居雕饰的海洋情结解读	傅宝姬	《福建农林大学学报（哲学社会科学版）》2008，11卷，4期	109	福建农林大学	2008.08

续表

论文名	作者	刊载杂志	页码	编辑出版单位	出版日期
土楼墙壁上的教科书——论永定土楼民居联	郭义山	《龙岩学院学报》2008，26卷，4期	87	龙岩学院	2008.08
浅析钦州湾古民居类型	李 红	《钦州学院学报》2008，23卷，4期	17	钦州学院	2008.08
论潮汕近代民居建筑的海洋文化内涵	郑松辉	《汕头大学学报（人文社会科学版）》2008，24卷，4期	84	汕头大学	2008.08
谷城老街历史地段的空间格局与建筑特色研究	李百浩 李 进	《武汉理工大学学报》2008，30卷，8期	157	武汉理工大学	2008.08
传统元素在古城西安街景中的应用	孙 昕 张 静 雷亚芳	《西北林学院学报》2008，23卷，4期	176	西北林学院	2008.08
农耕文化旅游发展对策初探——以宜宾夕佳山古民居群区为例	贺胜英 叶 华 杨清云 杜本志	《宜宾学院学报》2008，8期	59	宜宾学院	2008.08
Art Deco 建筑中的中国传统元素	陈 乐	《郑州轻工业学院学报（社会科学版）》2008，4期	14	郑州轻工业学院	2008.08
传统文化在现代建筑室内设计的体现	卓江华	《安徽文学（下半月）》2008，9期	136	《安徽文学》编辑部	2008.09
探究圆形布局的水圩民居建筑形式	甄新生	《安徽文学》2008，9期	138	《安徽文学》编辑部	2008.09
中国徽州地区农村传统村落街区空间构造的形成——对古徽州地区呈坎村与卢村的调查	倪 琪 张 毅 菊地成朋	《城市建筑》2008.09	88	《城市建筑》编辑部	2008.09
古建筑、近代建筑、历史建筑和文物建筑析义探讨	吴 卉	《福建建筑》2008.09	23	《福建建筑》编辑部	2008.09
论中国传统建筑之魂	黄智清	《广东建材》2008，9期	174	《广东建材》编辑部	2008.09
少数民族地区历史建筑浅析——以广西百色靖西县为例	黄和伟	《广西城镇建设》2008.09	55	《广西城镇建设》编辑部	2008.09
广西传统民居的生态观与可持续发展技术——以程阳八寨为例	孙永萍	《规划师》2008，24卷，9期	62	《规划师》编辑部	2008.09
传统苗家场镇的空间形态特征分析及其美学价值评价	王汝军	《湖南农机》2008.09	37	《湖南农机》编辑部	2008.09
乡土聚落营造中的人文共识——四川丹巴、道孚藏族民居研究	范霄鹏 田红云	《华中建筑》2008，26卷，9期	223	《华中建筑》编辑部	2008.09
传统徽派建筑文化浅析——从赖特的有机建筑到中国传统徽派建筑	陈 卓	《家具与室内装饰》2008.09	24	《家具与室内装饰》编辑部	2008.09
共生理论与中国建筑传统内涵的表现	郑 欣 谭明祥	《家具与室内装饰》2008.09	98	《家具与室内装饰》编辑部	2008.09
神龟背上的村寨河南卫辉小店河清代古民居群	吕红医 郑 青 杨晓林	《家具与室内装饰》2008.09	112	《家具与室内装饰》编辑部	2008.09
文物工程修缮中传统工艺与现代科技相结合的实践——以广州圣心大教堂总体维修保护工程为例	魏安能	《建筑监督检测与造价》2008，1卷，8期	27	《建筑监督检测与造价》编辑部	2008.09
传统集镇街道商业空间的意象力解析——以湘西地区为例	余翰武 吴 越 伍国正	《建筑科学》2008，24卷，9期	123	《建筑科学》编辑部	2008.09

续表

论文名	作者	刊载杂志	页码	编辑出版单位	出版日期
追求人与自然的和谐——中国传统的造园术在现代住宅景观设计中的应用	梁丹	《科技促进发展》2008.09	180	《科技促进发展》编辑部	2008.09
中国西南少数民族民居文化研究	李伟	《美术大观》2008.09	184	《美术大观》编辑部	2008.09
礼制思想在中国传统建筑装饰中的体现	董茜 李金燕	《山西建筑》2008,34卷,25期	43	《山西建筑》杂志社	2008.09
从单一走向多重的传统民居建筑文化	胡振楠	《山西建筑》2008,34卷,25期	52	《山西建筑》杂志社	2008.09
合肥地区传统民居与文化的关系	张钊	《山西建筑》2008,34卷,26期	33	《山西建筑》杂志社	2008.09
我国传统民居的南北差异	马瑞亚	《山西建筑》2008,34卷,26期	40	《山西建筑》杂志社	2008.09
大同古城的民居保护与修缮	苑晨钢	《山西建筑》2008,34卷,26期	82	《山西建筑》杂志社	2008.09
中西方传统园林自然空间构成的人文差异	李彦军	《山西建筑》2008,34卷,26期	335	《山西建筑》杂志社	2008.09
赣南围屋的历史回顾与现状	殷晓君 廖琴 熊春华	《山西建筑》2008,34卷,27期	57	《山西建筑》杂志社	2008.09
浅议历史文化名城的保护与更新	王朝晖 李亮 罗海龙	《山西建筑》2008,34卷,27期	60	《山西建筑》杂志社	2008.09
浅析传统民居聚落的空间形态	贾志强 葛剑强	《山西建筑》2008,34卷,27期	74	《山西建筑》杂志社	2008.09
黄土高原北部窑洞民居建筑的变迁与保护研究	党安荣 郎红阳 冯晋	《世界建筑》2008,09	90	《世界建筑》编辑部	2008.09
谈中国传统民居的雕刻艺术	刘雅琴	《文教资料》2008.09	88	《文教资料》编辑部	2008.09
基于历史文化谱系的传统村镇风貌保护研究	唐常春 吕昀	《现代城市研究》2008.09	35	《现代城市研究》编辑部	2008.09
城市历史文化保护的多元化发展趋势	杨俊宴 吴明伟	《现代城市研究》2008.09	42	《现代城市研究》编辑部	2008.09
历史文化名城中绿色交通发展策略的探讨——以大同古城为例	常四铁 雷红尧 叶青 刘东兴	《小城镇建设》2008.09	37	《小城镇建设》编辑部	2008.09
刍议南通民居特色	徐永战 孙淞	《小城镇建设》2008.09	45	《小城镇建设》编辑部	2008.09
岳阳张谷英村落体系空间结构变迁过程与机理探析	李文兵 杨发鹏	《亚热带资源与环境学报》2008,3卷,3期	81	《亚热带资源与环境学报》编辑部	2008.09
湘南古民居的道路交通系统研究	张光俊	《艺术教育》2008.09	142	《艺术教育》编辑部	2008.09
中国传统人居的生态设计思想及其价值探析	龙鲜明	《艺术与设计》2008.09	109	《艺术与设计》编辑部	2008.09
湘南民居的建筑装饰木雕艺术初探	范迎春	《艺术与设计》2008.09	114	《艺术与设计》编辑部	2008.09
重庆传统街区的空间环境设计研究	徐江 陈皞	《艺术与设计》2008.09	117	《艺术与设计》编辑部	2008.09
灾后农村恢复重建过程中的传统文化保护思考	胡洋 党安荣	《中外建筑》2008.09	36	《中外建筑》编辑部	2008.09
以柔克刚——传统木构建筑的抗震特性	庄裕光	《中外建筑》2008.09	43	《中外建筑》编辑部	2008.09

续表

论文名	作者	刊载杂志	页码	编辑出版单位	出版日期
谈中国传统文化与现代建筑思潮的矛盾、融合与发展	王鹏	《中外建筑》2008.09	103	《中外建筑》编辑部	2008.09
中国传统哲思对现代室内设计的影响	周静	《作家》2008.09	259	《作家》编辑部	2008.09
浅议适应气候条件的传统民居造型	曹学盛	《油气田地面工程》2008，27卷，9期	29	《油气田地面工程》编辑部	2008.09
浙西民居建筑文化——霞山中夹堂花板雕刻艺术研究	陈凌广	《浙江工艺美术》2008.09	54	《浙江工艺美术》编辑部	2008.09
论乡村古民居建筑的防火保护对策	林彬	《广西民族大学学报（自然科学版）》2008.09	55	广西民族大学	2008.09
传统民居保护和研究的价值分析——以湘南永州地区传统民居为例	刘新德 伍国正	《湖南科技大学学报（社会科学版）》2008，11卷，5期	116	湖南科技大学	2008.09
浅谈江南传统建筑装饰样式的符号化——周生记酒店设计初探	刘俊	《吕梁高等专科学校学报》2008，24卷，3期	34	吕梁高等专科学校	2008.09
南通农村民居特色浅论	徐永战 杜嘉乐 凌振荣	《南通纺织职业技术学院学报（综合版）》2008，8卷，3期	67	南通纺织职业技术学院	2008.09
也谈传统建筑与当代建筑的融合途径	赵前	《上海应用技术学院学报》2008，8卷，3期	210	上海应用技术学院	2008.09
浙南传统建筑装饰艺术分析——以永嘉、泰顺传统建筑装饰为例	朱广宇	《温州职业技术学院学报》2008，8卷，3期	68	温州职业技术学院	2008.09
厦门古村落人居环境规划中的"自然智慧"初探	王树声 李慧敏	《西安建筑科技大学学报（社会科学版）》2008，27卷，3期	50	西安建筑科技大学	2008.09
肇庆蕉园古村落的古树及其生态景观	谭健华 张爱芳	《肇庆学院学报》2008，29卷，5期	54	肇庆学院	2008.09
基于文化生态学的历史文化名城保护研究——以大理古城为例	许婵	《安徽农业科学》2008，36卷，28期	12465	《安徽农业科学》编辑部	2008.10
乡土建筑历史文化特色的保护与延续——以临沣寨为例	刘书芳 张现梅	《安徽农业科学》2008，36卷，28期	12468	《安徽农业科学》编辑部	2008.10
试论我国本土民居与环境观的传统价值回归	杨黎	《安徽农业科学》2008，36卷，28期	12539	《安徽农业科学》编辑部	2008.10
古彭民居户部山	张长生	《城建档案》2008，10期	32	《城建档案》编辑部	2008.10
浅谈中国传统文化对园林审美的影响	许杰	《城市道桥与防洪》2008.11	114	《城市道桥与防洪》编辑部	2008.10
福建土楼的传统形态与保护	骆中钊	《城乡建设》2008.10	51	《城乡建设》编辑部	2008.10
福建土楼民居的文化积淀与保护	冯蕙玲	《城乡建设》2008.10	54	《城乡建设》编辑部	2008.10
浅析礼制文化下的中国传统建筑体系	王婉晶	《城乡建设》2008.10	62	《城乡建设》编辑部	2008.10
室内色彩设计对中国传统文化的继承与创新	李林洁 赵犁	《广东建筑装饰》2008，5期	92	《广东建筑装饰》编辑部	2008.10
唐代园林阆中滕王亭子的历史变迁及艺术特色	余燕1 廖嵘 谢娟	《广东园林》2008，5期	13	《广东园林》编辑部	2008.10
贵州苗族吊脚楼民居对中国现代新农村民宅建设的启示	张超 李智伟	《贵州民族研究》2008，28卷，5期	71	《贵州民族研究》编辑部	2008.10

续表

论文名	作者	刊载杂志	页码	编辑出版单位	出版日期
侗族村寨传统建筑风格的传承与保护	邓玲玲	《贵州民族研究》2008，28卷，5期	77	《贵州民族研究》编辑部	2008.10
谈建筑文化传统与创新	王雪	《黑龙江科技信息》2008，27期	280	《黑龙江科技信息》编辑部	2008.10
浅议中国传统建筑再利用面临的问题	王嵩	《华中建筑》2008，26卷，10期	11	《华中建筑》编辑部	2008.10
建筑设计中对传统符号运用的认识	姚安海 孙晓鹏	《华中建筑》2008，26卷，10期	69	《华中建筑》编辑部	2008.10
潼关地区民居建筑调查实录	刘瑞 林源	《建筑与文化》2008.10	88	《建筑与文化》编辑部	2008.10
湖南传统民居的文化特征——以湘东北地区"大屋"民居为例	黄艳丽	《家具与室内装饰》2008.10	106	《家具与室内装饰》编辑部	2008.10
中国传统建筑装饰中的风水思想	槐明路	《建筑与文化》2008.10	92	《建筑与文化》编辑部	2008.10
传统剧场空间模式的回归	高南竹	《江苏建筑》2008，5期	14	《江苏建筑》编辑部	2008.10
浅谈土家族民居建筑在城市中的应用	蒋孟	《金卡工程·经济与法》2008，10期	118	《金卡工程·经济与法》编辑部	2008.10
当今强势文化下，对中国传统建筑文化的创新与发展的思考	方纪明 赵新周	《科技信息》2008，29期	15	《科技信息》编辑部	2008.10
山西传统民居与地理环境关系浅析	杨蝉玉	《科技信息》2008，30期	488	《科技信息》编辑部	2008.10
民居建筑布局设计研究——以东北少数民族民居建筑为例	李玉元	《科技资讯》2008，28期	241	《科技资讯》编辑部	2008.10
浅析中国传统建筑对当代环境艺术设计的影响	吉龙华	《科学之友（B版）》2008.10	156	《科学之友》编辑部	2008.10
探讨岭南传统民居的装饰文化	吴宗敏	《美术大观》2008.10	78	《美术大观》编辑部	2008.10
湖湘传统民居门窗装饰艺术探析	郭建国	《美术大观》2008.10	238	《美术大观》编辑部	2008.10
简述我国传统民居与环境的协调发展	谭海丽	《民营科技》2008，10期	202	《民营科技》编辑部	2008.10
新疆维吾尔族民居装饰艺术	李勇	《民族艺术研究》2008，05期	70	《民族艺术研究》编辑部	2008.10
大理古城民居客栈中外游客满意度对比研究	龙肖毅 杨桂华	《人文地理》2008，5期	95	《人文地理》编辑社	2008.10
历史街区中传统居住文化的延续与创新	黄珂 胡晶	《山西建筑》2008，34卷，28期	48	《山西建筑》杂志社	2008.10
从防火角度谈对古民居村落的保护	邢烨炯	《山西建筑》2008，34卷，28期	72	《山西建筑》杂志社	2008.10
数字城市技术与历史街区的保护与更新	郑皓 任胜	《山西建筑》2008，34卷，29期	10	《山西建筑》杂志社	2008.10
浅析山西传统民居的建筑创作手法及其内涵	展海强	《山西建筑》2008，34卷，29期	66	《山西建筑》杂志社	2008.10
浅议晋中民居室内装饰	杨海静	《山西建筑》2008，34卷，29期	256	《山西建筑》杂志社	2008.10
苏州平江历史保护街区与游人的行为关系研究	王秀慧	《山西建筑》2008，34卷，30期	62	《山西建筑》杂志社	2008.10
中国传统民居建筑艺术与美学	崔伊飞 韩亚坤 祖佳	《山西建筑》2008，34卷，30期	71	《山西建筑》杂志社	2008.10

续表

论文名	作者	刊载杂志	页码	编辑出版单位	出版日期
传承传统文化 构建历史文化长廊	高文芳 代瑞刚	《山西建筑》2008，34卷，30期	351	《山西建筑》杂志社	2008.10
谈西安传统民居形式的形成和分化	魏海龙 解媛媛	《陕西建筑》2008，160期	3	《陕西建筑》编辑部	2008.10
四川罗城古镇传统聚落空间的营造及其人居环境启示	江俊浩 邱建	《四川建筑科学研究》2008，34卷，5期	179	《四川建筑科学研究》编辑部	2008.10
川东南地区民居典型夯土墙体探讨	曾竞钊 付羽茜 郭军 周波	《四川建筑科学研究》2008，34卷，5期	182	《四川建筑科学研究》编辑部	2008.10
传统民居的吉祥装饰	陈军	《文教资料》2008.10	66	《文教资料》编辑部	2008.10
新农村建设中传统村庄村容村貌整治规划探讨	张建 韩铮 杨鹏	《小城镇建设》2008.10	56	《小城镇建设》编辑部	2008.10
赣式古民居发展现状与对策	嵇立琴	《消费导刊》2008，20期	230	《消费导刊》编辑部	2008.10
彝族原始宗教影响下的传统彝居建筑	张伟 唐文	《艺术探索》2008，22卷，5期	23	《艺术探索》编辑部	2008.10
自由生长的西藏传统建筑——西藏传统建筑布局与空间形态初探	彭怡 曹麻茹	《中外建筑》2008.10	92	《中外建筑》编辑部	2008.10
黑龙江满族民居及内部空间艺术研究	单琳琳	《装饰》2008.10	116	《装饰》编辑部	2008.10
线与体的艺术，木与石的乐章——马尔康嘉绒藏族民居的审美特征研究	陈岚 曾坚 杨祥	《装饰》2008.10	119	《装饰》编辑部	2008.10
三峡民居的建筑特色及其旅游开发初探	周传发 邹凤波	《资源开发与市场》2008，24卷，10期	910	《资源开发与市场》编辑部	2008.10
19世纪欧洲建筑艺术对近现代中国传统建筑设计的影响	陆宇澄 周易	《苏州大学学报（工科版）》2008，28卷，5期	53	苏州大学	2008.10
关于传统建筑工艺遗产保护的应用体系的思考	李浈	《同济大学学报（社会科学版）》2008，19卷，5期	27	同济大学	2008.10
古民居保护和开发的策略——以镇江西津渡古民居为例	罗爱红 朱珠	《镇江高专学报》2008，21卷，4期	11	镇江高专	2008.10
中国徽州地区以水系为核心的传统村落空间构成原理——黄山市徽州地区呈坎村的调查报告	倪琪 王玉 菊地成朋	《城市建筑》2008.11	107	《城市建筑》编辑部	2008.11
传统聚落构成与特征分析	李宁 李林	《建筑学报》2008.11	52	中国建筑学会	2008.11
传统民居中庭院空间更新的思考——以西安大皮院街76号院为例	温亚斌 朱书强 任书斌 周术	《建筑学报》2008.11	60	中国建筑学会	2008.11
中国传统建筑及其现代应用研究	刘怡涵	《考试周刊》2008，44期	239	《考试周刊》编辑部	2008.11
陇中"封闭式"民居冬季室内热环境分析	郭胜利 王淑萍	《科技创新导报》2009，31期	118	《科技创新导报》编辑部	2008.11
明清民居木雕装饰图案造型的多样性	梁昭华 高国珍 李永轮	《美术大观》2008.11	195	《美术大观》编辑部	2008.11
中国传统美学思想与博物馆空间设计	林毅红	《美与时代（下半月）》2008.11	127	《美与时代》编辑部	2008.11
传统建筑文化继承性探析	庞茂新	《民营科技》2008.11	209	《民营科技》编辑部	2008.11

续表

论文名	作者	刊载杂志	页码	编辑出版单位	出版日期
浅析土家族民居建筑门的特征	向明炎　袁玉康	《山西建筑》2008，34卷，31期	35	《山西建筑》杂志社	2008.11
徽州民居建筑中传统文化特征	朱文元	《山西建筑》2008，34卷，31期	42	《山西建筑》杂志社	2008.11
浅析湘西山地民居与环境	龙自立	《山西建筑》2008，34卷，32期	54	《山西建筑》杂志社	2008.11
从历史文化名城风貌保护谈对建筑仿古的反思	伍燕南	《山西建筑》2008，34卷，32期	64	《山西建筑》杂志社	2008.11
四川历史文化名镇环境空间特色研究初探	付蓓	《山西建筑》2008，34卷，33期	56	《山西建筑》杂志社	2008.11
浅谈西安地区传统民居历史形态特点	解媛媛　魏海龙	《陕西建筑》2008，161期	1	《陕西建筑》编辑部	2008.11
天水古民居南宅子的审美意蕴	朱淑娥　薛灏	《文教资料》2008.11	84	《文教资料》编辑部	2008.11
关于天水古民居现状与保护的思考	孙婷	《现代城市研究》2008.11	20	《现代城市研究》编辑部	2008.11
传统民居建筑理念、特征及其当代传承问题研究	刘李峰　冯新刚　牛大刚	《小城镇建设》2008.11	47	《小城镇建设》编辑部	2008.11
历史街区的文化意象解析——以漳州古城历史街区为例	陈丽玲	《小城镇建设》2008.11	57	《小城镇建设》编辑部	2008.11
侨乡民居的装饰艺术	王力	《艺术教育》2008.11	26	《艺术教育》编辑部	2008.11
浅谈湘西民间传统建筑的再生与开发利用	李婷婷	《艺术教育》2008.11	136	《艺术教育》编辑部	2008.11
传统羌寨的空间形态特征分析及其美学价值评价——四川羌寨传统与民间艺术研究调查报告	高小华　张书	《职业时空》2008.11	78	《职业时空》编辑部	2008.11
效仿传统的生态建筑设计理念刍议	郑海晨	《中外建筑》2008.11	106	《中外建筑》编辑部	2008.11
回望中国传统民居——传统民居美学思想引发的启示	崔瑞	《内蒙古师范大学学报（哲学社会科学版）》2008，37卷，6期	53	内蒙古师范大学	2008.11
山西传统民居建筑的雕刻艺术特征研究	李颜	《内蒙古师范大学学报（哲学社会科学版）》2008，37卷，6期	72	内蒙古师范大学	2008.11
满族民居文化与乡村景观规划研究	赵伟韬　岳天明　高玉侠　侯阳	《沈阳农业大学学报（社会科学版）》2008，10卷，6期	733	沈阳农业大学	2008.11
河南民居院落平面布局特征	张献梅　左满常	《安徽农业科学》2008，36卷，35期	15474	《安徽农业科学》编辑部	2008.12
三峡民居资源的旅游开发价值评析	周传发	《安徽农业科学》2008，36卷，35期	15627	《安徽农业科学》编辑部	2008.12
乡土建筑遗产保护理念与方法研究（上）	单霁翔	《城市规划》2008.12	33	《城市规划》编辑部	2008.12
地方传统村落整治规划探析——以江山市大陈村村庄整治规划为例	严云祥	《城市规划》2008.12	89	《城市规划》编辑部	2008.12
理想景观图式的空间投影——苏州传统园林空间设计的理论分析	邰杰　陆桦	《城市规划学刊》2008，4期	104	《城市规划学刊》编辑部	2008.12

续表

论文名	作者	刊载杂志	页码	编辑出版单位	出版日期
从民俗文化看中国传统民居的装饰	徐雷 程燕	《东南大学学报（哲学社会科学版）》2008,10卷增刊	198	东南大学	2008.12
解析传统民居的生态适应性——以福州传统民居为例	吴征	《福建工程学院学报》2008,6卷,6期	713	福建工程学院	2008.12
惠州传统民居建筑文化探讨	琴	《高等建筑教育》2008,17卷,4期	60	《高等建筑教育》编辑部	2008.12
从传统建筑外部空间的差异看中西方的建筑文化	吴丹 王嘉亮	《高等建筑教育》2008,17卷,6期	55	《高等建筑教育》编辑部	2008.12
以丽江古城为例谈城市历史文化遗产的保护和规划	夏季芳	《工程与建设》2008,22卷,6期	763	《工程与建设》编辑部	2008.12
中国传统建筑中石仿木结构现象探析——以山西建筑为例	朱向东 魏璟璐	《古建园林技术》2008,4期	36	《古建园林技术》编辑部	2008.12
浅谈闽南传统建筑的几种特色工艺	蒋钦全	《古建园林技术》2008,4期	42	《古建园林技术》编辑部	2008.12
保护历史古迹园林环境的原真性——以肇庆端州古城为例	钟国庆	《广东园林》2008.06	14	《广东园林》编辑部	2008.12
简谈江南水乡传统文化景观的延续	唐旭	《广西城镇建设》2008.12	63	《广西城镇建设》编辑部	2008.12
论和合圆满的理念在传统民居建筑中的运用及其现代意义	宋晓真	《广西轻工业》2008.12期	137	《广西轻工业》编辑部	2008.12
刍议传统云锦与古典宫殿建筑的色彩溯源关系	梁惠娥 赵阅书	《国外丝绸》2008,6期	28	《国外丝绸》编辑部	2008.12
传统民居空间与现代设计创新	徐怡芳 王健	《华中建筑》2009,26卷,12期	33	《华中建筑》编辑部	2008.12
地域环境与苏州传统建筑精神	王牧原 洪杰	《华中建筑》2009,26卷,12期	143	《华中建筑》编辑部	2008.12
传统建筑中蕴含的节能技术	张丹 毕迎春 田大方	《华中建筑》2009,26卷,12期	153	《华中建筑》编辑部	2008.12
河流对乡土聚落影响的比较研究——以浙江清湖及安徽西溪南为例	胡晓鸣 张锟 龚鸽	《华中建筑》2008,27卷,12期	148	《华中建筑》编辑部	2009.12
浙江传统建筑的"水"文化特色	洪艳 李茹冰 张磊	《华中建筑》2009,26卷,12期	161	《华中建筑》编辑部	2008.12
中国传统民居中的被动节能技术	陈湛 张三明	《华中建筑》2009,26卷,12期	204	《华中建筑》编辑部	2008.12
中国传统民居院落与气候浅析	何海霞 张三明	《华中建筑》2009,26卷,12期	210	《华中建筑》编辑部	2008.12
鄂西纳水溪古村落景观及其变迁研究初探	武静 张斌 杨麟	《华中建筑》2008,26卷,12期	229	《华中建筑》编辑部	2008.12
绥远地区乡土民居气候适应性研究	王世礼 刘塨	《华中建筑》2009,26卷,12期	234	《华中建筑》编辑部	2008.12
外适内和——徽州古民居聚落"适居性"研究	毕迎春 张丹	《华中建筑》2009,26卷,12期	239	《华中建筑》编辑部	2008.12
湘西土家族传统城镇民居与村寨民居平面形态比较研究	曹玉凤 柳肃	《华中建筑》2009,26卷,12期	243	《华中建筑》编辑部	2008.12

续表

论文名	作者	刊载杂志	页码	编辑出版单位	出版日期
民居研究以省级行政区域划分的意义	戴海鹤 陈旭娥 郑亚男	《华中建筑》2009，26卷，12期	248	《华中建筑》编辑部	2008.12
晋南地区传统民居营造技术研究——以丁村明清民居为例	潘明率 胡燕	《华中建筑》2009，26卷，12期	250	《华中建筑》编辑部	2008.12
传统民居村落保护与可持续发展——以丽江夏禾、下束河村整治建设规划为例	杜佳 张琦	《华中建筑》2009，26卷，12期	254	《华中建筑》编辑部	2008.12
陕北地区窑洞民居在城市化进程中的更新与发展	姚佳丽 刘煜 韩晓娟	《华中建筑》2009，26卷，12期	258	《华中建筑》编辑部	2008.12
开阳堡古村落环境景观探析	胡青宇 戴瑞卿	《家具与室内装饰》2008.12	17	《家具与室内装饰》编辑部	2008.12
徽州古民居厅堂环境的构建	贺晓娟	《家具与室内装饰》2008.12	20	《家具与室内装饰》编辑部	2008.12
湘南传统聚落生态单元的构建经验探索	何川	《建筑科学》2008，24卷，12期	12	《建筑科学》编辑部	2008.12
传统生土窑居的灾害及民间防灾营造	童丽萍	《建筑科学》2008，24卷，12期	17	《建筑科学》编辑部	2008.12
传统乡土建筑的当代价值与设计借鉴	陈雪 李宪峰	《建筑知识》2008，6期	90	《建筑知识》编辑部	2008.12
传统建筑工艺调查方法	张昕 陈捷	《建筑学报》2008.12	21	中国建筑学会	2008.12
历史文化村镇保护预警及方法研究——以周庄历史文化名镇为例	赵勇 刘泽华 张捷	《建筑学报》2008.12	24	中国建筑学会	2008.12
整合传统空间肌理 复兴城市文化特色——南京南捕厅地段核心区设计	杨俊宴 吴明伟 谭瑛	《建筑学报》2008.12	42	中国建筑学会	2008.12
基于愈合概念的浦源古村落保护与人居环境改善	张鹰 申绍杰 陈小辉	《建筑学报》2008.12	46	中国建筑学会	2008.12
江南传统建筑特色与文化审美	陈抒	《江南论坛》2008.12	60	《江南论坛》编辑部	2008.12
平乐古镇传统建筑调研	宁怡旻 方焦	《科技风》2008，23期	142	《科技风》编辑部	2008.12
感知传统聚落的公共空间	管岩岩 赵雯	《科技信息》2008，34期	335	《科技信息》编辑部	2008.12
传统建筑中自然通风的启示	史岩 陈萍	《科技信息》2008，36期	323	《科技信息》编辑部	2008.12
园林造景与中国传统风水	刘斌	《林业勘察设计》2008，2期	43	《林业勘察设计》编辑部	2008.12
壮族旅游村寨干栏式民居建筑变化定量研究——以龙胜平安壮寨为例	吴忠军 周密	《旅游论坛》2008，1卷，3期	451	《旅游论坛》编辑部	2008.12
百年沧桑陈萼楼——西南民居陈萼楼石雕木刻艺术	潘攀	《美术大观》2008.12	217	《美术大观》编辑部	2008.12
维吾尔族民居彩绘门饰	李文浩	《美术观察》2008.12	114	《美术观察》编辑部	2008.12
福建民居土楼中的"天、地"与"方、圆"	徐懿睿 钟兆荣	《美与时代（下半月）》2008.12	117	《美与时代》编辑部	2008.12
宁夏传统回族建筑地域特征分析	燕宁娜 崔自治	《宁夏工程技术》2008，7卷，4期	386	《宁夏工程技术》编辑部	2008.12
浅析中国传统建筑中砖瓦的维护功能与技术	朱向东 刘娟	《山西建筑》2008，34卷，34期	13	《山西建筑》杂志社	2008.12

续表

论文名	作者	刊载杂志	页码	编辑出版单位	出版日期
浅谈晋中普通古民居的院落空间与保护研究	祁峥	《山西建筑》2008,34卷,34期	35	《山西建筑》杂志社	2008.12
继承古城传统特色 塑造姑苏现代新城	顾建国 华益	《山西建筑》2008,34卷,34期	47	《山西建筑》杂志社	2008.12
闽南蔡氏古民居中汉字装饰的文化观念	王春娟	《山西建筑》2008,34卷,34期	242	《山西建筑》杂志社	2008.12
浅谈中国传统庭院	于英	《山西建筑》2008,34卷,35期	34	《山西建筑》杂志社	2008.12
中国传统民居建筑的防灾意识初探	杨国景	《山西建筑》2008,34卷,35期	54	《山西建筑》杂志社	2008.12
广州传统民居旅游可持续发展研究	江金波 关琦	《商业现代化》2008.12	253	《商业现代化》编辑部	2008.12
风景区民居旅馆利益相关者问题研究——以重庆市几个风景区民居旅馆为例	赵越 黎霞	《社科纵横》2008,23卷	361	《社科纵横》编辑部	2008.12
朝鲜族民居建筑的美学阐释	金禹彤	《世纪桥》2008,12期	146	《世纪桥》编辑部	2008.12
从建筑材料角度看东西方传统建筑之差异	于东 吴娜	《四川建筑》2008,28卷,6期	22	《四川建筑》编辑部	2008.12
"传承"与"开拓"——浅谈地域性传统建筑理论精髓对现代建筑理论发展的影响	张墨青	《四川建筑》2008,28卷,6期	32	《四川建筑》编辑部	2008.12
浅谈古民居的修复与利用	李燕 姜澜	《四川建筑》2008,28卷,6期	39	《四川建筑》编辑部	2008.12
潮汕地区传统建筑结构材料	李哲扬	《四川建筑科学研究》2008,34卷,6期	152	《四川建筑科学研究》编辑部	2008.12
河南民居中生土建筑的价值和表现(上)	李红光 刘宇清	《四川建筑科学研究》2008,34卷,6期	193	《四川建筑科学研究》编辑部	2008.12
传统夯土民居冬季热稳定性研究	刘艳峰 刘加平 张继良	《四川建筑科学研究》2008,34卷,6期	204	《四川建筑科学研究》编辑部	2008.12
时空变幻下古民居的人文影响——基于空间—文化—居民互动的角度	方向新 邱玉函	《湘潮(下半月)》2008,12期	2	《湘潮》编辑部	2008.12
文化遗产集群式分布中主体的保护规划策略——以黔县历史文化名城保护规划为例	申世明 闵铭 龚恺	《小城镇建设》2008.12	21	《小城镇建设》编辑部	2008.12
论传统民居建筑文化观	王颂 司丽霞	《小城镇建设》2008.12	40	《小城镇建设》编辑部	2008.12
解析中国传统建筑空间之美	和水英 唐秀庚	《艺术教育》2008.12	119	《艺术教育》编辑部	2008.12
浅析土家族民居建筑元素的构成	向明炎 袁玉康	《艺术与设计》2008.12	114	《艺术与设计》编辑部	2008.12
侗族传统木构建筑的建造模式研究——以通道皇都侗寨为例	范俊芳 郑广	《中外建筑》2008.12	68	《中外建筑》编辑部	2008.12
传统民居乡土材料创作中的视觉思维	范静 杨大禹	《鞍山师范学院学报》2008,10卷,6期	102	鞍山师范学院	2008.12
恩施土家族传统民居研究	江向东	《恩施职业技术学院学报(综合版)》2008,20卷,4期	53	恩施职业技术学院	2008.12

续表

论文名	作者	刊载杂志	页码	编辑出版单位	出版日期
浅析荆州开元观的历史与建筑文化特色	张小芹 杨俊	《河南教育学院学报(哲学社会科学版)》2008,27卷,6期	127	河南教育学院	2008.12
谈喀什高台民居的审美特征	樊德喜	《湖南涉外经济学院学报》2008,8卷,4期	87	湖南涉外经济学院	2008.12
乡土建筑艺术的发展与复兴——惠州"村落文化景观"保护对策与批评	张昊	《惠州学院学报(自然科学版)》2009,29卷,6期	98	惠州学院	2009.12
丽江古城民居的保护性改造	李乔	《吉林艺术学院学报》2008,4期	28	吉林艺术学院	2008.12
浅析我国古代村落的规划思想——以廉江市坡头村为例	袁伟	《井冈山学院学报(自然科学)》2008,29卷,12期	38	井冈山学院	2008.12
从中国传统民居到生态建筑	刘春香	《辽宁工业大学学报(社会科学版)》2008,10卷,6期	68	辽宁工业大学	2008.12
古民居在城郊旅游开发中的保护与利用——以中国历史文化名镇上海朱家角为例	张力华 王辉	《上海城市管理职业技术学院学报》2008,06期	A24	上海城市管理职业技术学院	2008.12
江南传统水乡城镇空间内向性理式表达	许佩华 姬琳	《郑州轻工业学院学报(社会科学版)》2008,6期	12	郑州轻工业学院	2008.12
尊重历史 保护继承——上海金山区张堰镇传统建筑保护探讨	蒋静	《上海城市规划》2008,S1期	126	《上海城市规划》编辑部	2008
传统农村风貌在新时代的适应性及其完善与提升——以上海市金山地区为例	张弘 凌永丽 付岩 王颖	《上海城市规划》2008,S1期	137	《上海城市规划》编辑部	2008
乡土建筑遗产保护理念与方法研究(下)	单霁翔	《城市规划》2009,33卷,1期	57	《城市规划》编辑部	2009.01
名城保护规划中的建筑高度控制准则研究——以建欧古迹、历史街区保护为例	林寿清 洪庄敏	《城市规划》2009,33卷,1期	88	《城市规划》编辑部	2009.01
民居、民俗、商业——成都锦里步行街探析	蔡丽媛	《大众文艺(理论)》2009,01期	131	《大众文艺》编辑部	2009.01
云龙县诺邓白族村寨聚落形态研究	王莉莉 尚涛	《福建建筑》2009.01	20	《福建建筑》编辑部	2009.01
福州"三坊七巷"传统民居建筑的装饰风格——以南后街叶氏古民居为例	张焱焱	《福建建筑》2009.01	34	《福建建筑》编辑部	2009.01
徽州古民居八字墙门做法	姚光钰	《古建园林技术》2009.01	3	《古建园林技术》编辑部	2009.01
造化风景承古意 自在园林有大观——浅谈中国古典园林植物景观营造的历史沿革	潘剑彬 李利 郭晶	《广东园林》2009.01	8	《广东园林》编辑部	2009.01
城市历史文化空间网络的建构——以宁波老城为例	汤雪璇 董卫	《规划师》2009.01	85	《规划师》编辑部	2009.01
南宁传统村庄景观格局的形成与可持续发展	史大联 孙永萍	《规划师》2009.01	92	《规划师》编辑部	2009.01

续表

论文名	作者	刊载杂志	页码	编辑出版单位	出版日期
鄂西特定历史文化特征——咸丰唐崖土司王城	王玉	《华中建筑》2009，27卷，1期	239	《华中建筑》编辑部	2009.01
开平碉楼与村落——自力村碉楼群	高介华 摄制/张冯娟 组编	《华中建筑》2009，27卷，1期	249	《华中建筑》编辑部	2009.01
历史街区的文化意象解析——以漳州古城历史街区为例	陈丽玲	《江苏城市规划》2009.01	33	《江苏城市规划》编辑部	2009.01
太原市历史建筑的保护与利用思考	陆新亚	《江苏城市规划》2009.01	37	《江苏城市规划》编辑部	2009.01
苏北传统民居墙体艺术研究	陆业建 谢海琴	《江苏建筑》2009，1期	3	《江苏建筑》编辑部	2009.01
解析侗族传统建筑	任娜 张一兵 鞠雅喆 王蕊	《江苏建筑》2009，1期	7	《江苏建筑》编辑部	2009.01
中国传统建筑的色彩装饰艺术	王淑芹	《建筑》2009.01	68	《建筑》编辑部	2009.01
自然与人文的交融智慧与造化的结晶：江南传统民居解读	沈君 沈昌乙	《建筑创作》2009	136	《建筑创作》编辑部	2009.01
传统民居庭院空间初探	李尧 王玉栋 陈峰	《建筑设计管理》2009，26卷，1期	25	《建筑设计管理》编辑部	2009.01
从传统的建筑形制中挖掘新的设计元素——从"四合院"到"对置屋"	隈研吾	《建筑学报》2009.01	45	《建筑学报》编辑部	2009.01
传统商业中心空间形态解析	杨俊宴 吴明伟 谭瑛	《建筑与文化》2009.01	65	《建筑与文化》编辑部	2009.01
寻求传统的现代价值	王倩 綦亮	《科技信息》2009，1期	302	《科技信息》编辑部	2009.01
传统文化与现代室内设计理念的融合	蒋宏	《科技信息》2009，1期	529	《科技信息》编辑部	2009.01
中国民居建筑艺术与人的生活文化情趣	钟丽颖 李芬	《美术界》2009.01	12	《美术界》编辑部	2009.01
浅析青海少数民族民居特色与审美价值	杨桂香	《青海社会科学》2009，1期	77	《青海社会科学》编辑部	2009.01
东北满族民居建筑特色	张微微	《上海工艺美术》2009.01	83	《上海工艺美术》编辑部	2009.01
城市更新中历史街区的保护与开发方法探究	赵海波	《山西建筑》2009，35卷，1期	38	《山西建筑》杂志社	2009.01
传统商业街区与民居街巷的探析	李东锋 郭立源	《山西建筑》2009，35卷，1期	72	《山西建筑》杂志社	2009.01
浅谈中国传统建筑文化中的伦理观	王元禄	《山西建筑》2009，35卷，2期	28	《山西建筑》杂志社	2009.01
谈现代化传统历史街区的空间生产	王达生	《山西建筑》2009，35卷，2期	56	《山西建筑》杂志社	2009.01
浅析水对中国传统建筑的影响	丁会	《山西建筑》2009，35卷，2期	64	《山西建筑》杂志社	2009.01
北方传统村镇的空间处理手法	张晓康 霍海鹰 王芳	《山西建筑》2009，35卷，2期	71	《山西建筑》杂志社	2009.01
中国传统纹样在建筑装饰中的运用	赵新周 田强	《山西建筑》2009，35卷，2期	232	《山西建筑》杂志社	2009.01
传统空间对现代建筑设计的启示	徐炯炯	《山西建筑》2009，35卷，3期	35	《山西建筑》杂志社	2009.01

续表

论文名	作者	刊载杂志	页码	编辑出版单位	出版日期
历史街区再生性改造的批判	肖 佳	《山西建筑》2009，35卷，3期	40	《山西建筑》杂志社	2009.01
浅谈重庆传统民居对气候的适应	伍 未　魏宏杨	《山西建筑》2009，35卷，3期	58	《山西建筑》杂志社	2009.01
浅议平遥地区传统聚落和民居的可持续发展	赵 明　常启龙	《山西建筑》2009，35卷，3期	82	《山西建筑》杂志社	2009.01
江南民居中的厅堂环境与书斋环境	杨 玲　张明春	《室内设计》2009.01		《室内设计》编辑部	2009.01
天水南宅子古民居的装饰艺术特色	董智斌	《丝绸之路》2009，147期	53	《丝绸之路》编辑部	2009.01
大同古城民居中的影壁	丰 驰	《文物世界》2009.01	66	《文物管理》编辑部	2009.01
河西走廊传统生土民居生态性解析	李延俊　杜高潮	《小城镇建设》2009.01	27	《小城镇建设》编辑部	2009.01
小城镇中传统特色的保护措施——以吴江市松陵镇盛家库地段保护为例	瞿嗣澄　王雨村	《小城镇建设》2009.01	57	《小城镇建设》编辑部	2009.01
徽州古村落水口景观及现状	阚陈劲　吴泽民	《小城镇建设》2009.01	63	《小城镇建设》编辑部	2009.01
新农村建设和历史文化名村的开发保护——以晋江市金井镇福全村为例	李蕊蕊　赵 伟	《小城镇建设》2009.01	69	《小城镇建设》编辑部	2009.01
从建材角度浅议云南传统民居的抗震性能	肖 蓉　杨大禹　李 伟	《新建筑》2009	128	《新建筑》杂志社	2009.01
佛山嫁娶屋建筑艺术与历史初考	郑 莉	《艺术与设计》2009.01	87	《艺术与设计》编辑部	2009.01
传统与现代的邂逅——谈"新中式"景观设计	龙金花	《园林》2009.01	42	《园林》编辑部	2009.01
基于DPSIR概念框架的历史文化名镇名村可持续发展评价与管理调控	韦 杰　罗有贤	《中国名城》2009.01	41	《中国名城》编辑部	2009.01
丽江纳西民居的技术思想与图集编制	王 冬	《中国名城》2009.01	46	《中国名城》编辑部	2009.01
差异化生存与发展——中国农村文化景观的历史成因与未来发展	杨 玲　王中德	《中国园林》2009.01	88	《中国园林》编辑部	2009.01
填补河南民居建筑研究空白之作——读《河南民居建筑研究》	孙 张	《中华建设》2009.01	85	《中华建设》编辑部	2009.01
维吾尔族传统民居的装饰美学	茹克娅·吐尔地　宋 超	《中外建筑》2009.01	66	《中外建筑》编辑部	2009.01
涉及历史遗址保护区的新农村建设方法初探——以望城县彩陶源村和石渚湖村建设规划为例	唐 程　戴勇军	《中外建筑》2009.01	125	《中外建筑》编辑部	2009.01
对于传统建筑的"非简单性再利用"的思考	黄錾涓	《装饰》2009.01	130	《装饰》编辑部	2009.01
浅谈中国传统建筑艺术与生态文化	陆小彪	《安徽农业大学学报（社会科学版）》2009，18卷，1期	132	安徽农业大学	2009.01
论康定地区的藏式民居建筑色彩	曾怡园	《乐山师范学院学报》2009，24卷，1期	106	乐山师范学院	2009.01

续表

论文名	作者	刊载杂志	页码	编辑出版单位	出版日期
土家族民居建筑变迁及其保护	黄金 胡美术	《湖北民族学院学报（哲学社会科学版）》2009，27卷，1期	6	湖北民族学院	2009.01
论古民居保护中的败笔与人文关怀的流失——以成都宽窄巷子为例	李祎	《内江师范学院学报》2009，24卷，1期	60	内江师范学院	2009.01
历史时期济南水环境与园林建设关系研究——以泉、湖为例	王保林	《西安欧亚学院学报》2009，7卷，1期	60	西安欧亚学院	2009.01
中国传统建筑空间形态探析	王栋 彭建勋	《信阳师范学院学报：自然科学版》2009，22卷，1期	39	信阳师范学院	2009.01
谈现代环境设计中的中国传统文化元素的运用	高莉	《安徽建筑》2009.01	22	《安徽建筑》编辑部	2009.02
对于武汉历史文化建筑保护的思考——从昙华林的保护说起	严黎	《安徽文学》2009.02	335	《安徽文学》编辑部	2009.02
北京旧城历史文化保护区胡同四合院有机更新的动议	高毅存	《北京规划建设》2009.02	107	《北京规划建设》编辑部	2009.02
"序列+结构"——西南山地人居环境历史发展研究的整体观	李旭 孙国春 赵万民	《城市发展研究》2009.02	10	《城市发展研究》编辑部	2009.02
如将不尽 与古为新——更新中的城市历史建筑及其保护	高蕾 唐黎洲 王冬	《城市建筑》2009.02	29	《城市建筑》编辑部	2009.02
"内"与"外"的改造——对澳门历史文化街区的一次城市更新设计	龚恺	《城市建筑》2009.02	62	《城市建筑》编辑部	2009.02
古村落居住建筑的特征	王枝胜 刘琳	《城乡建设》2009.02	64	《城乡建设》编辑部	2009.02
泉州"传统民居式"土楼特征、功能及其演变	陈凯峰	《城乡建设》2009.02	67	《城乡建设》编辑部	2009.02
走进徽州看民居	赵清秀	《城乡建设》2009.02	77	《城乡建设》编辑部	2009.02
藏区传统民居建筑文化——"传统"、"传统文化"的定义	王琳	《大众文艺（理论）》2009，3期	172	《大众文艺》编辑部	2009.02
浅析传统商业街历史及地域特色的传承与发展——福州八一七路的更新探索	翟启帆 任璐	《福建建筑》2009，2期	14	《福建建筑》编辑部	2009.02
福州宏琳厝古民居开发浅析	于苏建 林从华 龚海钢 林兆武	《福建建筑》2009，2期	17	《福建建筑》编辑部	2009.02
福建传统民居对南方地区城乡建设中节能减排措施的启发	吴锡麟	《福建建筑》2009，2期	19	《福建建筑》编辑部	2009.02
浅析长乐九头马古民居建筑艺术特征	陈莺娇 田梅霞 张春英 何春玲	《福建建筑》2009，2期	24	《福建建筑》编辑部	2009.02
城市化进程下的古建筑保护与发展——西递古村落保护的思考	余磊 苏继会 程君	《工程与建设》2009，23卷，2期	177	《工程与建设》编辑部	2009.02
浅析徽州古民居生态设计的系统性	吕翔 沈致和	《工程与建设》2009，23卷，2期	179	《工程与建设》编辑部	2009.02
徐州古民居的屋面与屋脊	孙继鼎	《古建园林技术》2009.02	31	《古建园林技术》编辑部	2009.02

续表

论文名	作者	刊载杂志	页码	编辑出版单位	出版日期
黔东南苗族、侗族"干栏"式民居建筑差异溯源	王贵生	《贵州民族研究》2009，29卷，3期	78	《贵州民族研究》编辑部	2009.02
贵州苗族传统民居对现代住宅建设的几点启示	赵曼丽	《贵州民族研究》2009，29卷，1期	89	《贵州民族研究》编辑部	2009.02
苏州西山三个古村落特色空间格局保护与产业发展研究	汤蕾 陈沧杰 姜劲松	《国际城市规划》2009，24卷，2期	112	《国际城市规划》编辑部	2009.02
旅游业背景下侗族传统民居的文化意义与变迁——对广西三江林溪侗族村寨的田野考察	项萌	《黑龙江民族丛刊（双月刊）》2009，1期	145	《黑龙江民族丛刊》编辑部	2009.02
大空间公共建筑的空间设计与传统文化表达	蔡军 郑锐鲤	《华中建筑》2009，27卷，2期	88	《华中建筑》编辑部	2009.02
湖南传统戏场建筑研究	薛林平	《华中建筑》2009，27卷，2期	211	《华中建筑》编辑部	2009.02
和田传统民居对尼雅古民居的传承与发展	塞尔江·哈力克	《华中建筑》2009，27卷，2期	250	《华中建筑》编辑部	2009.02
康北藏区的道孚民居	胡杨	《科学大观园》2009.04	31	《科学大观园》编辑部	2009.02
张谷英大屋乡土建筑形式和建筑文化特色研究	彭瑶 罗治国	《科技信息》2009，5期	335	《科技信息》编辑部	2009.02
苏州传统民居门窗装饰艺术	刘柯	《科技资讯》2009，6期	225	《科技资讯》编辑部	2009.02
传统与现代的演绎——现代室内设计中的中式表情	许晶晶 姜雷	《家具与室内装饰》2009.02	18	《家具与室内装饰》编辑部	2009.02
皖南古村落建筑装饰艺术对现代设计的启示——以西递、宏村为例	陈杨 于伸	《家具与室内装饰》2009.02	20	《家具与室内装饰》编辑部	2009.02
传统图形符号与中国现代设计	李晓辉	《科技风》2009，4期	307	《科技风》编辑部	2009.02
浅析张壁古堡的历史与建筑文化	史芳	《科技情报开发与经济》2009，19卷，6期	169	《科技情报开发与经济》编辑部	2009.02
水患变水利——江汉平原湖泊湿地型村镇聚落模式研究	叶云 廖璇 梁竟云	《企业技术开发》2009.02	45	《企业技术开发》编辑部	2009.02
侗族传统村寨景观空间形态的保护性规划	范俊芳 文友华 郑广	《山西建筑》2009，35卷，4期	3	《山西建筑》杂志社	2009.02
从自然辩证法中窥探传统建筑保护与更新之路	王成	《山西建筑》2009，35卷，4期	26	《山西建筑》杂志社	2009.02
历史街区保护在城市现代化进程中的研究	肖平凡 郝晴	《山西建筑》2009，35卷，4期	29	《山西建筑》杂志社	2009.02
以重庆为例谈新农村建设与历史环境保护	王鹏	《山西建筑》2009，35卷，4期	56	《山西建筑》杂志社	2009.02
山西传统村庄空间分析及其启示	张方	《山西建筑》2009，35卷，4期	63	《山西建筑》杂志社	2009.02
传统地基处理的两种方法	陈斌	《山西建筑》2009，35卷，4期	128	《山西建筑》杂志社	2009.02
中国传统民居为当代建筑师提供的节能新理念	王艳飞	《山西建筑》2009，35卷，4期	260	《山西建筑》杂志社	2009.02
云南建水团山村村落景观保护研究	谢宗添 苏晓毅 正源	《山西建筑》2009，35卷，5期	3	《山西建筑》杂志社	2009.02

续表

论文名	作者	刊载杂志	页码	编辑出版单位	出版日期
传统元素在时代建筑精神传承中的应用	白艺佳	《山西建筑》2009，35卷，5期	17	《山西建筑》杂志社	2009.02
历史文化街区整体保护及有机更新与持续发展	杨佳	《山西建筑》2009，35卷，5期	28	《山西建筑》杂志社	2009.02
可持续发展的历史街区保护与更新	李欢	《山西建筑》2009，35卷，5期	30	《山西建筑》杂志社	2009.02
徽州村落理水的生态意义	全柳梅	《山西建筑》2009，35卷，5期	50	《山西建筑》杂志社	2009.02
关于我国城市历史文化遗产保护的若干思考	韩胜发	《山西建筑》2009，35卷，5期	53	《山西建筑》杂志社	2009.02
场地设计与中国传统建筑理论	钟运峰	《山西建筑》2009，35卷，5期	56	《山西建筑》杂志社	2009.02
谈中国传统元素在现代室内设计中的运用	王娜 杨茂川	《山西建筑》2009，35卷，5期	217	《山西建筑》杂志社	2009.02
历史古都扬州的发展思考	陈敏 陈罕	《山西建筑》2009，35卷，6期	22	《山西建筑》杂志社	2009.02
以南洞庭湖乡村聚落为基础的新农村建设初探	殷俊 熊伟	《山西建筑》2009，35卷，6期	51	《山西建筑》杂志社	2009.02
浅谈惠安闽南传统民居建筑	魏丽萍 王茂榕 林银大	《山西建筑》2009，35卷，6期	57	《山西建筑》杂志社	2009.02
徽州古民居的生态模式在新农居建设中的应用	许杰青 徐璐璐	《山西建筑》2009，35卷，6期	62	《山西建筑》杂志社	2009.02
农村民居隔震技术	尚守平 刘可 周志锦	《施工技术》2009，38卷，2期	97	《施工技术》编辑部	2009.02
浅析中国传统建筑的人文精神内涵	何韶颖	《四川建筑科学研究》2009，31卷，1期	228	《四川建筑科学研究》编辑部	2009.02
河南民居中生土建筑的价值和表现（下）	李红光 刘宇清	《四川建筑科学研究》2009，35卷，1期	231	《四川建筑科学研究》编辑部	2009.02
绮丽的浙西三门源古民居婺剧砖雕	陈凌广 陈凌峰	《文艺研究》2009.02	140	《文艺研究》编辑部	2009.02
天水南宅子民居的装饰艺术	隋建明 董智斌	《文艺研究》2009.02	144	《文艺研究》编辑部	2009.02
"大单位"在旧城更新改造中对历史建筑的保护——以南京地区"大单位"为例	奚江琳 黄平 钱汉成	《现代城市研究》2009.02	39	《现代城市研究》编辑部	2009.02
与自然共生：传统民居建筑与村寨布局规划的新审视	牛玮妮 时匡	《小城镇建设》2009.02	46	《小城镇建设》编辑部	2009.02
传统图案在室内设计中的符号学研究	曲哲 周祎铭 王东	《消费导刊》2009，4期	222	《消费导刊》编辑部	2009.02
中国民居建筑研究的深层拓展与现代意义——第十六届中国民居学术会议综述	唐孝祥 陈吟	《新建筑》2009	138	《新建筑》杂志社	2009.02
乡土建筑文化多样性的保护与发展——以云南省村镇民居建筑文化多样性为例	崔潇 杨大禹	《艺术探索》2009，23卷，1期	143	《艺术探索》编辑部	2009.02
兰屿雅美族传统聚落保存与再利用调查规划	关华山 林世伟 王泰斌	《中国名城》2009.02	34	《中国名城》编辑部	2009.02

续表

论文名	作者	刊载杂志	页码	编辑出版单位	出版日期
河北暖泉镇传统民居空间形态构成的探讨	周立军 高艳丽	《中国名城》2009.02	40	《中国名城》编辑部	2009.02
陕北窑洞民居建筑艺术中美的元素	周俊玲	《中华民居》2009.02	84	《中华民居》编辑部	2009.02
窑洞民居的发展变化与保护传承	党安荣 吕江 赵静	《中华民居》2009.02	89	《中华民居》编辑部	2009.02
别让传统文化毁在建筑师手里	杨威	《中外建筑》2009.02	80	《中外建筑》编辑部	2009.02
徽州民居局部装饰特征分析及其启示	吴敏	《安徽建筑工业学院学报（自然科学版）》2009, 17卷, 1期	55	安徽建筑工业学院	2009.02
浅析传统文化价值观对民居的影响	朱丽娟	《白城师范学院学报》2009, 23卷, 1期	30	白城师范学院	2009.02
浅谈福州"三坊七巷"传统建筑之门的艺术	林蕾	《北京建筑工程学院学报》2009, 25卷, 1期	42	北京建筑工程学院	2009.03
传统图式化符号在休闲空间中的运用	朱传书	《重庆文理学院学报（自然科学版）》2009, 28卷, 1期	106	重庆文理学院	2009.02
中西方传统城市广场型公共空间比较研究	林翔	《福州大学学报（自然科学版）》2009, 37卷, 1期	86	福州大学	2009.02
古镇民居保护与更新原则探讨	陈波	《贵州大学学报（自然科学版）》2009, 26卷, 1期	108	贵州大学	2009.02
客家民居门楼的民俗与艺术文化特征	林爱芳	《嘉应学院学报（哲学社会科学）》2009, 27卷, 1期	18	嘉应学院	2009.02
环境心理学在传统商业街改造中的应用	张巧霞	《青岛理工大学学报》2009, 30卷, 1期	51	青岛理工大学	2009.02
浙南山区明代普通民居发现的意义——以松阳县石仓为例	王媛 曹树基	《上海交通大学学报（哲学社会科学版）》2009, 17卷, 2期	73	上海交通大学	2009.02
花腰傣传统民居的文化功能与生态意义——对新平南缄村"傣卡"的田野考察	段小青	《思茅师范高等专科学校学报》2009, 25卷, 1期	81	思茅师范高等专科学校	2009.02
福建培田古民居明清雕刻艺术研究	黄东海 林从华	《山西大同大学学报（社会科学版）》2009, 23卷, 1期	107	山西大同大学	2009.02
传统地域文化景观研究进展与展望	王云才 石忆邵 陈田	《同济大学学报（社会科学版）》2009, 20卷, 1期	18	同济大学	2009.02
中国传统营造工艺保护特点解析	杨达	《同济大学学报（社会科学版）》2009, 20卷, 1期	34	同济大学	2009.02
防火功能在皖南古民居村落设计中的意义	詹学军	《铜陵学院学报》2009, 2期	88	铜陵学院	2009.02
羌族传统建筑抗震技术及其传承研究	徐学书 喇明英	《西南民族大学学报》（人文社科版）2009.02	11	西南民族大学	2009.02

续表

论文名	作者	刊载杂志	页码	编辑出版单位	出版日期
传统民居的生态适应性与现代居住建筑设计	郭琳琳	《中州大学学报》2009，26卷，1期	114	中州大学	2009.02
乡土建筑中的石作技艺——以平顶山地区的临沣寨为例	刘书芳 鲁书甜	《安徽农业科学》2009，37卷，9期	3995	《安徽农业科学》编辑部	2009.03
传统农村文化景观研究进展	胡希军 赵晓英 刘玉桥 陈存友	《安徽农业科学》2009，37卷，9期	4201	《安徽农业科学》编辑部	2009.03
浅谈中国传统文化与室内设计	詹凯丽 康英	《才智》2008，8期	186	《才智》编辑部	2009.03
空间密码的发现与初解——旅顺新市街（太阳沟）历史街区结构性遗存的发掘	张勇 王欣	《城市建筑》2009.03	131	《城市建筑》编辑部	2009.03
渝东南土家传统民居的现代启示	徐可	《重庆建筑》2009.03	48	《重庆建筑》编辑部	2009.03
闽西客家民居的形态成因浅析	黄联辉 戴志坚	《福建建筑》2009，3期	9	《福建建筑》编辑部	2009.03
廉村传统建筑的审美意向透视	胡亚楠 李华珍	《福建建筑》2009，3期	17	《福建建筑》编辑部	2009.03
从建筑设计方法看传统与创新	林蓉	《福建建筑》2009，3期	21	《福建建筑》编辑部	2009.03
中国传统戏场对现代剧场设计的借鉴作用	郑磊 魏卫刚 程志红 尤昌明	《工程建设与设计》2009.03	8	《工程建设与设计》编辑部	2009.03
中国传统"门"文化的空间表现和哲学含义	梁励园	《广东建材》2009，3期	170	《广东建材》编辑部	2009.03
中国传统建筑的复杂性与矛盾性所蕴含的文化及思想内涵	杨娅	《广东建材》2009，3期	173	《广东建材》编辑部	2009.03
贵州侗族饮食风俗与传统民居文化浅析	黄有曦	《硅谷》2009，6期	189	《硅谷》编辑部	2009.03
屯堡民居石木结构建筑的艺术象征	潘闻丞	《贵州文史丛刊》2009，3期	83	《贵州文史丛刊》编辑部	2009.03
浅谈中国传统建筑结构中对光的应用	王蓉	《化学工程与装备》2009.03	95	《化学工程与装备》编辑部	2009.03
传统檐廊空间在当代竖向集合住宅中的适应性表达——以"杭州九树公寓"为例	雷伟	《华中建筑》2009，27卷，3期	60	《华中建筑》编辑部	2009.03
中国传统景观意境的景观域研究	莫娜 张伶伶 刘大平	《华中建筑》2009，27卷，3期	115	《华中建筑》编辑部	2009.03
适应湖南中北部地区气候的传统民居建筑技术——以岳阳张谷英村古宅为例	刘伟 徐峰 解明境	《华中建筑》2009，27卷，3期	172	《华中建筑》编辑部	2009.03
江西民居史的分期	郑亚男 南川	《华中建筑》2009，27卷，3期	176	《华中建筑》编辑部	2009.03
陕南天井式民居研究——以青木川为例	张强 闫杰 雍鹏	《华中建筑》2009，27卷，3期	178	《华中建筑》编辑部	2009.03
南通民居的地域文化特征	徐永战 陈伯超	《华中建筑》2009，27卷，3期	181	《华中建筑》编辑部	2009.03
中国传统建筑工艺技术的保护与传承	钟行明	《华中建筑》2009，27卷，3期	186	《华中建筑》编辑部	2009.03
都市历史街区"补丁"式更新改造思路——以绍兴戴山历史街区更新为例	朱炜 于文波 毛海飞	《华中建筑》2009，27卷，3期	203	《华中建筑》编辑部	2009.03

续表

论文名	作者	刊载杂志	页码	编辑出版单位	出版日期
有精神意义的居住空间——摩梭民居的建筑形态和居住文化	马青宇 柏云松 车震宇	《华中建筑》2009，27卷，3期	252	《华中建筑》编辑部	2009.03
拉萨城区传统建筑风格形制调研——传统寺庙宫殿建筑与民居建筑形式	黄志明 唐国安	《华中建筑》2009，27卷，3期	261	《华中建筑》编辑部	2009.03
生土民居场所精神与建筑体验——以喀什高台民居为例	卫东风	《华中建筑》2009，27卷，3期	266	《华中建筑》编辑部	2009.03
小中甸夯土墙藏族民居热环境研究	李莉萍	《华中建筑》2009，27卷，3期	271	《华中建筑》编辑部	2009.03
中国传统民居大门装饰中的民俗文化	姚美康	《家具与室内装饰》2009.03	14	《家具与室内装饰》编辑部	2009.03
从传统建筑的继承吸纳与发展看天津广东会馆	安宝聚	《建设科技》2009.05	105	《建设科技》编辑部	2009.03
在传统与现代之间行走	林 红	《建筑创作》2009.03	72	《建筑创作》编辑部	2009.03
浙江省传统建筑木构架研究	张玉瑜	《建筑学报》2009.03	20	中国建筑学会	2009.03
浅谈江西民居的演进	戴海鹤 陈旭娥 郑亚男	《建筑知识》2009.03	85	《建筑知识》编辑部	2009.03
传统民居生态观于现代建筑中的体现	谢 浩	《建筑装饰材料世界》2009.03	70	《建筑装饰材料世界》编辑部	2009.03
新疆少数民族民居装饰艺术	李 勇	《美术大观》2009.03	64	《美术大观》编辑部	2009.03
试述闽台古民居的建筑风格	谢惠雅	《南方文物》2009.03	162	《南方文物》编辑部	2009.03
中国传统民居的生态意义	陈 妍 张福昌	《科技信息》2009，3期	163	《科技信息》编辑部	2009.03
浅析传统建筑装饰艺术的民族文化内涵	浅析传统建筑装饰艺术的民族文化内涵	《美术大观》2009.03	116	《美术大观》编辑部	2009.03
当代景观设计与中国传统园林	张起壮	《美术大观》2009.03	145	《美术大观》编辑部	2009.03
中国传统思想对韩国朝鲜时期传统住宅和家具的影响	鞠文俐	《美术研究》2009.01	64	《美术研究》编辑部	2009.03
中国传统山水美学对现代园林设计的启示	陈慧钧	《美与时代（上半月）》2009.03	33	《美与时代》编辑部	2009.03
江西传统民居的平面模式解读	潘 莹	《农业考古》2009.03	197	《农业考古》编辑部	2009.03
简析江西传统民居的外墙艺术	施 瑛	《农业考古》2009.03	200	《农业考古》编辑部	2009.03
浅析传统文化与现代室内设计	史庆丰 关丽娜	《青年文学家》2009，6期	121	《青年文学家》编辑部	2009.03
中国古典园林传统造园思想对现代园林设计的启示	梁明霞 王清兆	《山东林业科技》2009，2期	114	《山东林业科技》编辑部	2009.03
祁县传统商业街保护与更新的探索	刘原平 李小妮	《山西建筑》2009，35卷，7期	23	《山西建筑》杂志社	2009.03
基于可持续发展的历史街区保护与更新	黄 娅 李和平	《山西建筑》2009，35卷，7期	34	《山西建筑》杂志社	2009.03
非欧几何形式对传统空间的拓展	张东升	《山西建筑》2009，35卷，7期	36	《山西建筑》杂志社	2009.03
试述福建传统民居的生态精神	杨顺平	《山西建筑》2009，35卷，7期	46	《山西建筑》杂志社	2009.03
地坑院民居	陈 越 程炎焱	《山西建筑》2009，35卷，7期	51	《山西建筑》杂志社	2009.03

续表

论文名	作者	刊载杂志	页码	编辑出版单位	出版日期
寻中国传统建筑平面布局的源	刘原平 谢娜	《山西建筑》2009，35卷，8期	5	《山西建筑》杂志社	2009.03
浅析中西方哲学思想对传统园林的影响	欧阳见秋	《山西建筑》2009，35卷，8期	353	《山西建筑》杂志社	2009.03
地方传统文化对于主题创意的完美体现	沈丹 刘扬	《山西建筑》2009，35卷，9期	6	《山西建筑》杂志社	2009.03
对当代中国历史街区保护和更新的思考	朱佳秋 丁玎	《山西建筑》2009，35卷，9期	36	《山西建筑》杂志社	2009.03
浅析中国传统建筑环境美	谢塘开	《山西建筑》2009，35卷，9期	58	《山西建筑》杂志社	2009.03
传统建筑构件的历史记忆和再现功能——以广州传统民居建筑构件为例	王光玉	《中外建筑》2009.03	86	《中外建筑》编辑部	2009.03
太谷传统民居中的宅院大门	田惠民	《文物世界》2009.03	39	《文物世界》编辑部	2009.03
传统与科技接轨——历史建筑数字化保护及改造再利用研究	林承阳	《新建筑》2009.03	109	《新建筑》杂志社	2009.03
刍议天水古民居门楼特色	南喜涛 苏永	《小城镇建设》2009.03	71	《小城镇建设》编辑部	2009.03
南锣鼓巷的过去、现在与未来——关于历史文化街区保护和发展的思考	周浩明	《艺术评论》2009.03	76	《艺术评论》编辑部	2009.03
苏州东山古民居建筑装饰研究	郑丽虹	《艺术探索》2009.03	70	《艺术探索》编辑部	2009.03
从天津杨柳青石家大院浅谈民居雕塑装饰中的"形"与"意"	由志保	《艺术与设计》2009.03	104	《艺术与设计》编辑部	2009.03
新技术背景下蒙古族典型民居形式语言的创新之途	曹蕾	《艺术与设计》2009.03	107	《艺术与设计》编辑部	2009.03
中国传统建筑门的形态研究	于延庆	《艺术与设计》2009.03	124	《艺术与设计》编辑部	2009.03
中国传统园林洞门中"图底关系"的审美原则初探	龚雪 唐文	《艺术与设计》2009.03	127	《艺术与设计》编辑部	2009.03
民居防震的杰出典范	田华 田玉萍	《中国减灾》2009，3期	54	《中国减灾》编辑部	2009.03
传统建筑匠艺与现代古迹修复技术差异之研究（上）	张志成 傅朝卿	《中国名城》2009.03	41	《中国名城》编辑部	2009.03
传统建筑构件的历史记忆和再现功能——以广州传统民居建筑构件为例	王光玉	《中外建筑》2009.03	86	《中外建筑》编辑部	2009.03
中国传统柱式与西方古典柱式的比较	黄煌 陈力 关瑞明	《中外建筑》2009.03	82	《中外建筑》编辑部	2009.03
人类栖居：传统建筑伦理	陈万求 郭令西	《自然辩证法研究》2009，25卷，3期	61	《自然辩证法研究》编辑部	2009.03
大理古城民居客栈中外游客满意度的人口特征差异的对比研究	龙肖毅	《大理学院学报》2009，8卷，3期	25	大理学院	2009.03
中国传统元素在室内设计中的应用	杨英丽 李黎 杨英杰	《河北工程技术高等专科学校学报》2009，1期	39	河北工程技术高等专科学校	2009.03
解析中国传统建筑环境观对现代建筑设计的影响	汤少哲	《河南机电高等专科学校学报》2009，17卷，2期	44	河南机电高等专科学校	2009.03

续表

论文名	作者	刊载杂志	页码	编辑出版单位	出版日期
湘北某民居夏季热环境实测分析	解明镜 张国强 徐峰 周晋 张泉	《湖南大学学报（自然科学版）》2009，36卷，3期	16	湖南大学	2009.03
托口古镇传统建筑文化的特色与价值	王文明 王铁环 罗云 景成 徐赛娟	《怀化学院学报》2009，28卷，3期	7	怀化学院	2009.03
中国传统建筑文化在现代建筑创作中的再现	梁献超 李宏	《金陵科技学院学报》2009，25卷，1期	34	金陵科技学院	2009.03
徽州木雕与徽州古民居室内装饰	杨建生	《南京艺术学院学报》2009，3期	169	南京艺术学院	2009.03
中国古代木结构建筑体系的特征及成因说辨析——兼申论其与中国传统文化人本思想的关系	贾洪波	《南开学报哲学社会科学版》2009，2期	109	南开大学	2009.03
论三峡传统聚居与民居形态的地域特征	周传发	《三峡大学学报（人文社会科学版）》2009，31卷，2期	5	三峡大学	2009.03
试论道家思想在中国传统建筑中的旅游审美体现	苏欣慰 何巧华	《太原师范学院学报（社会科学版）》2009，8卷，2期	32	太原师范学院	2009.03
中、西传统建筑的哲学理念	周小兵	《天津大学学报（社会科学版）》2009，11卷，2期	172	天津大学	2009.03
古民居防火研究	崔骞 李偲偲	《安防科技》2009，4期	67	《安防科技》编辑部	2009.04
浅析生态与人文因素对和田民居建筑文化的影响	叶贵祥 李维青 卜丽娟	《安徽农学通报》2009，08期	218	《安徽农学通报》编辑部	2009.04
陕西省府谷古城·古村落的保护与发展	师立德 倪茜	《安徽农业科学》2009，37卷，12期	5729	《安徽农业科学》编辑部	2009.04
工巧精丽 中西合璧——潮汕建筑的装饰美学与历史流变	张更义	《潮商》2009，2期	48	《潮商》编辑部	2009.04
典型的江南民居黄山八面厅	陈小英 朱耀升	《城建档案》2009，4期	26	《城建档案》编辑部	2009.04
从中国建筑文化认识民族传统文化	卢娟	《大众文艺（理论）》2009，7期	113	《大众文艺》编辑部	2009.04
传统村落村民交往活动空间分析	刘小洋 鄢然	《大众文艺（理论）》2009，8期	9	《大众文艺》编辑部	2009.04
特色村落空间环境的有机生长——一个民族村落空间保护与发展的积极思考	王小斌	《华中建筑》2009，27卷，6期	222	《华中建筑》编辑部	2009.06
传统窗饰在当代建筑室内装饰中的艺术形态	陈冲	《家具与室内装饰》2009.04	13	《家具与室内装饰》编辑部	2009.04
传统色彩文化对现代室内设计的启示	王丽君	《家具与室内装饰》2009.04	26	《家具与室内装饰》编辑部	2009.04
儒家哲学思想对湘南古民居的影响	刘新德	《建筑科学》2009，25卷，4期	15	《建筑科学》编辑部	2009.04
乡土生态建筑——豫东南圩子民居	程炎焱 王桂秀 逯兵	《建筑科学》2009，25卷，4期	27	《建筑科学》编辑部	2009.04
藏族民居中采暖与不采暖房间热环境研究	李莉萍	《建筑科学》2009，25卷，4期	41	《建筑科学》编辑部	2009.04

续表

论文名	作者	刊载杂志	页码	编辑出版单位	出版日期
生态规划理念在我国北方传统民居的应用	姜秀娟 王峰玉	《建筑科学》2009，25卷，4期	67	《建筑科学》编辑部	2009.04
我国传统滨水建筑的聚落形态分析	甘佳	《建筑设计管理》2009，26卷，4期	29	《建筑设计管理》编辑部	2009.04
浅论南通民居装饰	徐永战 邱泽勇 姜秀娟	《经济研究导刊》2009，4期	172	《经济研究导刊》编辑部	2009.04
传统文化与现代建筑的思考	刘贺 张成龙	《科技创新导报》2009，11期	27	《科技创新导报》编辑部	2009.04
粤东客家民居的福扇装饰分析	吴卫光	《美术学报》2009	44	《美术学报》编辑部	2009.04
求吉纳福的风俗 生命美学的符号——谈土家民居建筑中的梁文化	向云根	《美术学报》2009	52	《美术学报》编辑部	2009.04
浅析中国传统建筑的装饰性	向祎	《美与时代（上半月）》2009.04	75	《美与时代》编辑部	2009.04
浅析中国文化在日本传统建筑中的应用	董俊 罗高生	《青年文学家》2009，07期	65	《青年文学家》编辑部	2009.04
传统风貌商业街区空间特点研究	高盛 曹麻茹	《山西建筑》2009，35卷，10期	37	《山西建筑》杂志社	2009.04
砖石材料与中国传统建筑	张旭东	《山西建筑》2009，35卷，12期	28	《山西建筑》杂志社	2009.04
传统文化的领悟在本土建筑设计中的重要性	周伟强	《山西建筑》2009，35卷，12期	33	《山西建筑》杂志社	2009.04
厦门历史街区的保护与复兴	王敏 张亚娟	《陕西建筑》2009.04	8	《陕西建筑》编辑部	2009.04
传统建筑风水理论与现代景观设计学说的映照	吴昊 詹秦川	《设计艺术》2009，2期	72	《设计艺术》编辑部	2009.04
四川传统园林植物配置特色及对植物造景的启示	林宇楠 罗谦	《四川建筑》2009，29卷，2期	22	《四川建筑》编辑部	2009.04
中国传统民居的环境生态观	王颂 彭建勋	《四川建筑》2009，29卷，2期	54	《四川建筑》编辑部	2009.04
以柔克刚——传统木构建筑的抗震特性	庄裕光 唐明媚	《四川文物》2009，2期	88	《四川文物》编辑部	2009.04
古徽州天井式民居与北京四合院	孙雯然 韩立	《谈古论今》2009，4期	162	《谈古论今》编辑部	2009.04
聚落生成影响因素的量化分析方法	宋靖华 赵冰 熊燕 郭希盛	《土木建筑与环境工程》2009，31卷，2期	110	《土木建筑与环境工程》编辑部	2009.04
大同古城民居中的砖雕文字	卢继文	《文物世界》2009.04	48	《文物世界》编辑部	2009.04
民居墀头雕刻图案的文化解读	刘婷婷 李斌	《文物世界》2009.04	57	《文物世界》编辑部	2009.04
解析江南水乡民居灰空间的生态美	蒋励	《现代城市研究》2009.04	77	《现代城市研究》编辑部	2009.04
传统地域文化在文明生态村规划建设中的传承研究	王丽洁 史艳琨 聂蕊	《小城镇建设》2009.04	48	《小城镇建设》编辑部	2009.04
徽州古村落公共空间的景观特质对现代新农村集聚区公共空间建设的启示	麻欣瑶 丁绍刚	《小城镇建设》2009.04	59	《小城镇建设》编辑部	2009.04

续表

论文名	作者	刊载杂志	页码	编辑出版单位	出版日期
乡土景观符号的提取与其在乡土景观营造中的应用	胡立辉 李树华 刘剑 王之婧	《小城镇建设》2009.04	72	《小城镇建设》编辑部	2009.04
大理州寺登村与新华村村落形态保护之比较	王海涛 郝媛媛	《小城镇建设》2009.04	99	《小城镇建设》编辑部	2009.04
中西方传统建筑美学差异浅析	朱静鹏	《消费导刊》2009,8期	235	《消费导刊》编辑部	2009.04
论徽州古民居构件装饰在现代中式家居中的应用	朱妍林	《新视觉艺术》2009.04	16	《新视觉艺术》编辑部	2009.04
鄂东南传统街屋厅堂分析——以监利程集老街民居为例	郭芬	《新视觉艺术》2009.04	83	《新视觉艺术》编辑部	2009.04
明清徽州民居内部空间的装修与工艺	董静	《艺术教育》2009.04	28	《艺术教育》编辑部	2009.04
锐气圆融刚柔相济——闽北古民居封火墙的造型之美	邹全荣	《艺术·生活》2009.04	58	《艺术·生活》编辑部	2009.04
侗族民居建筑特色及其文化内涵探析	夏斐 唐文	《艺术探索》2009,23卷,2期	81	《艺术探索》编辑部	2009.04
传统文化符号与建筑设计浅析	侯斌	《中国建材科技》2009,2期	89	《中国建材科技》编辑部	2009.04
传统建筑匠艺与现代古迹修复技术差异之研究（下）	张志成 傅朝卿	《中国名城》2009.04	46	《中国名城》编辑部	2009.04
谈建筑文化传统与创新	周之岳	《中国新技术新产品》2009.04	115	《中国新技术新产品》编辑部	2009.04
道家思想推动下魏晋南北朝园林的历史跨越	杨宏烈	《中国园林》2009.04	86	《中国园林》编辑部	2009.04
中原四合院民居建筑文化品格	王颂	《住宅产业》2009	59	《住宅产业》编辑部	2009.04
贵州三都水族干栏式民居及其建筑文化的思考	韦程剑	《贵州民族学院学报（哲学社会科学版）》2009,4期	73	贵州民族学院	2009.04
现代景观设计中传统手法的误区与发展趋势	肖峰 潘国泰	《合肥工业大学学报（社会科学版）》2009,23卷,2期	122	合肥工业大学	2009.04
恩施古村落民居建筑的发掘与保护——以湖北恩施市小溪胡家大院为个案	商守善	《湖北民族学院学报（哲学社会科学版）》2009,27卷,4期	70	湖北民族学院	2009.04
长白山区传统木构建筑的建构解析	张成龙 邱爽	《吉林建筑工程学院学报》2009,26卷,2期	59	吉林建筑工程学院	2009.04
中国传统住宅建筑与现代住宅建筑中的空间关系	刘方靓	《兰州交通大学学报》2009,28卷,2期	50	兰州交通大学	2009.04
藏于村落里的画卷——山西阳城上庄村乡土建筑环境研究	卫东风	《南京艺术学院学报（美术与设计版）》2009.04	146	南京艺术学院	2009.04
照壁——影响现代室内设计的传统空间元素	张楠	《山西财经大学学报》2009,31卷,1期	334	山西财经大学	2009.04
湖南历史类木构建筑的节能改造关键技术研究	张卫 叶华	《沈阳建筑大学学报（社会科学版）》2009,11卷,2期	129	沈阳建筑大学	2009.04

续表

论文名	作者	刊载杂志	页码	编辑出版单位	出版日期
胶东沿海地区渔村村落与民居的保护及更新	李贺楠 李燕 李政	《沈阳建筑大学学报（社会科学版）》2009，11卷，2期	135	沈阳建筑大学	2009.04
不同商业文化下建筑门户之比较——浅析苏州与平遥普通民居建筑门户	祁峥	《泰州职业技术学院学报》2009，9卷，2期	40	泰州职业技术学院	2009.04
论生态建筑及中国传统民居的生态理念	李志芳 彭义 王婷 王华	《西南农业大学学报（社会科学版）》2009，7卷，2期	10	西南农业大学	2009.04
人类学视角下的祠堂重建——以江西某村落为个例	傅慧平	《新余高专学报》2009，14卷，2期	34	新余高专	2009.04
城市传统民居保护利用中的功能置换	江峰	《宜春学院学报》2009，31卷，2期	41	宜春学院	2009.04
文化心理与瑶族民居建筑	赵秀琴	《中央民族大学学报（哲学社会科学版）》2009，36卷，4期	121	中央民族大学	2009.04
少数民族地区民居旅馆居住文化的保护与传承	林轶	《安徽农业科学》2009.14	6717	《安徽农业科学》编辑部	2009.05
贵州喀斯特地区民居建筑风格研究——以铜仁地区为例	吴育中	《产业与科技论坛》，2009，8卷，5期	188	《产业与科技论坛》编辑部	2009.05
东北汉族传统民居在历史迁徙过程中的型制转变及其启示	李同予 薛滨夏 白雪	《城市建筑》2009.05	104	《城市建筑》编辑部	2009.05
屯堡建筑文化蕴涵的传统哲学思想	何小英	《大众文艺（理论）》2009，9期	134	《大众文艺》编辑部	2009.05
浅析传统符号在建筑中的应用	董多	《低温建筑技术》2009.05	33	《低温建筑技术》编辑部	2009.05
小城镇建设要注意保护特色乡土古民居——以龙岩永定土楼为例	谢晓敏	《福建建筑》2009，5期	16	《福建建筑》编辑部	2009.05
析泉州传统民居气候性空间形态在当代公共建筑中的应用	李建云	《福建建筑》2009，5期	32	《福建建筑》编辑部	2009.05
以宁波庆安会馆维修工程为例探讨历史建筑保护技术与方法	陈佩杭 石坚韧 赵秀敏 周立峰	《高等建筑教育》2009，18卷，5期	51	《高等建筑教育》编辑部	2009.05
侗族民居建筑形式研究	石成远	《工程建筑》2009，5期	38	《工程建筑》编辑部	2009.05
徽州传统民居营造心理环境的研究	应莉 潘国泰	《工程与建设》2009，23卷，5期	630	《工程与建设》编辑部	2009.05
沿海地区大空间公共建筑外部造型设计与传统文化表达	郑锐鲤 蔡军	《工业建筑》2009，39卷，5期	56	《工业建筑》编辑部	2009.05
聚落形态的文化基因解析——以贵州省青岩镇为例	王海宁	《规划师》2008.05	61	《规划师》编辑部	2008.05
传统符号在现代餐厅设计中的应用	安晓婷 张兰君	《黑龙江科技信息》2009，14期	233	《黑龙江科技信息》编辑部	2009.05
居住记忆的传承与更新——对新民居设计的思考	郭楠 杨大禹	《华中建筑》2009，27卷，5期	57	《华中建筑》编辑部	2009.05
探究传统居住文化——谈院落空间在现代居住建筑中的演绎	胡哲铭 李秋实	《华中建筑》2009，27卷，5期	72	《华中建筑》编辑部	2009.05

续表

论文名	作者	刊载杂志	页码	编辑出版单位	出版日期
浙江传统特色的小城镇住宅设计可行性研究	杨晓莉 武茜	《华中建筑》2009，27卷，5期	79	《华中建筑》编辑部	2009.05
脸京南锣鼓巷历史街区的可持续再生	戴林琳 盖世杰	《华中建筑》2009，27卷，5期	173	《华中建筑》编辑部	2009.05
新农村社区形态的启示——以南通地区乡村聚落为例	朱馥艺 陆燕燕	《华中建筑》2009，27卷，5期	185	《华中建筑》编辑部	2009.05
山西传统民居建筑装饰的审美及文化含义—以建筑装饰中的三雕为例	吴晓燕 周典	《华中建筑》2009，27卷，5期	214	《华中建筑》编辑部	2009.05
自然适应与人文坚守——独特的安顺屯堡聚落文化与建筑景观	耿虹	《华中建筑》2009，27卷，5期	221	《华中建筑》编辑部	2009.05
通道县侗族民居吊脚芦装饰构件初考	杨友妮	《家具与室内装饰》2009.05	44	《家具与室内装饰》编辑部	2009.05
历史文化名城的建筑遗产保护策略	刘先觉	《建筑与文化》2009.05	8	《建筑与文化》编辑部	2009.05
论传统村落公共交往空间及传承	郑霞 金晓玲 胡希军	《经济地理》2009，29卷，5期	823	《经济地理》编辑部	2009.05
浅谈传统建筑对现代可持续发展建筑的影响	方向华 余保东	《科技创新导报》2009，13期	27	《科技创新导报》编辑部	2009.05
湘西民居门窗原创型装饰文化	唐琼	《科技信息》2009，13期	143	《科技信息》编辑部	2009.05
水上人家——浙江村镇聚落的水环境	卜颖辉	《科技信息》2009，15期	545	《科技信息》编辑部	2009.05
历史街区规划对传统生活方式及文化的传承保护	柏振泉 刘坤	《科技致富向导》2009，10期	24	《科技致富向导》编辑部	2009.05
论中西方传统建筑风格的差异	官昌赟	《内江科技》2009.05	123	《内江科技》编辑部	2009.05
撒尼民居建筑材料的更新	谢宗添 姜书纳 苏晓毅	《山东林业科技》2009，3期	89	《山东林业科技》编辑部	2009.05
查济古村落的选址风水现象综述	杨晨鸣	《山西建筑》2009，35卷，13期	24	《山西建筑》杂志社	2009.05
密斯建筑空间与中日传统空间的比较	陈姗 戴志坚	《山西建筑》2009，35卷，14期	47	《山西建筑》杂志社	2009.05
比较之下的中国传统建筑窗式	张淑英	《山西建筑》2009，35卷，14期	48	《山西建筑》杂志社	2009.05
华北北部民居绿色建筑技术实考	徐超 王军	《山西建筑》2009，35卷，14期	50	《山西建筑》杂志社	2009.05
巴蜀民居特色在现代建筑中的应用	李小滴	《山西建筑》2009，35卷，15期	37	《山西建筑》杂志社	2009.05
山西厦门历史文化及其代表民居调研分析	张亚娟 黄金城	《陕西建筑》2009，167期	3	《陕西建筑》编辑部	2009.05
天水古民居南宅子的审美意蕴	薛灏	《丝绸之路》2009，155期	68	《丝绸之路》编辑部	2009.05
拉萨市藏式传统聚落构筑机理研究	禄树晖 刘维彬 宋扬扬	《西藏科技》2009.05	69	《西藏科技》编辑部	2009.05
从传统住宅风格的异同比较中日文化——中国的"四合院"和日本的"和式住宅"	王爱军	《现代交际》2009.05	93	《现代交际》编辑部	2009.05

续表

论文名	作者	刊载杂志	页码	编辑出版单位	出版日期
浅议中国传统园林在现代景观设计中的运用	彭然 钱华敏	《现代农业科学》2009，16卷，5期	168	《现代农业科学》编辑部	2009.05
透视中国传统文化孕育下的中国古典园林意境创造	律江 张晓英 赵会斌	《现代园林》2009.05	24	《现代园林》编辑部	2009.05
浅谈利川市传统聚落景观的保护与发展	李甜甜 张斌	《小城镇建设》2009.05	76	《小城镇建设》编辑部	2009.05
乡土建筑遗产易地保护模式	张靖 李晓峰	《新建筑》2009.05	115	《新建筑》杂志社	2009.05
试论潮汕工艺美术在潮汕传统民居建筑中的运用	黄海娟	《艺术与设计》2009.05	117	《艺术与设计》编辑部	2009.05
团山民居空间系列结构的调查报告	团山民居空间系列结构的调查报告	《职业时空》2009.05	158	《职业时空》编辑部	2009.05
从传统民居看现代建筑	渠滔 李丽	《中国名城》2009.05	43	《中国名城》编辑部	2009.05
组景序列所表现的现象学景观：中国传统景观感知体验模式的现代性	李开然（英）央·瓦斯查	《中国园林》2009.05	29	《中国园林》编辑部	2009.05
湖南张谷英历史文化名村保护规划探析	吕贤军 李志学 蒋刚	《中外建筑》2009.05	122	《中外建筑》编辑部	2009.05
泉州近代洋楼民居的统计学研究	杨思声 关瑞明	《华侨大学学报（自然科学版）》2009，30卷，3期	335	华侨大学	2009.05
中国北方俄式民居建筑"木刻楞"的探析	叶芃	《辽宁经济管理干部学院学报》2009，5期	117	辽宁经济管理干部学院	2009.05
探析泉州传统民居装饰"红砖文化"	陈清	《南京艺术学院学报》2009，5期	148	南京艺术学院	2009.05
西部民族旅游开发中民居接待供给制度的效率研究	王汝辉 罗晓彬	《四川师范大学学报（社会科学版）》2009，36卷，3期	118	四川师范大学	2009.05
铜仁东山明清古民居的徽派特征分析	周立志 吴育忠	《铜仁学院学报》2009，11卷，3期	34	铜仁学院	2009.05
贵州苗族民居保护与旅游开发	李智伟 张超 陈晓光 余继平	《西南民族大学学报》（人文社科版）2009，213期	143	西南民族大学	2009.05
豫东南绿色生态民居	程炎焱 谢珂	《安徽建筑》2009，16卷，3期	32	《安徽建筑》编辑部	2009.06
乡土建筑中的传统文化印记——以临沣寨为例	刘书芳	《安徽农业科学》2009，37卷，18期	8784	《安徽农业科学》编辑部	2009.06
川西地区传统民居设计策略	董靓 付飞	《城市建筑》2008.06	80	《城市建筑》编辑部	2008.06
阆中古城传统建筑通风模式及通风效果分析	董美宁 刘怡	《重庆建筑》2008，8卷，6期	10	《重庆建筑》编辑部	2009.06
论传统装饰元素在餐饮空间设计中的应用	王延君	《大众文艺（理论）》2009，11期	82	《大众文艺》编辑部	2009.06
闽南传统宫庙建筑中的剪黏工艺研究	金立敏	《雕塑》2009，2期	60	《雕塑》编辑部	2009.06
浅析中国传统建筑空间形态	张勋祥	《工程与建设》2009，23卷，3期	324	《工程与建设》编辑部	2009.06

续表

论文名	作者	刊载杂志	页码	编辑出版单位	出版日期
从中国传统文化看中国古典园林	韩伟杰	《黑龙江史志》2009.11	113	《黑龙江史志》编辑部	2009.06
传统街区中当代商业元素与历史文化资源的整合重构——以北京东直门内大街（簋街）环境规划设计为例	戴林琳　盖世杰	《华中建筑》2009，27卷，6期	126	《华中建筑》编辑部	2009.06
论文人画对中国传统私家园林的空间形态的影响	赵扩	《家具与室内装饰》2009.06	17	《家具与室内装饰》编辑部	2009.06
由中原走来 向台海而去——独具特色的漳州传统民居	许初鸣	《建筑》2009，12期	74	《建筑》编辑部	2009.06
木结构耐火建筑物与传统木结构建筑设计	安井升	《建筑创作》2009.06	162	《建筑创作》编辑部	2009.06
羌族历史文化村寨灾后重建的人类学思考	韦希　刘晓芳　宋立新	《建筑监督检测与造价》2009，2卷，6期	1	《建筑监督检测与造价》编辑部	2009.06
东南亚国家历史文化遗产保护的历程与转变	雷翔　陈玉	《建筑学报》2009.06	32	中国建筑学会	2009.06
玻璃在传统历史建筑保护和更新中的利用	杜晓辉	《建筑学报》2009.06	37	中国建筑学会	2009.06
一栋老房子的"另类"再生——上海清水湾历史建筑的移位、保护与再利用	张鹏　刘旻　陈曦	《建筑学报》2009.06	44	中国建筑学会	2009.06
建筑的一段历史改变一座城——老建筑保护的渐进模式	陈重	《建筑与文化》2009.06	98	《建筑与文化》编辑部	2009.06
融合南北特色的徐州传统民居	孟杰	《江苏地方志》2009.03	54	《江苏地方志》编辑部	2009.06
浅谈对中国传统建筑文化的理解	赵国栋	《科技信息》2009，17期	653	《科技信息》编辑部	2009.06
试论中国传统文化艺术在现代室内设计中的延伸	毛益民	《美术界》2008.06	18	《美术界》编辑部	2008.06
浅析开封市传统居住生活区和商业活动区的功能延续	魏薇	《美与时代（上半月）》2009.06	45	《美与时代》编辑部	2009.06
中国传统园林植物造景手法及其在现代园林中的应用	曾翔春　秦华　朱玲	《南方农业》2009，3卷，2期	70	《南方农业》编辑部	2009.06
绍兴传统戏台建筑式样艺术探索	杨珂　黄章敏	《农业考古》2009.03	203	《农业考古》编辑部	2009.06
历史文化街区中古建的保护与发展初探	郑彩云	《山西建筑》2009，35卷，16期	18	《山西建筑》杂志社	2009.06
浅谈结构主义建筑与传统民居	卢正懋	《山西建筑》2009，35卷，17期	15	《山西建筑》杂志社	2009.06
我国历史街区保护策略初探	胡冬冬	《山西建筑》2009，35卷，17期	16	《山西建筑》杂志社	2009.06
论对传统建筑材料进行生态化改造的必要性和可行性	徐鑫乾　强晓明　刘值金	《陕西建筑》2009，168期	45	《陕西建筑》编辑部	2009.06
以发展的眼光看待传统民居的保护与改造——访清华大学建筑学院教授单德启	《设计家》	《设计家》2009.06	10	《设计家》编辑部	2009.06
困境与抉择——对城市更新过程中历史遗产保护的若干困境的思考	王骅	《设计家》2009.06	121	《设计家》编辑部	2009.06
中国传统建筑与西方现代主义建筑的类比分析	郑玮锋	《室内设计》2009.06		《室内设计》编辑部	2009.06

续表

论文名	作者	刊载杂志	页码	编辑出版单位	出版日期
传统水网城市滨水景观生态优化研究——以苏州古城为例	丁金华	《四川建筑科学研究》2009，35卷，3期	218	《四川建筑科学研究》编辑部	2009.06
浅析陕南民居建筑的形成因子	闫 杰	《四川建筑科学研究》20009，35卷，3期	226	《四川建筑科学研究》编辑部	2009.06
高原气候条件下的西藏传统民居生态经验和盲点	李 静 刘加平 何 泉 刘艳峰	《四川建筑科学研究》2009，35卷，3期	240	《四川建筑科学研究》编辑部	2009.06
湘西土家族传统民居的气候适应性研究初探	姚 芳 邱灿红 焦 胜	《四川建筑科学研究》2009，35卷，3期	243	《四川建筑科学研究》编辑部	2009.06
川西新农村建设中传统民居文化的继承与发展	蔡余萍 黄晓燕	《四川建筑》2009，29卷，3期	14	《四川建筑》编辑部	2009.06
历史民居保留价值评价方法研究	谢建文	《网络财富》2009，12期	231	《网络财富》编辑部	2009.06
中西传统园林艺术比较分析	何宏晔 祝文学	《现代农业科技》2009，6期	68	《现代农业科技》编辑部	2009.06
对中山古镇传统民居——吊脚楼的分析	聂 凌	《现代农业科学》2009，16卷，6期	115	《现代农业科学》编辑部	2009.06
小议历史城镇发展中的文脉延续	顾 静	《小城镇建设》2009.06	96	《小城镇建设》编辑部	2009.06
基于生物学视角的近代西化民居分类研究—以江西乐平历史街区为例	王炎松 郑红彬 左 宜	《新建筑》2009.06	77	《新建筑》杂志社	2009.06
理性与感性的交融——再看中国传统木构建筑艺术	郑军德	《艺术教育》2009.06	139	《艺术教育》编辑部	2009.06
垂直合院——传统居住空间的重构	冯小辉	《浙江建筑》2009，26卷，6期	4	《浙江建筑》编辑部	2009.06
北京川底下民居建筑艺术特征分析	王闻道	《职业时空》2009.06	147	《职业时空》编辑部	2009.06
传统建筑中富华典雅的木隔扇	王荣法	《中国科技财富》2009.06	150	《中国科技财富》编辑部	2009.06
东阳传统民居的研究与展望	王仲奋	《中国名城》2009.06	53	《中国名城》编辑部	2009.06
湖南安化新民居地域特色的探索	李艳旗 柳 肃	《中外建筑》2009.06	86	《中外建筑》编辑部	2009.06
徽州古民居木板彩画初识	黄超英	《装饰》2009，193期	90	《装饰》编辑部	2009.05
永州古民居门窗雕饰的表现形式与艺术内涵——以周家大院为例	尹建国 谢荣东	《装饰》2009.06	110	《装饰》编辑部	2009.06
吐鲁番生土民居地域特色浅析	张凯雷	《作家》2008.06	253	《作家》编辑部	2009.06
徽派民居设计艺术的和谐美探析	王翼飞	《合肥工业大学学报（社会科学版）》2009，23卷，3期	144	合肥工业大学	2009.06
梅县松口镇聚落变迁及其成因分析	俞万源 朱浩龙	《嘉应学院学报（自然科学）》2009，27卷，3期	106	嘉应学院	2009.06
中原传统建筑的艺术魅力——河南巩义康百万庄园建筑特色探究	蒋 蒙	《开封教育学院学报》2009，29卷，2期	42	开封教育学院	2009.06
浅谈徽州民居门窗装饰艺术	李 军	《辽宁经济管理干部学院学报》2009，2期	46	辽宁经济管理干部学院	2009.06

续表

论文名	作者	刊载杂志	页码	编辑出版单位	出版日期
云南罗平布依族民居建筑空间探究	王莉莉 尚涛	《山东建筑大学学报》2009，24卷，3期	238	山东建筑大学	2009.06
传统民居色彩研究	李娟 刘业金	《绍兴文理学院学报》2009，29卷，8期	62	绍兴文理学院	2009.06
谈古村落保护的适应性消防对策	银赛红	《武警学院学报》2009，25卷，6期	58	武警学院	2009.06
城村古民居建筑文化与环境保护	柯培雄	《武夷学院学报》2009，28卷，3期	61	武夷学院	2009.06
西藏农区乡土民居演进中的问题研究	胡冗冗 刘加平	《西安建筑科技大学学报（自然科学版）》2009，41卷，3期	380	西安建筑科技大学	2009.06
生态设计在中国传统园林中的体现	赵滢 邹志荣	《西北林学院学报》2009，24卷，3期	194	西北林学院	2009.06
传统山水美学与现代城市景观设计	雷礼锡	《郑州大学学报（哲学社会科学版）》2009，3期	103	郑州大学	2009.06
旅游开发过程中历史街区的传统文化保护——以扬州"双东"街区为例	王威	《安徽农学通报》2009，15卷，13期	203	《安徽农学通报》编辑部	2009.07
浅析徽州古民居室内装饰的艺术价值	谢震林 谢珂	《安徽农业科学》2009，37卷，19期	9241	《安徽农业科学》编辑部	2009.07
徽州古民居室内装饰对现代室内设计的启示	谢震林 谢珂	《安徽农业科学》2009，37卷，20期	9771	《安徽农业科学》编辑部	2009.07
从传统视角探析小尺度景观的塑造	王思元	《安徽农业科学》2009，37卷，21期	10278	《安徽农业科学》编辑部	2009.07
旅游开发过程中历史街区的传统文化保护——以扬州"双东"街区为例	王威	《安徽农学通报》2009，13期	203	《安徽农学通报》编辑部	2009.07
传统审美特征在民间宗祠建筑中的体现	史原	《包装世界》2009，4期	83	《包装世界》编辑部	2009.07
在交融中演绎历史——以兰州市传统轴线格局的传承与发展为例	张小娟 王桢	《城市发展研究》2009，16卷，7期	63	《城市发展研究》编辑部	2009.07
由中国传统殡葬观分析城市墓园的生态化设计	李冰 李桂文 陶恺	《城市建筑》2009.07	126	《城市建筑》编辑部	2009.07
日本大分县日田市历史文化街区豆田町的保护与开发	肖溪	《城乡建设》2009.07	73	《城乡建设》编辑部	2009.07
徽州民居中传统工艺及图案元素的传承	李茜	《大众文艺（理论）》2009，13期	112	《大众文艺》编辑部	2009.07
中国传统建筑中楼与阁的区分	李锦林	《大众文艺（理论）》2009，13期	125	《大众文艺》编辑部	2009.07
中国传统民居门的结构及其装饰艺术	苏燕	《大众文艺（理论）》2009，13期	126	《大众文艺》编辑部	2009.07
集聚型农业村落文化景观的演化过程与机理——以山东曲阜峪口村为例	房艳刚 刘继生	《地理研究》2009，28卷，4期	968	《地理研究》编辑部	2009.07
传统建筑砖装饰的肌理构成手法	郭敏帆	《低温建筑技术》2009.07	20	《低温建筑技术》编辑部	2009.07
泉州传统建筑的生态性	方朝晖	《福建建筑》2009.07	9	《福建建筑》编辑部	2009.07

续表

论文名	作者	刊载杂志	页码	编辑出版单位	出版日期
基于和谐理念下建筑的地域性整合与共生——黄土高原民居的可持续发展策略研究	李 峰 李志民 王晓健	《工业建筑》2009,38卷,7期	50	《工业建筑》编辑部	2009.07
荆州古城之历史文化名城保护研究	周 炜	《硅谷》2009,14期	189	《硅谷》编辑部	2009.07
浅谈中国传统建筑艺术	靳 丹	《黑龙江科技信息》2009,20期	329	《黑龙江科技信息》编辑部	2009.07
南通民居的儒家文化特色	徐永战 王 莹 刘 学 黄 敏	《黑龙江史志》2009,14期	78	《黑龙江史志》编辑部	2009.07
演进中的传统徽派村落——关于查济古建筑测绘的积极思考	郭璐阳 杨友亮	《建筑与文化》2009.07	78	《建筑与文化》编辑部	2009.07
浅析西津渡历史街区亭的选址和造型	张峥嵘	《江苏城市规划》2009.07	27	《江苏城市规划》编辑部	2009.07
宏村古村落空间管窥	刘 宇 周作好	《科技风》2009,13期	19	《科技风》编辑部	2009.07
三维激光扫描技术在传统街区保护中的应用	孙新磊 吉国华	《华中建筑》2009,27卷,7期	44	《华中建筑》编辑部	2009.07
传统集镇保护规划与单体建筑更新实践	许建和 严 钧	《华中建筑》2009,27卷,7期	48	《华中建筑》编辑部	2009.07
鄂西北山区传统戏场建筑丛考（上）——戏场建筑的产生及其发展沿革	彭 然	《华中建筑》2009,27卷,7期	105	《华中建筑》编辑部	2009.07
中原传统民居平面形态研究	左满常	《华中建筑》2009,27卷,7期	117	《华中建筑》编辑部	2009.07
查济古村落中某明代民居改造案例研究	高增元	《华中建筑》2009,27卷,7期	128	《华中建筑》编辑部	2009.07
历史文化村镇的保护资金研究	罗瑜斌	《华中建筑》2009,27卷,7期	139	《华中建筑》编辑部	2009.07
建筑与自然——论东西方传统建筑的差异	李 强 李梅时	《辽宁建材》2009.07	56	《辽宁建材》编辑部	2009.07
民居客栈概念评述	龙肖毅	《今日科苑》2009,14期	186	《今日科苑》编辑部	2009.07
喀什乡土民居聚居样态浅释	李 群	《美术观察》2009.07	117	《美术观察》编辑部	2009.07
土家族民居建造习俗与禁忌初探——以湖北官店镇雄凤山土家族为例	胡美术 饶 琨	《前沿》2009,7期	105	《前沿》编辑部	2009.07
阆中古城传统建筑的气候适应性分析研究	董美宁 刘 怡	《山西建筑》2009,35卷,19期	3	《山西建筑》杂志社	2009.07
浅谈湘西土家族民居聚落特点及保护现状	谢 莹	《山西建筑》2009,35卷,19期	8	《山西建筑》杂志社	2009.07
浅谈中国传统民居结构与材料	任海洋 王新俐	《山西建筑》2009,35卷,19期	53	《山西建筑》杂志社	2009.07
用现代整体搬迁技术保护城市历史建筑	毕竞超 袁 泉 郑福斌	《山西建筑》2009,35卷,20期	7	《山西建筑》杂志社	2009.07
小店河公共空间与聚落结构	田伟丽 宫定宇	《山西建筑》2009,35卷,21期	20	《山西建筑》杂志社	2009.07

续表

论文名	作者	刊载杂志	页码	编辑出版单位	出版日期
解读江南古村落符号景观元素的设计	江俊美 丁少平 李小敏 钟震宇	《生态经济》2009.07	194	《生态经济》编辑部	2009.07
湘南古民居泥塑艺术的美学价值研究	张光俊	《时代文学》2009.07	200	《时代文学》编辑部	2009.07
中国传统吉祥艺术与现代景观设计	赵巧香 宋聪 侯建华	《时代文学（下半月）》2009.07	223	《时代文学》编辑部	2009.07
碛口古镇民居建筑——窑洞的中国建筑艺术精神	陈强	《丝绸之路》2009，159期	51	《丝绸之路》编辑部	2009.07
雷州邦塘古民居建筑装饰艺术	李海勇	《文艺研究》2009.07	152	《文艺研究》编辑部	2009.07
历史小城镇多维空间整合研究及其意义	袁犁 姚萍	《小城镇建设》2009.07	70	《小城镇建设》编辑部	2009.07
乡土重建——村落可持续发展的模式	邓春凤 刘宝成	《小城镇建设》2009.07	76	《小城镇建设》编辑部	2009.07
探讨传统建筑风水理论与现代景观设计学说的映照	吴昊 詹秦川	《艺术与设计》2009.07	83	《艺术与设计》编辑部	2009.07
中国民居	蓝先琳 许之敏	《中国美术馆》2009.07	106	《中国美术馆》编辑部	2009.07
中国传统建筑室内设计之美学精神初探	黄薇	《中国新技术新产品》2009.07	131	《中国新技术新产品》编辑部	2009.07
中西方传统自然观对建筑学的影响	赵胜利	《中国新技术新产品》2009.07	132	《中国新技术新产品》编辑部	2009.07
云南丽江泸沽湖落水摩梭传统村落景观规划	张霖 蔡凌豪	《中国园林》2009.07	53	《中国园林》编辑部	2009.07
传统场镇园林绿地体系的文化阐释	谭文勇 阎波 毛华松	《中国园林》2009.07	87	《中国园林》编辑部	2009.07
解读徐州户部山古民居	葛藤 常江	《中外建筑》2009.07	37	《中外建筑》编辑部	2009.07
长沙传统街区空间叙事研究	童毅仁 张楠	《中外建筑》2009.07	51	《中外建筑》编辑部	2009.07
湘西山地村落建筑的生态特性研究	李思宏 柳肃	《中外建筑》2009.07	66	《中外建筑》编辑部	2009.07
中国传统园林在现代小区景观设计中的应用	缪赐立	《中外建筑》2009.07	136	《中外建筑》编辑部	2009.07
谁能拭去伤村之泪——急不可待的中国传统民居与村落保护	翁泽坤	《贵州大学学报（社会科学版）》2009，27卷，4期	145	贵州大学	2009.07
新农村建设中传统民居的保护与可持续发展	伍国正 陈新华 刘新德	《怀化学院学报》2009，28卷，7期	26	怀化学院	2009.07
丘陵地形特征与传统民居形式对自然通风的影响	张泉 王科 郑娟 解明镜 张国强	《湖南大学学报（自然科学版）》2009，36卷，7期	17	湖南大学	2009.07
中国传统建筑装饰与圆文化	李秀玲 胡维平	《江苏技术师范学院学报（职教通讯）》2009，24卷，7期	109	江苏技术师范学院	2009.07
传统村镇与当代小城镇外部空间比较	李燕 陈雷	《沈阳建筑大学学报（社会科学版）》2009，11卷，3期	306	沈阳建筑大学	2009.07

续表

论文名	作者	刊载杂志	页码	编辑出版单位	出版日期
鄂东南传统民居聚落生态文化探析——以湖北省通山县闯王镇芭蕉湾为例	叶云 叶依子	《中南民族大学学报（人文社会科学版）》2009，29卷，4期	37	中南民族大学	2009.07
基于空间句法的历史街区多尺度空间分析研究——以福州三坊七巷历史街区为例	陈仲光 徐建刚 蒋海兵	《城市规划》2009，33卷，8期	92	《城市规划》编辑部	2009.08
传统民居装饰在居住小区环境设计中的应用	吴琼	《大众文艺（理论）》2009，15期	83	《大众文艺》编辑部	2009.08
浅论山西传统民居的审美特征	程轶婷	《大众文艺（理论）》2009，15期	123	《大众文艺》编辑部	2009.08
云南傣族与贵州苗族干栏民居比较研究	刘玉鲜 唐文	《大众文艺（理论）》2009，16期	213	《大众文艺》编辑部	2009.08
豫东南圩子民居的资源特性与旅游开发	程炎焱 王玎 逯兵	《地域研究与开发》2009，28卷，4期	85	《地域研究与开发》编辑部	2009.08
湖州民居上的木雕艺术	程厚敏	《东方博物》2009.02	107	《东方博物》编辑部	2009.06
历史保护建筑主体结构检测与鉴定分析	郑七振 鲍永亮 魏林	《工业建筑》2009，39卷，8期	1	《工业建筑》编辑部	2009.08
浅析地域环境下的民居建筑文化	刘传影 赵则信	《硅谷》2009，16期	196	《硅谷》编辑部	2009.08
黔东南山区聚落与建筑文化初探	周振伦	《贵州民族研究》2009，04期	66	《贵州民族研究》编辑部	2009.08
中国传统建筑室内空间环境的本质：礼乐的表达	王茹	《华中建筑》2009，27卷，8期	171	《华中建筑》编辑部	2009.08
鄂西北山区传统戏场建筑丛考（下）——戏场建筑的实例及其建筑特征	彭然	《华中建筑》2009，27卷，8期	182	《华中建筑》编辑部	2009.08
气纳乾坤——台湾传统建筑天花之八卦彩绘与建筑空间之关系研究	郑红 梁以华	《华中建筑》2009，27卷，8期	188	《华中建筑》编辑部	2009.08
地坑院的生与灭——豫西陕县塬上地坑院民居现状调研与思考	郑东军 郝晓刚 王国梁	《华中建筑》2009，27卷，8期	196	《华中建筑》编辑部	2009.08
徽州古村落理水分析	秦筑	《华中建筑》2009，27卷，8期	209	《华中建筑》编辑部	2009.08
金门传统聚落及建筑研究	缪小龙	《华中建筑》2009，27卷，8期	224	《华中建筑》编辑部	2009.08
湖南省江永县上甘棠村聚落形态与氏族文化脉络	李旭 巫纪光	《华中建筑》2009，27卷，8期	234	《华中建筑》编辑部	2009.08
壶井天地，吐纳自然——以拙政园为例品传统私家园林的弹性空间艺术	陈丹	《华中建筑》2009，27卷，8期	249	《华中建筑》编辑部	2009.08
新疆少数民族民居采风	高扬	《华中建筑》2009，27卷，8期	273	《华中建筑》编辑部	2009.08
港澳历史建筑保育的"立面主义"	司徒一凡	《建筑》2009，16期	76	《建筑》编辑部	2009.08
东西方文化的交融传统与现代的共生——贝聿铭建筑哲学思想及作品诠析	黄海峰	《建筑设计管理》2009，26卷，8期	31	《建筑设计管理》编辑部	2009.08

续表

论文名	作者	刊载杂志	页码	编辑出版单位	出版日期
沿淮地区人居环境历史变迁初探	单顶山	《建筑与文化》2009.08	87	《建筑与文化》编辑部	2009.08
抽象性：基于整合传统与现代矛盾的思考	雷晶晶 周琦	《建筑与文化》2009.08	97	《建筑与文化》编辑部	2009.08
浅论南通民居	徐永战	《江海纵横》2009，4期	59	《江海纵横》编辑部	2009.08
中国传统文化在造园艺术中的体现	田鹏 任君	《科技信息》2009，22期	200	《科技信息》编辑部	2009.08
浅谈传统建筑陕北窑洞的发展方向	郭志峰 李艳萍 朱庆林	《科技致富向导》2009，16期	60	《科技致富向导》编辑部	2009.08
传统中原乡土装饰风格浅析	王纬纬	《科教文汇（上旬刊）》2009.08	259	《科教文汇》编辑部	2009.08
农村传统民居价值探析——以川西林盘为例	蔡小于	《理论与改革》2009，4期	151	《理论与改革》编辑部	2009.08
古建民居中的民俗形象——以山东牟氏庄园建筑装饰为例	王岩松	《美术》2009.08	101	《美术》编辑部	2009.08
关于传统建筑保护方式的探讨	马佳	《美与时代（下半月）》2009.08	95	《美与时代》编辑部	2009.08
灵泉村传统聚落保护与更新适宜性途径研究	雷振东 于洋 陈景衡	《南方建筑》2009，4期	49	《南方建筑》编辑部	2009.08
永兴古镇传统空间特色解析及保护规划	龙彬 陈渊	《南方建筑》2009，4期	55	《南方建筑》编辑部	2009.08
皖南和晋中地区古村落民居的保护开发研究	胡英娜	《山西建筑》2009，35卷，22期	7	《山西建筑》杂志社	2009.08
南京历史城市空间变迁的逻辑研究初探	张捷	《山西建筑》2009，35卷，22期	18	《山西建筑》杂志社	2009.08
喀什历史文化名城保护与老城区危旧房改造	徐燕 谢东营 金家伟	《山西建筑》2009，35卷，22期	27	《山西建筑》杂志社	2009.08
中国传统文化元素在现代室内设计中的运用	沈坚	《山西建筑》2009，35卷，22期	43	《山西建筑》杂志社	2009.08
皖南古村落民居建筑装饰形成因素探析	胡倩 杨大禹	《山西建筑》2009，35卷，24期	20	《山西建筑》杂志社	2009.08
浅谈中国传统的榫卯结构	罗艺晴	《山西建筑》2009，35卷，24期	25	《山西建筑》杂志社	2009.08
地域性气候对新疆喀什民居建筑形式的影响	杨涛 母俊景	《山西建筑》2009，35卷，24期	43	《山西建筑》杂志社	2009.08
陕北窑洞民居的当代价值及其保护利用	周俊玲	《丝绸之路》2009，161期	69	《丝绸之路》编辑部	2009.08
从景观生态学的角度探讨贵州传统聚居地的景观格局——以石头寨为例	郭齐敏	《四川建筑》2009，8卷，4期	12	《四川建筑》编辑部	2009.08
论中国传统风水学与建筑美学	庄馨雨	《四川建筑》2009，8卷，4期	48	《四川建筑》编辑部	2009.08
四川传统场镇中心空间的发展与形态分析	赵剑峰 钟健	《四川建筑科学研究》2009，35卷，4期	206	《四川建筑科学研究》编辑部	2009.08
陕南民居建筑及其文化特征	闫杰	《四川建筑科学研究》2009，35卷，4期	221	《四川建筑科学研究》编辑部	2009.08

续表

论文名	作者	刊载杂志	页码	编辑出版单位	出版日期
小河镇明清古街民居建筑技术特征	余方达	《四川建筑科学研究》2008，34卷，4期	234	《四川建筑科学研究》编辑部	2008.08
豫西传统窑院式民居适应性探究	胡云杰 陈红	《四川建筑科学研究》2009，35卷，4期	240	《四川建筑科学研究》编辑部	2009.08
豫东南、皖西圩子民居——探析适应气候的传统建筑营造策略	程炎焱	《四川建筑科学研究》2009，35卷，4期	244	《四川建筑科学研究》编辑部	2009.08
中国传统场地设计观念在设计中的体现——以中山岐江公园建造为例	孟钊	《新西部》2009.16期	149	《新西部》编辑部	2009.08
关于切实加强福清古民居文化遗产保护与利用的建议	王建平	《湘潮（下半月）》2009，8期	58	《湘潮》编辑部	2009.08
喀什维吾尔传统民居室内装饰艺术研究	张凯雷	《艺术探索》2009，23卷，4期	88	《艺术探索》编辑部	2009.08
从泉州蔡氏古民居狮尾造型论文化"嫁接"	刘晖	《艺苑》2009.04	48	《艺苑》编辑部	2009.08
解析传统民居建筑装饰图案的内涵——以陕西韩城党家村为例	李永轮	《艺术与设计》2008.08	88	《艺术与设计》编辑部	2008.08
朴实归真 天成化合——婺源民居与山水画的融会	杨凯歌	《艺术与设计》2008.08	91	《艺术与设计》编辑部	2008.08
南北民居柱础艺术特点的比较分析	洪霞	《艺术与设计》2009.08	140	《艺术与设计》编辑部	2009.08
浅析中国传统文化影响下的女性空间	朱静 毛白滔	《艺术与设计》2009.08	158	《艺术与设计》编辑部	2009.08
浅析山西民居木雕图案的特点	赵静 高国珍	《中国校外教育》2009.08	163	《中国校外教育》编辑部	2009.08
论传统的概念及继承传统的方法——以中国和韩国为中心	任光淳（韩）金太京	《中国园林》2009.08	37	《中国园林》编辑部	2009.08
四明山古村落景观特色初探	王炎松 周芳	《中外建筑》2009.08	45	《中外建筑》编辑部	2009.08
孝亲思想对土家族民居保护及延续的影响	杨茜 柳肃	《中外建筑》2009.08	47	《中外建筑》编辑部	2009.08
徐州地区传统民居特色的类型分析	宋赢 吴利军	《中外建筑》2008.08	76	《中外建筑》编辑部	2009.08
在城市交通规划中促进历史文化资源保护的探讨——以襄樊历史城区交通联系改善为例	陈建斌	《中外建筑》2009.08	78	《中外建筑》编辑部	2009.08
保护古建筑传承优秀传统文化——广州古黄埔村现状及保护建议	陈旭新	《中小企业管理与科技（上旬刊）》2009.08	115	《中小企业管理与科技》编辑部	2009.08
浅议景区传统文化的传承	孙炳明	《作家》2009.08	243	《作家》编辑部	2009.08
论石库门里弄民居居住观念的变化	王飞	《安阳师范学院学报》2009，04期	126	安阳师范学院	2009.08
中国传统民居旅游审美意蕴探微——以湖南张谷英村为例	李爱军	《淮北职业技术学院学报》2009，8卷，4期	37	淮北职业技术学院	2009.08
浅谈徽州祠堂的历史演变	方春生	《黄山学院学报》2009，11卷，4期	5	黄山学院	2009.08

续表

论文名	作者	刊载杂志	页码	编辑出版单位	出版日期
试析中国传统建筑室内环境中"通"的艺术	王 茹	《南京艺术学院学报》2009，4期	131	南京艺术学院	2009.08
先秦思想对中国传统村落规划的影响研究	刘东江 陈 虹	《内蒙古农业大学学报（社会科学版）》2009，11卷，4期	192	内蒙古农业大学	2009.08
哈尼族传统民居建筑的保护与改进——以墨江县雅邑乡密切地村布孔支系"土掌房"为例	周德翔	《思茅师范高等专科学校学报》2009，25卷，4期	59	思茅师范高等专科学校	2009.08
武夷传统民居装饰图案的研究	王 健	《武夷学院学报》2009，28卷，4期	12	武夷学院	2009.08
湘南古民居建筑装饰艺术元素在现代别墅装潢中的运用	蒋钟东	《湘南学院学报》2009，30卷，4期	85	湘南学院	2009.08
城市历史文化街区密集居住现状中的防灾避害策略研究——以西安碑林历史街区传统民居院落生存现状研究为例	张 倩 李志民 冯 青	《西安建筑科技大学学报（自然科学版）》2009，41卷，4期	537	西安建筑科技大学	2009.08
夏热冬冷地区民居夏季环境实测及构造分析——以湖州市为例	朱 炜 王 竹 田轶威 魏 刚	《浙江大学学报（工学版）》2009，43卷，8期	1526	浙江大学	2009.08
城市历史文化遗产保护和开发研究——以澳门为例	赵 峥	《城市》2009.09	63	《城市》编辑部	2009.09
京郊历史文化村落的评价遴选及保护策略探析——以北京东郊地区为例	戴林琳 吕 斌 盖世杰	《城市规划》2009，33卷，9期	64	《城市规划》编辑部	2009.09
中国传统建筑的美学神韵	戴 菲	《大众文艺（理论）》2009，17期	76	《大众文艺》编辑部	2009.09
对少数民族民居室内设计的思考	侯黎春 杨大禹	《大众文艺》2009，18期	120	《大众文艺》编辑部	2009.09
千年风韵 浪漫情结——小议中国传统建筑中的文学艺术之美	王 茹	《东岳论丛》2009，30卷，9期	170	《东岳论丛》编辑部	2009.09
遵循与突破——用历史辩证观指导中国古建筑保护与利用	任 啸 刘思敏	《古建园林技术》2009，3期	66	《古建园林技术》编辑部	2009.09
扬州传统民居建筑隔断艺术	刘晓宏	《广西轻工业》2009.9期	125	《广西轻工业》编辑部	2009.09
中西方文化差异在中法传统园林上的影响	吴 薇	《黑龙江科技信息》2009，25期	93	《黑龙江科技信息》编辑部	2009.09
重视传统县级城市老城区历史文化资源的保护	刘韶军	《华中建筑》2009，27卷，9期	156	《华中建筑》编辑部	2009.09
中国传统文化语素在现代造园中的应用初探	张 杰 黄 哲 陈月华	《华中建筑》2009，27卷，9期	141	《华中建筑》编辑部	2009.09
传统住区更新中公共空间的创造	丁 炜	《建筑与文化》2009.09	3	《建筑与文化》编辑部	2009.09
守望历史与社区重构——小娄巷历史文化街区面临的现实抉择	张志斌	《建筑与文化》2009.09	79	《建筑与文化》编辑部	2009.09
传统聚落环境动态性的影响因素	徐贤如	《建筑与文化》2009.09	89	《建筑与文化》编辑部	2009.09
对历史街区保护性建成环境的浅谈	吴文静 程文婷	《科技信息》2009，17期	247	《科技信息》编辑部	2009.09
中国传统审美心理在景点设计中的应用以禅宗少林为例	朱 茜	《科技信息》2009，25期	322	《科技信息》编辑部	2009.09
浅谈传统建筑木雕装饰艺术	闫 卉	《科学之友（B版）》2009.09	145	《科学之友》编辑部	2009.09

续表

论文名	作者	刊载杂志	页码	编辑出版单位	出版日期
岭南传统民居建筑中的"天人合一"思想——以佛山为考察中心	申小红	《岭南文史》2009，3期	19	《岭南文史》编辑部	2009.09
广西乡土民居建筑环境观的价值与传承	李文贞	《魅力中国》2009，9期	183	《魅力中国》编辑部	2009.09
浅析中国传统文化与现代建筑的契合	袁权	《魅力中国》2009，9期	168	《魅力中国》编辑部	2009.09
透过"门"看安义古村建筑的传统文化	王向阳 李斐 胡文丽	《美术大观》2009.09	78	《美术大观》编辑部	2009.09
中国传统园林植物造景技艺特点及其在现代园林中的应用	覃家乐	《南方农业》2009，9期	108	《南方农业》编辑部	2009.09
广东梅州地区传统客家民居建筑地理观	罗迎新	《热带地理》2009，29卷，5期	495	《热带地理》编辑部	2009.09
传统建筑中水体与建筑空间的关系及规律	宋雪雅 花旭东	《山西建筑》2009，35卷，25期	66	《山西建筑》杂志社	2009.09
浅谈中国传统民居反映出的居住理想	周李春	《山西建筑》2009，35卷，26期	40	《山西建筑》杂志社	2009.09
赖特的有机建筑哲学在纳西民居文化中的体现	刘芳芳 朱海昆	《山西建筑》2009，35卷，27期	17	《山西建筑》杂志社	2009.09
浅析闽南民居的屋顶	向雨鸣	《山西建筑》2009，35卷，27期	47	《山西建筑》杂志社	2009.09
旧城改造中非文物类历史建筑保护与再利用	黄平 奚江琳 陈凯	《山西建筑》2009，35卷，27期	48	《山西建筑》杂志社	2009.09
中国传统建筑元素在现代博物馆建筑中的应用	王元禄 张亚娟	《陕西建筑》2009，171期	11	《陕西建筑》编辑部	2009.09
整合与传承——传统历史街区的保护策略刍议	韩君华 魏宏杨	《四川建筑》2009，S1期	78	《四川建筑》编辑部	2009.09
浅谈传统建筑符号在现代建筑中的应用	佟彤	《四川建筑》2009，S1期	133	《四川建筑》编辑部	2009.09
整合与传承——传统历史街区的保护策略刍议	韩君华 魏宏杨	《四川建筑》2009，11卷，09期	78	《四川建筑》编辑部	2009.09
保定古城中心历史街区动态保护策略	郭江泳 曹迎春	《土木建筑与环境工程》2009，31卷，8期	76	《土木建筑与环境工程》编辑部	2009.08
地域传统与时代特征的碰撞——南通城市色彩浅析	刘长春 张宏 范占军	《现代城市研究》2009.09	42	《现代城市研究》编辑部	2009.09
现代园林对传统园林意境创作原则的继承与发展	孙俊庶 张静文 王美娟	《现代园艺》2009.09	42	《现代园艺》编辑部	2009.09
突显智慧的造物——谈中国传统建筑中的窗	李平毅	《艺术与设计》2009.09	158	《艺术与设计》编辑部	2009.09
蘑菇房：独特的哈尼民居	柯敏	《中华建设》2009.09	88	《中华建设》编辑部	2009.09
深圳观澜贵湖塘老围调查研究——兼论客系陈氏宗族对宝安类型民居的改造	吴翠明	《中国名城》2009.09	31	《中国名城》编辑部	2009.09
论传统民居的保护（上）	雍振华	《中国名城》2009.09	40	《中国名城》编辑部	2009.09
论黟县古村落民居艺术与古民居保护	宫强 臧丽娜	《中国名城》2009.09	44	《中国名城》编辑部	2009.09

续表

论文名	作者	刊载杂志	页码	编辑出版单位	出版日期
北京西郊清代皇家园林历史文化保护区保护和控制范围界定探析	刘 剑 胡立辉 李树华	《中国园林》2009.09	15	《中国园林》编辑部	2009.09
以追光摄影之笔，写通天尽人之怀——中国文人在传统建筑室内环境创造中的作用	王 茹	《中外建筑》2009.09	82	《中外建筑》编辑部	2009.09
浅谈丽江古城纳西民居的建筑形制	林莎莎 柳 肃	《中外建筑》2009.09	85	《中外建筑》编辑部	2009.09
喀什老城区民居保护与改造模式探讨	潘贺明 付 丁	《中外建筑》2009.09	138	《中外建筑》编辑部	2009.09
桂西北新农村建筑设计融入干栏式民居建筑艺术研究	罗起联	《装饰》2009，197期	104	《装饰》编辑部	2009.09
求吉纳福的风俗 生命美学的符号——谈土家民居建筑中的梁文化	向云根	《装饰》2009.09	112	《装饰》编辑部	2009.09
解析中国传统建筑的文化特征	张群卿	《作家》2009.09	212	《作家》编辑部	2009.09
从阳山古村看湘南传统民居村落的生态设计意识	龙鲜明	《长沙铁道学院学报（社会科学版）》2009，10卷，3期	225	长沙铁道学院	2009.09
庐陵古民居建筑的艺术文化内涵	张会安 吕锦民	《黑龙江生态工程职业学院学报》2009，22卷，5期	21	黑龙江生态工程职业学院	2009.09
解析徽州古民居室内装饰的地域特征	谢震林	《合肥工业大学学报（自然科学版）》2009，32卷，9期	1426	合肥工业大学	2009.09
川西地区农村民居建筑物震害调查与分析	郭婷婷 徐锡伟 于贵华 袁仁茂 陈桂华	《建筑科学与工程学报》2009，26卷，3期	59	长安大学杂志社	2009.09
从建筑构件及图纹对现存烟台所城的历史考证	姜 明	《鲁东大学学报（哲学社会科学版）》2009，26卷，5期	65	鲁东大学	2009.09
留园假山的历史成因及现状分析	卜复鸣	《南京林业大学学报（人文社会科学版）》2009，9卷，3期	76	南京林业大学	2009.09
基于居民感知的旅游地民居建筑景观变化研究——以九寨沟藏寨建筑景观特色变化为例	李 娜 张 捷	《南京师大学报（自然科学版）》2009，32卷，3期	132	南京师大	2009.09
宁波平原地区传统民居的特征与分析——以走马塘古村落民居为例	蔡 丽 戴 磊	《宁波大学学报（理工版）》2009，22卷，3期	430	宁波大学	2009.09
徽州传统民居建筑色彩分析	蒋中午	《石家庄铁路职业技术学院学报》2009，8卷，3期	97	石家庄铁路职业技术学院	2009.09
浅谈中国传统建筑中的等级制度	孙丽娜 蒋晓春	《太原师范学院学报（社会科学版）》2009，8卷，5期	33	太原师范学院	2009.09
论中国传统设计语境与现代室内设计	陈学文 王艳婷	《天津大学学报（社会科学版）》2009，11卷，5期	425	天津大学	2009.09

续表

论文名	作者	刊载杂志	页码	编辑出版单位	出版日期
晋中传统院落的空间限定与社会意识	张楠 张玉坤 王绚	《天津大学学报（社会科学版）》2009，11卷，6期	514	天津大学	2009.09
论徽派古民居与安藤建筑的"诗性"空间	郑丽景	《厦门理工学院学报》2009，17卷，3期	93	厦门理工学院	2009.09
基于中国传统思维模式的建筑环境与空间表达	陈鑫 陈刚	《安徽建筑》2009，16卷，5期	16	《安徽建筑》编辑部	2009.10
关中传统民居室内家具陈设的类型分析	崔乐 李琰君	《大众文艺》2009，19期	101	《大众文艺》编辑部	2009.10
传统民居生态经验在建筑设计中的应用	李建斌	《低温建筑技术》2009，10期	20	《低温建筑技术》编辑部	2009.10
城市传统商业街区空间形态的有机整合——福州市茶亭街城市设计	陈友荣	《福建建筑》2009，10期	4	《福建建筑》编辑部	2009.10
苏北传统民居的保护与利用	王春雷	《福建建筑》2009，10期	27	《福建建筑》编辑部	2009.10
喀什市老城区居民住宅抗震加固、改造与风貌保护浅析	艾斯哈尔＊买买提	《工程建设与设计》2009.10	6	《工程建设与设计》编辑部	2009.10
高台民居实体保护与发展	史靖塬	《工程建设与设计》2009.10	12	《工程建设与设计》编辑部	2009.10
四川阆中古典园林历史沿革探讨	余燕 廖嵘	《广东园林》2009，5期	10	《广东园林》编辑部	2009.10
基于价值认知基础上的历史街区保护与发展	梁武伟 黄玮玮	《广西城镇建设》2009.10	101	《广西城镇建设》编辑部	2009.10
黔东南侗寨聚落与建筑的布局特征浅析	周振伦	《贵州民族研究》2009，05期	85	《贵州民族研究》编辑部	2009.10
传统复兴建筑与权力运作	牛力	《华中建筑》2009，27卷，10期	1	《华中建筑》编辑部	2009.10
从雅庄村开发谈传统村落的保护与发展	夏鹏飞 刘杰	《华中建筑》2009，27卷，10期	67	《华中建筑》编辑部	2009.10
鄂东北地区传统戏场建筑丛考（上）——戏场建筑的产生极其发展沿革	彭然 胡江伟	《华中建筑》2009，27卷，10期	114	《华中建筑》编辑部	2009.10
湖北孝昌小河传统街屋解析	庄程宇 李百浩·	《华中建筑》2009，27卷，10期	122	《华中建筑》编辑部	2009.10
移植与共生：一种嬗变的生土民居保护思想	唐相龙 柴宗刚 芦菲	《华中建筑》2009，27卷，10期	128	《华中建筑》编辑部	2009.10
农村零星历史建筑再生式保护研究——以武汉市黄陂区黄花涝村为例	邬艳婷 庞弘	《华中建筑》2009，27卷，10期	135	《华中建筑》编辑部	2009.10
从江右商帮的衰退——看南昌万寿宫街区的历史变迁	李焰 胡文丽 吴承阳	《华中建筑》2009，27卷，10期	141	《华中建筑》编辑部	2009.10
高原地域因素对藏族民居室内空间影响探究	李静 刘加平	《华中建筑》2009，27卷，10期	159	《华中建筑》编辑部	2009.10
挖掘民居环境潜力 创造南通地域特色	徐永战 杜嘉乐	《江海纵横》2009，5期	52	《江海纵横》编辑部	2009.10
能源消费结构转型下的藏族民居模式研究	李静 刘加平 何泉	《建筑科学》2009，25卷，10期	40	《建筑科学》编辑部	2009.10

续表

论文名	作者	刊载杂志	页码	编辑出版单位	出版日期
浅析新疆少数民族地区传统建筑特点	母俊景 晋强 陈英杰	《建筑设计管理》2009，26卷，5期	37	《建筑设计管理》编辑部	2009.10
再现江南传统街区活力——以常州南市河历史风貌区保护与整治规划设计为例	何云姝 郑炘	《建筑与文化》2009.10	10	《建筑与文化》编辑部	2009.10
福建安溪古民居	林贤明	《今日科苑》2009，20期	175	《今日科苑》编辑部	2009.10
传统建筑装饰符号的应用	宋琼	《科技创新导报》2009，30期	240	《科技创新导报》编辑部	2009.10
中国传统建筑的界面对空间设计的启示	白亚丁 李燕丽	《科技风》2009，20期	71	《科技风》编辑部	2009.10
如何发扬中国传统建筑的精华	蒋秀中	《科技信息》2009，29期	894	《科技信息》编辑部	2009.10
陕南传统民居建筑装饰纹样的程式化特征	梁昭华 张海峰 李渭涛	《美术大观》2009.10	240	《美术大观》编辑部	2009.10
济南老城区民居建筑艺术特色探析	吕红 孙亚峰 呙志强	《美术大观》2009.10	242	《美术大观》编辑部	2009.10
兰溪八卦村古村落古民居艺术风格探析	王琴	《美术大观》2009.10	252	《美术大观》编辑部	2009.10
浅谈我国传统美学对古典园林建筑艺术的影响	姚益群	《民营科技》2009，10期	111	《民营科技》编辑部	2009.10
陕南传统古镇建筑特点与保护	张强	《山西建筑》2009，35卷，28期	3	《山西建筑》杂志社	2009.10
浅析内蒙古中西部乡土民居建筑的文化含义	王世礼 胡丹	《山西建筑》2009，35卷，28期	45	《山西建筑》杂志社	2009.10
论杭州传统人居环境的保护与改善	沈砀	《山西建筑》2009，35卷，28期	46	《山西建筑》杂志社	2009.10
太行山南部民居建筑特色探究	刘立钧 丁春雨 谢空	《山西建筑》2009，35卷，29期	7	《山西建筑》杂志社	2009.10
丘陵沟壑地区农村聚落基本形制的宏观研究	王瑾瑜 赵玉凤	《山西建筑》2009，35卷，29期	20	《山西建筑》杂志社	2009.10
浅议由传统建筑观引发的中西宗教建筑差异	周圆圆 陈一颖	《山西建筑》2009，35卷，29期	33	《山西建筑》杂志社	2009.10
云南民居庭院文化解读	龙北辰	《山西建筑》2009，35卷，29期	40	《山西建筑》杂志社	2009.10
中国传统民居环境之解读巷空间	高海勇	《山西建筑》2009，35卷，30期	13	《山西建筑》杂志社	2009.10
神木四合院民居与民俗文化结合的探析	杨赟	《山西建筑》2009，35卷，30期	16	《山西建筑》杂志社	2009.10
山东古村落形态及民居研究	皮印帅 袁鹏	《山西建筑》2009，35卷，30期	17	《山西建筑》杂志社	2009.10
论赣南客家民居与地方高校建筑设计	刘玉宝	《山西建筑》2009，35卷，30期	38	《山西建筑》杂志社	2009.10
乡土建筑发展中的营建能力研究	王青	《山西建筑》2009，35卷，30期	41	《山西建筑》杂志社	2009.10
浅析川渝传统会馆建筑的保护策略及条例制定	余颖燕 崔陇鹏	《山西建筑》2009，35卷，30期	44	《山西建筑》杂志社	2009.10

续表

论文名	作者	刊载杂志	页码	编辑出版单位	出版日期
河南传统民居装饰对现代室内设计的启示	刘彩 左满常 沈希光	《山西建筑》2009, 35卷, 30期	232	《山西建筑》杂志社	2009.10
初探历史街区更新保护中的场所精神——以济南解放阁——舜井街片区改造为例	王健 鲁晓喆	《陕西建筑》2009.10	2	《陕西建筑》编辑部	2009.10
传统商业街发展中的问题及对策研究——以沈阳中街为例	张宜时 王海鹰	《商业经济》2009, 19期	75	《商业经济》编辑部	2009.10
新农村建设中古民居的保护	李献土	《丝绸之路》2009, 20期	62	《丝绸之路》编辑部	2009.10
传统园林的花街铺地对现代景观设计的启示	吴银玲	《四川建材》2009, 35卷, 5期	183	《四川建材》编辑部	2009.10
从江南水乡六镇的发展看成都平原传统场镇的保护与开发	付蓓	《四川建筑》2009, 29卷, 5期	16	《四川建筑》编辑部	2009.10
传统建筑空间与功能小议——以黄龙溪为例论传统建筑保护	高婧 傅红 林阳	《四川建筑》2009, 29卷, 5期	43	《四川建筑》编辑部	2009.10
传统聚落人居环境保护对策研究	严钧 黄颖哲 任晓婷	《四川建筑科学研究》2009, 35卷, 5期	223	《四川建筑科学研究》编辑部	2009.10
"县"字与内乡县衙所蕴涵的建筑历史文化研究	焦雷 高成全	《四川建筑科学研究》2009, 35卷, 5期	243	《四川建筑科学研究》编辑部	2009.10
传统集镇保护与更新策略研究	许建和 王军 严钧	《四川建筑科学研究》2009, 35卷, 5期	259	《四川建筑科学研究》编辑部	2009.10
垂花门·木雕窗·石地漏——屯堡民居装饰初探	郎维宏，黄榜泉	《四川建筑科学研究》2009, 35卷, 5期	274	《四川建筑科学研究》编辑部	2009.10
现代建筑中的传统装饰手法	冯任军	《文艺研究》2009.10	168	《文艺研究》编辑部	2009.10
拉萨市藏式传统聚落构筑机理研究	禄树晖 刘维彬 宋扬扬	《西藏科技》2009.05	69	《西藏科技》编辑部	2009.10
历史文化古镇的形象保护与环境景观设计问题初探	陈瑜雯 赵邹斌	《小城镇建设》2009.10	65	《小城镇建设》编辑部	2009.10
羌族传统民居"5·12"震损原因分析与抢救保护措施	任祥道	《学理论》2009, 19期	62	《学理论》编辑部	2009.10
宗教艺术对泉州传统建筑装饰的影响	陈清	《艺术探索》2009, 23卷, 5期	31	《艺术探索》编辑部	2009.10
联匾在中国传统园林环境设计中的诗性品质	杨建生	《艺术探索》2009, 23卷, 5期	100	《艺术探索》编辑部	2009.10
当建筑与传统碰撞——中国现代建筑设计的民族性	郭颂 冯伟一	《艺术与设计》2009.10	161	《艺术与设计》编辑部	2009.10
"天人合一"审美观对中国传统民居建筑的影响	张淑蘅	《艺术与设计》2009.10	163	《艺术与设计》编辑部	2009.10
重庆旧城改造中的历史文化保护研究	刘更 陈皞	《艺术与设计》2009.10	172	《艺术与设计》编辑部	2009.10
屋檐下的革新——论江南民居的特征在现代室内设计中的运用	盛超赟	《艺术与设计》2009.10	178	《艺术与设计》编辑部	2009.10
常州城市古建筑的传统文脉研究	须博	《艺术与设计》2009.10	183	《艺术与设计》编辑部	2009.10
陕西南部凤凰古镇传统民居建筑装饰形式内涵分析	梁昭华 张海峰 李永轮	《艺术与设计》2009.10	186	《艺术与设计》编辑部	2009.10
论传统民居的保护（下）	雍振华	《中国名城》2009.10	50	《中国名城》编辑部	2009.10

续表

论文名	作者	刊载杂志	页码	编辑出版单位	出版日期
传统地域文化景观之图式语言及其传承	王云才	《中国园林》2009.10	73	《中国园林》编辑部	2009.10
闽台传统民居比较研究	陈国珍 关瑞明 叶明钦	《中外建筑》2009.10	61	《中外建筑》编辑部	2009.10
通用式设计视角下的中国传统院落空间尺度控制方法探析	闫雪	《中外建筑》2009.10	70	《中外建筑》编辑部	2009.10
舟山传统民居建筑生存智慧浅析	朱丽平	《装饰》2009.10	131	《装饰》编辑部	2009.10
基于浙皖气候特征的传统建筑艺术与现代空间的融合与生长	柳骅	《装饰》2009.10	141	《装饰》编辑部	2009.10
论黔北民居建筑与自然的和谐	周东杰 项方方	《作家》2009.10	236	《作家》编辑部	2009.10
檐下之意——中国传统建筑的文化意蕴	李文芳 许成祥	《长江大学学报（社会科学版）》2009，32卷，5期	114	长江大学	2009.10
试论闽台传统建筑与文化渊源之间的关系	洪荣文	《重庆科技学院学报（社会科学版）》2009.10	170	重庆科技学院	2009.10
模糊美、曲线美、和谐美——中国传统建筑的艺术美	戴孝军	《阜阳师范学院学报（社会科学版）》2009，5期	132	阜阳师范学院	2009.10
中国传统室内空间布局与隔断的空间模糊性	李险峰 苑宏刚	《吉林建筑工程学院学报》2009，26卷，5期	59	吉林建筑工程学院	2009.10
云南建水团山村传统聚落形态的发展与演变分析	许飞进 罗吉祥 杨大禹	《南昌工程学院学报》2009，28卷，5期	51	南昌工程学院	2009.10
辽东镇民居对明清官式建筑屋顶形式的影响	吕海平 杨旭	《沈阳建筑大学学报（社会科学版）》2009，11卷，4期	385	沈阳建筑大学	2009.10
对建筑史研究中"口述史"方法应用的探讨———以浙西南民居考察为例	王媛	《同济大学学报（社会科学版）》2009，20卷，5期	52	同济大学	2009.10
徽州传统村落居住环境的成因	郑君芝 郑甲求 段炼孺	《西安工程大学学报》2008，22卷，5期	569	西安工程大学	2008.10
浙江省水域城镇文化遗产保护与传承——京杭大运河杭州段两个历史街区比较研究	石坚韧 柳骅	《浙江工商大学学报》2009，5期	58	浙江工商大学	2009.10
徽州传统聚落建设的系统理念探讨	俞明海 杨洁 周波	《安徽农业科学》2009，37卷，32期	16105	《安徽农业科学》编辑部	2009.11
国内古民居研究综述	陈文捷 黄荣娟 温丽玲	《安徽农业科学》2009，37卷，33期	16700	《安徽农业科学》编辑部	2009.11
上海旧区改造的历史演进、主要探索和发展导向	万勇	《城市发展研究》2009，16卷，11期	97	《城市发展研究》编辑部	2009.11
历史文化名城的形态保护与文脉传承	边宝莲 曹昌智	《城市发展研究》2009，16卷，11期	133	《城市发展研究》编辑部	2009.11
基于城市发展机制的历史文化名城保护	阳建强	《城市发展研究》2009，16卷，11期	139	《城市发展研究》编辑部	2009.11
明晰保护理念、细化保护方法——历史村镇保护与发展学术研讨会综述		《城市规划通讯》2009，21期	8	《城市规划通讯》编辑部	2009.11

续表

论文名	作者	刊载杂志	页码	编辑出版单位	出版日期
中国传统民居的价值传承与创新运用	涂元生 谢欧	《大众文艺（理论）》2009，22期	148	《大众文艺》编辑部	2009.11
浅谈客家民居的美学价值	罗洁	《大众文艺（理论）》2009，21期	226	《大众文艺》编辑部	2009.11
严寒地区传统民居生态营建经验探析	李建斌 李宏利	《低温建筑技术》2009，11期	14	《低温建筑技术》编辑部	2009.11
对我国传统建筑文化缺失的反思	韦继学	《广西城镇建设》2009.11	53	《广西城镇建设》编辑部	2009.11
保护与利用乡土建筑的对策研究——关于"多维规划"、"多维保护"、"多维利用"的探讨	吴晓枫	《河北学刊》2009，29卷，6期	189	《河北学刊》编辑部	2009.11
历史文化名村传统特色景观构成要素探析——以历史文化名村临沣寨为例	王瑾瑜 王云娜	《黑龙江科技信息》2009，33期	308	《黑龙江科技信息》编辑部	2009.11
传统美学对我国古典园林建筑艺术的影响	徐令芝 于姝	《黑龙江科技信息》2009，31期	315	《黑龙江科技信息》编辑部	2009.11
历史文化名村传统特色景观构成要素探析——以历史文化名村临沣寨为例	王瑾瑜 王云娜	《黑龙江科技信息》2009，33期	308	《黑龙江科技信息》编辑部	2009.11
鄂东北地区传统戏场建筑丛考（下）——戏场建筑的实例及其建筑特征	彭然 胡江伟	《华中建筑》2009，27卷，11期	133	《华中建筑》编辑部	2009.11
浚县古城的历史沿革和基本格局特征初探——兼论城市格局及其历史沿革研究在历史名城保护规划中的重要性	王炎松 张金海 陈牧	《华中建筑》2009，27卷，11期	137	《华中建筑》编辑部	2009.11
传统聚落地域性的当代思考——从玉湖村事件谈起	段德罡 王宁	《华中建筑》2009，27卷，11期	147	《华中建筑》编辑部	2009.11
泉州传统民居红砖墙面文字形体纹图装饰探析	卫军	《建筑》2009，22期	89	《建筑》编辑部	2009.11
对南京老城南地区历史文化当代价值及其复兴的探讨——读《城市历史街区的复兴》一书有感	李建波	《江苏城市规划》2009.11	15	《江苏城市规划》编辑部	2009.11
现代建筑对传统文化的继承和发展	刘娜	《美术大观》2009.11	201	《美术大观》编辑部	2009.11
传统院落型居住模式初探	冯大铭 荣浩	《民营科技》2009.11	182	《民营科技》编辑部	2009.11
透过中国民族性格解析中国传统建筑空间	尚大为 吴晓君	《山西建筑》2009，35卷，32期	41	《山西建筑》杂志社	2009.11
从失落的传统街区看南昌万寿宫文化传承危机	王向阳 胡文丽 李斐	《山西建筑》2009，35卷，33期	7	《山西建筑》杂志社	2009.11
浅析岭南广府式传统园林茶居	黄晓茵	《山西建筑》2009，35卷，33期	358	《山西建筑》杂志社	2009.11
中国近代民居中的西方建筑艺术——以南浔近代建筑为例	潘虹舟	《商业文化》2009.11	99	《商业文化》编辑部	2009.11
传承 再造传统中国"窗"元素美学价值与现代装饰初探	吴懿	《商业文化》2009.11	102	《商业文化》编辑部	2009.11

续表

论文名	作者	刊载杂志	页码	编辑出版单位	出版日期
潮汕民居对现代住宅的启示	胡冬冬 袁倩	《山西建筑》2009, 35卷, 31期	18	《山西建筑》杂志社	2009.11
借鉴古民居 建设新农村	孙永萍	《山西建筑》2009, 35卷, 32期	20	《山西建筑》杂志社	2009.11
传统戏场中的戏台研究	张建军 雒强	《陕西建筑》 2009, 173期	1	《陕西建筑》编辑部	2009.11
历史街区更新中的社会结构变迁与空间生产——以苏州山塘历史街区为例	王苑 邓峰	《现代城市研究》2009.11	60	《现代城市研究》编辑部	2009.11
识地景·解原型·溯历史——草原小城镇整体空间特色营造途径初探	袁琳 黄斌	《小城镇建设》2009.11	78	《小城镇建设》编辑部	2009.11
新农村建设中苏北传统乡土农舍的扬弃	龚晓芳 彭飞 童卓	《小城镇建设》2009.11	83	《小城镇建设》编辑部	2009.11
村庄聚落景观风貌控制思路与方法初探	郭佳 唐恒鲁 闫勤玲	《小城镇建设》2009.11	86	《小城镇建设》编辑部	2009.11
基于生态文明背景下的古村落整治规划初探	王凯 侯爱敏 王悦 李学东 李欣 何新兵	《小城镇建设》2009.11	92	《小城镇建设》编辑部	2009.11
从可持续发展谈历史文化村镇保护	黄奕 严力蛟	《小城镇建设》2009.11	101	《小城镇建设》编辑部	2009.11
传统与现代的视觉传递——谈古城中高新区的视觉识别设计	郑云凤 樊海燕	《艺术与设计》2009.11	109	《艺术与设计》编辑部	2009.11
基于"万科第五园",反思"新制宜主义"建筑对中国传统文化传统传承的作用	甘坚强	《艺术与设计》2009.11	149	《艺术与设计》编辑部	2009.11
论南通民居的包容性	徐永战	《中国名城》2009.11	53	《中国名城》编辑部	2009.11
关于中国传统园林文化认知与传承的几点思考	杨滨章	《中国园林》2009.11	77	《中国园林》编辑部	2009.11
历史文化村镇保护的参与式社区规划途径探讨	刘艳丽	《河南师范大学学报(哲学社会科学版)》2009, 36卷, 6期	131	河南师范大学	2009.11
胶东传统海草房民居旅游的开发	马润花 曹艳英 霍建	《鲁东大学学报(哲学社会科学版)》2009, 26卷, 6期	30	鲁东大学	2009.11
论中国传统文化与体育建筑的融合	韩伟	《山西财经大学学报》2009, 31卷, 2期	293	山西财经大学	2009.11
湘西石板寨民居原生态建筑浅析	张超	《五邑大学学报(自然科学版)》2009, 23卷, 4期	72	五邑大学	2009.11
基于传统城市肌理的城市设计研究——南京南捕厅街区的实践与探索	杨俊宴 谭瑛 吴明伟	《城市规划》2009.12	87	《城市规划》编辑部	2009.12
儒家思想对传统建筑设计的影响	朱启智 杨君顺	《电影评介》2009, 23期	90	《电影评介》编辑部	2009.12
内蒙古传统民居特殊构造技术的研究与演变	王娟	《工程建设与设计》2009.12	42	《工程建设与设计》编辑部	2009.12

续表

论文名	作者	刊载杂志	页码	编辑出版单位	出版日期
历史建筑平移保护与加固改造的研究	刘涛 张鑫 夏风敏	《工程抗震与加固改造》2009，31卷，6期	84	《工程抗震与加固改造》编辑部	2009.12
广东潮阳传统木构楹母彩绘技术	郑红 梁以华	《古建园林技术》2009，3期	5	《古建园林技术》编辑部	2009.12
北川震后羌民居开发特色客栈（民居酒店）的可行性分析	王莹 邹洪伟 谭颖	《管理观察》2009.12	243	《管理观察》编辑部	2009.12
浅谈南宁传统村庄建筑的继承与发展	孙永萍	《广西城镇建设》2009.12	42	《广西城镇建设》编辑部	2009.12
羌寨传统碉楼的抗震技术	高明	《河南建材》2009，6期	130	《河南建材》编辑部	2009.12
江南传统建筑中水体的生态应用初探	李敏 吕爱民	《华中建筑》2009，27卷，12期	83	《华中建筑》编辑部	2009.12
青海"庄窠"式传统民居的地域性特色探析	哈静 潘瑞	《华中建筑》2009，27卷，12期	89	《华中建筑》编辑部	2009.12
历史文化名村保护与发展的规划探索——以大屋村为例	罗瑜斌	《华中建筑》2009，27卷，12期	114	《华中建筑》编辑部	2009.12
农村家园建设与历史文化名村保护利用——以黄陂区大余湾村规划为例	张方雄 俞佶 汤俊杰	《华中建筑》2009，27卷，12期	118	《华中建筑》编辑部	2009.12
南岗古排——瑶族村落与建筑	郑力鹏 郭祥	《华中建筑》2009，27卷，12期	132	《华中建筑》编辑部	2009.12
村落空间形态与步行运动——以婺源汪口村为例	王浩锋	《华中建筑》2009，27卷，12期	138	《华中建筑》编辑部	2009.12
河流对乡土聚落影响的比较研究——以浙江清湖及安徽西溪南为例	胡晓鸣 张锟 龚鸽	《华中建筑》2009，27卷，12期	148	《华中建筑》编辑部	2009.12
涅架：汶川县萝卜寨羌族民居灾后抢救保护修复建筑设计	杨宝 樊则森	《建筑创作》2009.12	58	《建筑创作》编辑部	2009.12
中华传统大木作佛寺建筑的传承与创新	郭永尧	《建筑》2009，23期	64	《建筑》编辑部	2009.12
传统民居解读及其传承意义初探——以闽南民居为例	王艳霞	《科技创新导报》2009，35期	42	《科技创新导报》编辑部	2009.12
简论喀什民居的审美特征	马丽霞 王晶	《科技信息》2009，36期	237	《科技信息》编辑部	2009.12
山地村落城镇化中的景观学研究——以云南大理为例	徐坚 周盛君 李冰	《科技资讯》2009，34期	107	《科技资讯》编辑部	2009.12
云南彝族新乡村生土民居可持续性设计研究	谭良斌 周伟 马珩 刘加平	《山东建筑大学学报》2009，24卷，6期	500	山东建筑大学	2009.12
中国传统院落空间在当代语境下的转译	杨海粟	《山西建筑》2009，35卷，34期	21	《山西建筑》杂志社	2009.12
中国传统建筑文化在当今的传承	满棠 李勇	《山西建筑》2009，35卷，34期	32	《山西建筑》杂志社	2009.12
租界园林对上海传统园林近现代化进程的影响	项飞	《上海建设科技》2009，06期	53	《上海建设科技》编辑部	2009.12
中国传统民居的价值再创造	涂元生 谢欧 谢金贵	《社科纵横》2009，24卷，12期	129	《社科纵横》编辑部	2009.12
澳门历史街区广场的修复——传统复兴及其对于城市文化可识别性的贡献	樊飞豪	《世界建筑》2009.12	28	《世界建筑》编辑部	2009.12

续表

论文名	作者	刊载杂志	页码	编辑出版单位	出版日期
澳门历史街区城市肌理研究——触媒空间"围"的建筑勘查与工作坊	王维仁	《世界建筑》2009.12	112	《世界建筑》编辑部	2009.12
青海生土民居——庄窠	钟添胜 郭军 周谢军	《四川建筑》2009，29卷，6期	56	《四川建筑》编辑部	2009.12
传统街区的生态位保护——以徐州市户部山传统街区为例	孙良 夏海山 孙统义	《四川建筑科学研究》2009，35卷，6期	288	《四川建筑科学研究》编辑部	2009.12
谈新农村建设背景下的乡土建筑保护与更新问题	吕红医 王宝珍	《小城镇建设》2009.12	61	《小城镇建设》编辑部	2009.12
试论长沙市传统风貌区的保护	汪如钢 庄程宇	《消费导刊》2009，24期	208	《消费导刊》编辑部	2009.12
中国传统建筑光环境保护的类型域研究	张昕 杨光 詹庆旋	《照明工程学报》2009，20卷，4期	5	《照明工程学报》编辑部	2009.12
西藏传统建筑 高原上的创造力	杜启明	《中国文化遗产》2009，6期	12	《中国文化遗产》编辑部	2009.12
浅析新农村建设中古民居保护与利用——以中国历史文化名村千岩头村为例	雷建林 唐青雕 李燕	《中国文物科学研究》2009.04	25	《中国文物科学研究》编辑部	2009.12
诸葛民居传统建筑技艺初探	陈星	《中国文物科学研究》2009.04	84	《中国文物科学研究》编辑部	2009.12
中国传统文化对建筑工程设计的影响	詹晓燕 陈宏毅	《中国新技术新产品》2009.12	95	《中国新技术新产品》编辑部	2009.12
历史文化街区特色保护开发研究——以长沙市太平街为例	赵军龙 魏春雨	《中外建筑》2009.12	57	《中外建筑》编辑部	2009.12
四明山古村落巷弄构成浅析	王炎松 张慧	《中外建筑》2009.12	72	《中外建筑》编辑部	2009.12
中国的传统建筑文化的继承和创新	肖丽 陈广鑫	《中小企业管理与科技》2009.12	134	《中小企业管理与科技》编辑部	2009.12
三江并流区少数民族村寨传统文化保护研究——以云南省怒江州丙中洛乡重丁村为例	刘嘉纬	《资源环境与发展》2009，4期	39	《资源环境与发展》编辑部	2009.12
浅析大济古村落建筑的艺术特征	吴忠	《作家》2009.12	235	《作家》编辑部	2009.12
探析传统园林艺术中意境的塑造	曹盼宫	《长沙铁道学院学报（社会科学版）》2009，10卷，4期	178	长沙铁道学院	2009.12
古村落和谐人居环境特色分析——以湖南张谷英村为例	杨利	《长沙铁道学院学报（社会科学版）》2009，10卷，4期	193	长沙铁道学院	2009.12
"源来活水"：传统文化与现代室内外设计	冯雪	《重庆文理学院学报（自然科学版）》2009，28卷，6期	93	重庆文理学院	2009.12
古民居旅游开发转型与业态模式创新——以福州市宏琳厝古民居为例	于苏建 袁书琪 林从华	《福建工程学院学报》2009，7卷，6期	653	福建工程学院	2009.12
浅析书法与中国传统建筑的关系	李奇功	《河北软件职业技术学院学报》2009，11卷，4期	74	河北软件职业技术学院	2009.12
云南山地白族诺邓村的村落空间解析	王莉莉 尚涛	《昆明理工大学学报（社会科学版）》2009，9卷，12期	102	昆明理工大学	2009.12

续表

论文名	作者	刊载杂志	页码	编辑出版单位	出版日期
闽南传统民居的地域性特征研究	王 健	《龙岩学院学报》2009，27卷，6期	34	龙岩学院	2009.12
中国古代的自然观与传统建筑的"绿色"理念	王 军 朱 瑾	《西安建筑科技大学学报（社会科学版）》2009，28卷，4期	55	西安建筑科技大学	2009.12
浅论中国传统哲学与寺庙园林	李冬梅 张建哲 陈允世	《西北林学院学报》2009，24卷，6期	181	西北林学院	2009.12
图瓦民居之生态内涵	韩 松 刘学贤 杨爽秋	《工业建筑》2009，39卷 增刊	83	《工业建筑》编辑部	2009
青海民居庄窠的建造技术	郭 军 钟添胜 周谢军	《工业建筑》2009，39卷 增刊	105	《工业建筑》编辑部	2009
天人感应思想与中国古代都邑规划——中国城市规划历史探索之一	魏士衡	《国际城市规划》2009 增刊	53	《国际城市规划》编辑部	2009
福建永安青水民居桂兰堂初探	薛 力	《建筑学报S1》2009	51	中国建筑学会	2009
民居建筑风环境研究——以上海步高里及周庄张厅为例	陈 飞	《建筑学报S1》2009	30	中国建筑学会	2009
由西安宣言与魁北克宣言探讨民居研究的新方向	阎亚宁 翁国华	《建筑学报S1》2009	35	中国建筑学会	2009
关中民居生态解析	虞志淳 雷振林	《建筑学报S1》2009	48	中国建筑学会	2009
福建永安青水民居桂兰堂初探	薛 力	《建筑学报S1》2009	51	中国建筑学会	2009
特定文化结构下传统聚落特征考略——以河北怀来鸡鸣驿为例	辛塞波	《建筑学报S2》2009	58	中国建筑学会	2009
"南源北辙"——豫南山地传统民居木作技术及其影响因素研究	樊 莹 吕红医 史 岩	《建筑学报S2》2009	63	中国建筑学会	2009
宏村徽州传统民居过渡季节室内环境分析	陈晓扬 仲德崑	《建筑学报S2》2009	68	中国建筑学会	2009
基于原真性和最少干预原则的历史建筑修缮技术——基于宁波桂花厅保护与修复实践	石坚韧 陈佩杭 娄学军 赵秀敏	《建筑学报S2》2009	89	中国建筑学会	2009
前后北岸地区历史文化演进研究	谭 瑛 杨俊宴	《建筑与文化》2009，Z1期	70	《建筑与文化》编辑部	2009
基于空间解读的历史风貌重塑——以前后北岸历史文化保护区为例	谭 瑛 杨俊宴	《建筑与文化》2009，Z1期	72	《建筑与文化》编辑部	2009
城市传统社区的文化景观——以济南府城历史街区为例	金 俊 于传国	《建筑与文化》2009，Z1期	102	《建筑与文化》编辑部	2009
中国传统文化的体现与西方建筑师的角色矛盾	刘 水	《建筑与文化》2009，Z1期	128	《建筑与文化》编辑部	2009
巴蜀城镇聚落形态保护研究	李 红 周 波	《安徽农业科学》2010，38卷，3期	1583	《安徽农业科学》编辑部	2010.01
历史文化村镇的保护途径探讨——参与式社区规划途径的适用性	刘艳丽 陈 芳 张金荃	《城市发展研究》2010，17卷，1期	148	《城市发展研究》编辑部	2010.01
江南运河古镇——崇福古镇	阮仪三 王建波	《城市规划》2010.001	72	《城市规划》编辑部	2010.01
浅谈广西传统民居结构的"绿色思维"	杨 娟	《华中建筑》2010，28卷，1期	56	《美术大观》编辑部	2010.01

续表

论文名	作者	刊载杂志	页码	编辑出版单位	出版日期
以"人"为本——杭州居住性历史街区保护更新新模式	龚鸽 胡晓鸣 张锟	《华中建筑》2010，28卷，1期	72	《华中建筑》编辑部	2010.01
上海市郊区历史地段街巷的类型与特征	张鲜明 蔡军	《华中建筑》2010，28卷，1期	87	《华中建筑》编辑部	2010.01
建设地下空间，实现历史风貌区可持续发展——以汉口原租界区为例	赵茜 贾霆	《华中建筑》2010，28卷，1期	114	《华中建筑》编辑部	2010.01
原型与形变——社会结构形态下的民居营建格局调适	范霄鹏 李蓓茹	《华中建筑》2010，28卷，1期	157	《华中建筑》编辑部	2010.01
历史文化村镇保护规划技术流程的思考	罗瑜斌 肖大威	《华中建筑》2010，28卷，1期	161	《华中建筑》编辑部	2010.01
巴拉河流域苗寨的聚落格局特征初探	王炎松 陈牧 邵星	《华中建筑》2010，28卷，1期	169	《华中建筑》编辑部	2010.01
正在缺失的历史——拉萨老城区原有建筑功能变迁的思考	周晶 李天	《华中建筑》2010，28卷，1期	172	《华中建筑》编辑部	2010.01
基于可持续发展的哈尔滨靖宇街历史街区修复策略	汝玉蕾 马全明	《建筑设计管理》2010，27卷，1期	57	《建筑设计管理》编辑部	2010.01
中国营造学社的历史贡献	郭黛姮	《建筑学报》2010.001	78	中国建筑学会	2010.01
石塘古村落的建筑类型与风格	祝建刚 胡芬	《美术大观》2010.001	177	《美术大观》编辑部	2010.01
石塘传统民居的材料使用及其成因初探	张帅	《山西建筑》2010，36卷，1期	59	《山西建筑》杂志社	2010.01
浅谈中国传统建筑文化	黄志刚 陈瑶	《山西建筑》2010，36卷，1期	66	《山西建筑》杂志社	2010.01
广西水源头古村落解读	杨萍 梁玮男	《山西建筑》2010，36卷，2期	9	《山西建筑》杂志社	2010.01
以台北孔庙为例谈闽南传统建筑之闽式孔庙	吴孔诏	《山西建筑》2010，36卷，2期	28	《山西建筑》杂志社	2010.01
基于场所精神的道外历史文化街区复兴	穆焕伟 焦守丽	《山西建筑》2010，36卷，2期	46	《山西建筑》杂志社	2010.01
历史文化名镇保护措施探讨	赵凤 李长奇	《山西建筑》2010，36卷，2期	49	《山西建筑》杂志社	2010.01
探索远古历史遗址空间社会活力形成动力机制	强永	《山西建筑》2008，36卷，3期	19	《山西建筑》杂志社	2010.01
浅析张家口地区传统民居建筑	王月玖 韩春风 杨文斌	《山西建筑》2010，36卷，3期	32	《山西建筑》杂志社	2010.01
武安管陶乡古村落风水学解析	杨文斌 兰云凤	《山西建筑》2010，36卷，3期	35	《山西建筑》杂志社	2010.01
浅议中国传统符号在室内设计中的表达	林恒立	《山西建筑》2010，36卷，3期	40	《山西建筑》杂志社	2010.01
中国传统村落形态的量化研究	张杰 吴淞楠	《世界建筑》2010.001	118	《世界建筑》编辑部	2010.01
历史保护与生态节能双重视野下的上海里弄更新改造	宋德萱 陈宇	《住宅科技》2010.001	55	《住宅科技》编辑部	2010.01
从传统民居变迁看赫哲、鄂伦春、鄂温克族同源性	李典阳 陈伯超	《沈阳建筑大学学报（社会科学版）》2010，12卷，1期	38	沈阳建筑大学	2010.01

续表

论文名	作者	刊载杂志	页码	编辑出版单位	出版日期
探求建筑传统文脉的保持与延续的手法——北京菊儿胡同改造启示	程志永	《沈阳建筑大学学报(社会科学版)》2010,12卷,1期	43	沈阳建筑大学	2010.01
北方炕民居冬季室内热环境研究	高翔翔 胡冗冗 刘加平 唐方伟	《建筑科学》2010,26卷,2期	37	《建筑科学》编辑部	2010.02
传统场镇开放空间的特点及保护	张锦华	《山西建筑》2010,36卷,4期	19	《山西建筑》杂志社	2010.02
从现象学探索传统商业街保护	周赟 李青	《山西建筑》2010,36卷,4期	32	《山西建筑》杂志社	2010.02
三峡库区民居建筑形态初探	刁晓峰	《山西建筑》2010,36卷,5期	54	《山西建筑》杂志社	2010.02
勒色:羌族民居建筑文化符号	赵曦 赵洋	《文艺争鸣》2010,4期	92	《文艺争鸣》编辑部	2010.02
简述中国建筑传统文化民族风格	华秋燕	《中国新技术新产品》2010.02	152	《中国新技术新产品》编辑部	2010.02
建筑文化传统的传承与创新	韩杰	《中国新技术新产品》2010.02	153	《中国新技术新产品》编辑部	2010.02
解析卢宅肃雍堂古民居的儒家文化思想	施汴彬	《作家》2010.02	245	《作家》编辑部	2010.02

3.2.5 民居论文(英文期刊)目录(2008.02—2010.04)

何凤娟

论文名	作者	刊载杂志	页码	编辑出版单位	出版日期
Layout and composition of house-embracing trees in an island Feng Shui village in Okinawa, Japan	Bixia Chena, Yuei Nakamab and Genji Kurima	Urban Forestry & Urban Greening, Volume 7, Issue 1	53–61	Urban Forestry & Urban Greening, Editorial department	February, 2008
Regional integration and the built environment in middle-range societies: Paracas and early Nasca houses and communities	Hendrik Van Gijseghema, and Kevin J. Vaughn	Journal of Anthropological Archaeology, Volume 27, Issue 1	111–130	Journal of Anthropological Archaeology, Editorial department	March, 2008
Climatic design of vernacular housing in different provinces of China	Jean Bouillot	Journal of Environmental Management, Volume 87, Issue	287–299	Journal of Environmental Management, Editorial department	April, 2008
Chinese villages and their sustainable future: The European Union-China-Research Project "SUCCESS"	Heidi Dumreicher	Journal of Environmental Management, Volume 87, Issue 2	204–215	Journal of Environmental Management, Editorial department	April, 2008
Xia Futou's public bathhouse—A sustainable urbanization experiment in a Chinese village	Hongyi Lua, Limin Liband Hua Zhang	Journal of Environmental Management, Volume 87, Issue 2	300–304	Journal of Environmental Management, Editorial department	April, 2008
Generating sustainable towns from Chinese villages: A system modeling approach	Richard S. Levine, a, Michael T. Hughesa, Casey Ryan Mathera and Ernest J. Yanarella	Journal of Environmental Management, Volume 87, Issue 2	305–316	Journal of Environmental Management, Editorial department	April, 2008

续表

论文名	作者	刊载杂志	页码	编辑出版单位	出版日期
Natural light design for an ancient building: A case study	Carla Balocco and Rachele Calzolari	Journal of Cultural Heritage, Volume 9, Issue 2	172–178	Journal of Cultural Heritage, Editorial department	April, 2008
Questioning the "prototype dwellings" in the framework of Cyprus traditional architecture	Kaǧan Günçe, Zafer Ertürka and Sevinç Ertürka	Building and Environment, Volume 43, Issue 5	823–833	Building and Environment, Editorial department	May, 2008
The elements of forming traditional Turkish cities: Examination of houses and streets in historical city of Erzurum	İlkay M. Özdemira, Cengiz Tavşana, Süleyman Özgena, Ayşe Saǧsöz, a, and Figen B. Karsa	Building and Environment, Volume 43, Issue 5	963–982	Building and Environment, Editorial department	May, 2008
Alkaline treatment of clay minerals from the Alhambra Formation: Implications for the conservation of earthen architecture	K. Elerta, E. Sebastiăna, I. Valverdeb and C. Rodriguez-Navarro	Applied Clay Science, Volume 39, Issues 3–4	122–132	Applied Clay Science, Editorial department	May, 2008
The historical turf farms of Iceland: Architecture, building technology and the indoor environment	Joost van Hoof, a,, and Froukje van Dijken	Building and Environment, Volume 43, Issue 6	1023–1030	Building and Environment, Editorial department	June, 2008
THE BURIAL CONSTRUCTION OF NOIN ULA MOUND 20, MONGOLIA	N. V. Polosmaka, E. S. Bogdanova, D. Tseveendorjb and N. Erdene-Ochir	Archaeology, Ethnology and Anthropology of Eurasia, Volume 34, Issue 2	77–87	Archaeology, Ethnology and Anthropology of Eurasia, Editorial department	June, 2008
Acoustic evolution of ancient Greek and Roman theatres	K. Chourmouziadoua and J. Ka	Applied Acoustics, Volume 69, Issue 6	514–529	Applied Acoustics, Editorial department	June, 2008
A case study and mechanism investigation of typical mortars used on ancient architecture in China	Yuyao Zeng, Bingjian Zhang, Xiaolin Liang	Thermochimica Acta, Volume 473, Issues 1–2	1–6	Thermochimica Acta, Editorial department	July, 2008
Seismic vulnerability of historic Dieh-Dou timber structures in Taiwan	Dina F. D'Ayala, a and Pin Hui Tsai	Engineering Structures, Volume 30, Issue 8	2101–2113	Engineering Structures, Editorial department	August, 2008
Creative destruction and the water town of Luzhi, China	Chennan (Nancy) Fana, Geoffrey Wall, and Clare J. A. Mitchell	Tourism Management, Volume 29, Issue 4	648–660	Tourism Management, Editorial department	August, 2008
Passive cooling systems in buildings: Some useful experiences from ancient architecture for natural cooling in a hot and humid region	M. S. Hatamipour and A. Abedi	Energy Conversion and Management, Volume 49, Issue 8	2317–2323	Energy Conversion and Management, Editorial department	August, 2008
Silicatescape – preserving building materials in the old urban center landscape: The case of the silicate brick and urban planning in Tel Aviv-Jaffa	Irit Amit-Cohen	Journal of Cultural Heritage, Volume 9, Issue 4	367–375	Journal of Cultural Heritage, Editorial department	September, 2008
Subterranean space use in Cappadocia: The Uchisar example	A. Erdem	Tunnelling and Underground Space Technology, Volume 23, Issue 5	492–499	Tunnelling and Underground Space Technology, Editorial department	September, 2008
On utilization of underground space to protect historical relics model	Zhang Ping, Chen Zhilong, Yang Hongyu, Wang Hui	Tunnelling and Underground Space Technology, Volume 24, Issue 3,	206–220	Tunnelling and Underground Space Technology, Editorial department	September, 2008

续表

论文名	作者	刊载杂志	页码	编辑出版单位	出版日期
Evaluation on energy and thermal performance for residential envelopes in hot summer and cold winter zone of China	Jinghua Yu, Changzhi Yanga, Liwei Tiana, and Dan Liao	Applied Energy, Volume 86, Issue 10	1970 – 1985	Applied Energy, Editorial department	October, 2009
Conservation of Bangkok old town	Tiamsoon Sirisrisak	Habitat International, Volume 33, Issue 4	405 – 411	Habitat International, Editorial department	October, 2009
Characterisation of monzogranitic batholiths as a supply source for heritage construction in the northwest of Madrid	Rafael Forta, Monica Alvarez de Buergoa, Elena Perez-Monserrata and Maria Jose Varas	Engineering Geology, Article in Press		Engineering Geology, Editorial department	October, 2009
ICAZ 2006: Zooarchaeology of the Late Pleistocene/Early Holocene in the Americas and Zooarchaeological evidence of the ancient Maya and their environment	Kitty F. Emerya, Christopher M. Götzb, Matthew E. Hill Jr. c, and Joaquín Arroyo-Cabrales	Quaternary International, Volume 191, Issue 1	1 – 4	Quaternary International, Editorial department	November, 2008
Architectures "on ruins" and ambiguous transparency: The glass in preservation and communication of archaeology	Aldo Renato Daniele Accardi	Journal of Cultural Heritage, Volume 9, Supplement 1	107 – 112	Journal of Cultural Heritage, Editorial department	December, 2008
The provenance study of Chinese ancient architectonical colored glaze by INAA	Lin Chenga, Songlin Fengb, Rongwu Lic, Zhirong Lüd and Guoxia Li	Applied Radiation and Isotopes, Volume 66, Issue 12	1873 – 1875	Applied Radiation and Isotope, Editorial department	December, 2008
Using finite element methods to analyze ancient architecture: an example from the North American Arctic	Richard Levya and Peter Dawson	Journal of Archaeological Science, Volume 36, Issue 10	2298 – 2307	Journal of Archaeological Science, Editorial department	January, 2009
Historic preservation in Nazi Germany: place, memory, and nationalism	Joshua Hagen	Journal of Historical Geography, Volume 35, Issue 4	690 – 715	Journal of Historical Geography, Editorial department	January, 2009
Transitional change in proto-buildings: a quantitative study of thermal behaviour and its relationship with social functionality	Helen Wilkins	Journal of Archaeological Science, Volume 36, Issue 1	150 – 156	Journal of Archaeological Science, Editorial department	January, 2009
The influence of wind flows on thermal comfort in the Daechung of a traditional Korean house	Youngryel Ryua, Seogcheol Kimb and Dowon Lee	Building and Environment, Volume 44, Issue 1	18 – 26	Building and Environment, Editorial department	January, 2009
Chinese kang as a domestic heating system in rural northern China——A review	Zhi Zhuanga, Yuguo Lib, Bin Chena and Jiye Guo	Energy and Buildings, Volume 41, Issue 1	111 – 119	Energy and Buildings, Editorial department	January, 2009
The wood in the pits of terracotta figures and its architectural application	Qing Wanga, Zhong-Li Zhangc, Hui Dingd, Wen-Bin Shaoc, Cheng-Sen Lia, Yu-Fei Wanga and Jian Yanga	Journal of Archaeological Science, Volume 36, Issue 2	555 – 561	Journal of Archaeological Science, Editorial department	February, 2009
Magnificent entrances and undignified exits: chronicling the symbolism of castle space in Normandy	Leonie V. Hicks	Journal of Medieval History, Volume 35, Issue 1	52 – 69	Journal of Medieval History, Editorial department	March, 2009

论文名	作者	刊载杂志	页码	编辑出版单位	出版日期
Improving comfort levels in a traditional high altitude Nepali house	R. J. Fullera, A. Zahndb and S. Thakuri	Building and Environment, Volume 44, Issue 3	479 – 489	Building and Environment, Editorial department	March, 2009
Metadata-based heritage sites modeling with e-learning functionality	Athanasios D. Styliadisa, Ipek I. Akbaylarb, Despoina A. Papadopouloua, Nikolaos D. Hasanagasa, Sotiria A. Roussaa, and Lazaros A. Sexidis	Journal of Cultural Heritage, Volume 10, Issue 2	296 – 312	Journal of Cultural Heritage, Editorial department	April, 2009
Thermal storage performance analysis on Chinese kangs	Zhi Zhuanga, Yuguo Lib and Bin Chen	Energy and Buildings, Volume 41, Issue 4	452 – 459	Energy and Buildings, Editorial department	April, 2009
Bioclimatism and vernacular architecture of north-east India	Manoj Kumar Singha, Sadhan Mahapatraand S. K. Atreya	Energy and Buildings, Volume 42, Issue 3	357 – 365	Energy and Buildings, Editorial department	May, 2009
Evaluation of a sustainable Greek vernacular settlement and its landscape: Architectural typology and building physics	Vissilia Anna-Maria	Building and Environment, Volume 44, Issue 6	1095 – 1106	Building and Environment, Editorial department	June, 2009
Religion, immigration, and home making in diaspora: Hindu space in Southern California	Shampa Mazumdara and Sanjoy Mazumdarb	Journal of Environmental Psychology, Volume 29, Issue 2	256 – 266	Journal of Environmental Psychology, Editorial department	June, 2009
Place attachment in a foreign settlement	Ceren Boğaç	Journal of Environmental Psychology, Volume 29, Issue 2	267 – 278	Journal of Environmental Psychology, Editorial department	June, 2009
Corinna Rossi, Architecture and Mathematics in Ancient Egypt	T. Heinzl	Journal of Archaeological Science, Volume 36, Issue 6	1286 – 1287	Journal of Archaeological Science, Editorial department	June, 2009
Evolution of the architectural and heritage representation	Mª Amparo Núñez Andrés, and Felipe Buill Pozuelo	Landscape and Urban Planning, Volume 91, Issue 2	105 – 112	Landscape and Urban Planning, Editorial department	June, 2009
The salt architecture in Siwa oasis – Egypt (XII – XX centuries)	L. Roveroa, U. Toniettia, F. Fratinib and S. Rescic	Construction and Building Materials, Volume 23, Issue 7	2492 – 2503	Construction and Building Materials, Editorial department	July, 2009
Tikal timbers and temples: ancient Maya agroforestry and the end of time	David L. Lentza, and Brian Hockaday	Journal of Archaeological Science, Volume 36, Issue 7	1342 – 1353	Journal of Archaeological Science, Editorial department	July, 2009
Dwelling in the metropolis: Reformed urban blocks 1890 – 1940 as a model for the sustainable compact city	Wolfgang Sonne	Progress in Planning, Volume 72, Issue 2	53 – 149	Progress in Planning, Editorial department	August, 2009
Re-interpretation of traditional architecture for visual comfort	Francesco Ruggieroa, Rafael Serra Florensab, and Antonella Dimundoc	Building and Environment, Volume 44, Issue 9	1886 – 1891	Building and Environment, Editorial department	September, 2009
On natural ventilation and thermal comfort in compact urban environments – the Old Havana case	A. Tabladaa, F. De Troyera, B. Blockend, J. Carmelietie, f and H. Verschure	Building and Environment, Volume 44, Issue 9	1943 – 1958	Building and Environment, Editorial department	September, 2009

续表

论文名	作者	刊载杂志	页码	编辑出版单位	出版日期
Properties of Roman bricks and mortars used in Serapis temple in the city of Pergamon	Özlem Aslan Özkayaa and Hasan Böke	Materials Characterization, Volume 60, Issue 9	995–1000	Materials Characterization, Editorial department	September, 2009
Augmented informality: South Africa's backyard dwellings as a by-product of formal housing policies	Charlotte Lemanski	Habitat International, Volume 33, Issue 4	472–484	Habitat International, Editorial department	October, 2009
Assessment of material characteristics of ancient concretes, Grande Aula, Markets of Trajan, Rome	Marie D. Jackson, John M. Logan, Barry E. Scheetz, Daniel M. Deocampo, Carl G. Cawood, Fabrizio Marra, Massimo Vitti, Lucrezia Ungaro	Journal of Archaeological Science, Volume 36, Issue 11	2481–2492	Journal of Archaeological Science, Editorial department	November, 2009
A new GIS-based integrated approach to analyse the anthropic-geomorphological risk and recover the vernacular architecture	Maurizio Lazzari, Maria Danesea and Nicola Masinia	Journal of Cultural Heritage, Volume 10, Supplement 1	104–111	Journal of Cultural Heritage, Editorial department	December, 2009
The archaeological study of neighborhoods and districts in ancient cities	Michael E. Smith	Journal of Anthropological Archaeology, Article in Press		Journal of Anthropological Archaeology, Editorial department	January, 2010
Characterization procedure for ancient mortars' restoration: The plasters of the Cavallerizza courtyard in the Ducal Palace in Mantua (Italy)	Franco Sandrolini1, and Elisa Franzoni	Materials Characterization, Volume 61, Issue 1	97–104	Materials Characterization, Editorial department	January, 2010
Bioclimatism and vernacular architecture of north-east India	Manoj Kumar Singh, Sadhan Mahapatra, S. K. Atreya	Building and Environment, Volume 45, Issue 2	320–329	Building and Environment, Editorial department	February, 2010
Field assessment of thermal behaviour of historical dwellings in France	R. Cantina, J. Burgholzerb, G. Guarracinoa, B. Moujalleda, S. Tamelikechtc and B. G. Royetb	Building and Environment, Volume 45, Issue 2	473–484	Building and Environment, Editorial department	February, 2010
Energy demand for rural household heating to suitable levels in the Loess Hilly Region, Gansu Province, China	Shu-wen Niu, Yi-xin Li, Yong-xia Ding, Jing Qin	Energy, In Press		Energy, Editorial department	February, 2010
Experimental correlations between destructive and non-destructive tests on ancient timber elements	C. Calderonia, G. De Matteisb, C. Giubileoa and F. M. Mazzolani	Engineering Structures, Volume 32, Issue 2	442–448	Engineering Structures, Editorial department	February, 2010
Ancient vernacular architecture: characteristics categorization and energy performance evaluation	Zhiqiang (John) Zhai, and Jonathan M. Previtali	Energy and Buildings, Volume 42, Issue 3,	357–365	Energy and Buildings, Editorial department	March, 2010
A new thermal performance index for dwelling roofs in the warm humid tropics	Chitrarekha Kabre	Building and Environment, Volume 45, Issue 3	727–738	Building and Environment, Editorial department	March, 2010
Research on protection of the architectural glazed ceramics in the Palace Museum, Beijing	Jing Zhao, Weidong Lia, Hongjie Luoa and Jianmin Miao	Journal of Cultural Heritage, Article in Press		Journal of Cultural Heritage, Editorial department	March, 2010

续表

论文名	作者	刊载杂志	页码	编辑出版单位	出版日期
Study of thermal environment inside rural houses of Navapalos (Spain): The advantages of reuse buildings of high thermal inertia	Silvia Martína, Fernando R Mazarróna and Ignacio Cañas	Construction and Building Materials, Volume 24, Issue 5	666–676	Construction and Building Materials, Editorial department	March,2010
Methodological bases for documenting and reusing vernacular farm architectur	José María Fuentes	Journal of Cultural Heritage, Volume 11, Issue 2	119–129	Journal of Cultural Heritage, Editorial department	April,2010
Sustainable urban development in historical areas using the tourist trail approach: A case study of the Cultural Heritage and Urban Development (CHUD) project in Saida, Lebanon	Khalid S. Al-hagla	Cities, Article in Press,		Cities, Editorial department	April,2010
08年前					
Indigenous architecture as the basis of house design in developing countries: A case study evaluation of traditional housing in Bhutan	Donald Watson Aia, Alain Bertaud	Habitat International, Volume 1, Issues 3–4	207–217	Habitat International, Editorial department	1976
Planning in residential conservation areas	Andrew D. Thomas	Progress in Planning, Volume 20, Part 3,	173–256	Progress in Planning, Editorial department	1983
Thermal conditions in traditional urban houses in Northern Nigeria	Friedrich W. Schwerdtfeger	Habitat International, Volume 8, Issues 3–4	43–76	Habitat International, Editorial department	1984
The vernacular architecture of Brittany: An essay in Historical Geography:	D. J. Bonney	Journal of Historical Geography, Volume 10, Issue 2	209–210	Journal of Historical Geography, Editorial department	April,1984
Mathematical bases of ancient Egyptian architecture and graphic art	Gay Robins, Charles C. D. Shute	Historia Mathematica, Volume 12, Issue 2	107–122	Historia Mathematica, Editorial department	March,1985
Thermal behaviours of vernacular buildings in the Yemen Arab Republic	M. K. Al-Motawakel, S. D. Probert, B. Norton	Applied Energy, Volume 24, Issue 4	245–276	Applied Energy, Editorial department	1986
The future of earth-sheltered architecture in China's farming villages	Yasuyoshi Hayashi	Tunnelling and Underground Space Technology, Volume 1, Issue 2	167–169	Tunnelling and Underground Space Technology, Editorial department	1986
Design and thermal performance: Below-ground dwellings in China	Gideon S. Golany	Tunnelling and Underground Space Technology, Volume 5, Issue 3	285	Tunnelling and Underground Space Technology, Editorial department	1990
Climatic aspects in the building of ancient urban settlements in Israel	Oded Potchter	Energy and Buildings, Volume 15, Issues 1–2	93–104	Energy and Buildings, Editorial department	1990
China's traditional rural architecture: A cultural geography of the common house:	D. F. Doeppers	Journal of Historical Geography, Volume 16, Issue 2	268	Journal of Historical Geography, Editorial department	April,1990
Rehabilitation in Beijing	Wu Liangyong	Habitat International, Volume 15, Issue 3	51–66	Habitat International	1991

续表

论文名	作者	刊载杂志	页码	编辑出版单位	出版日期
Spectacular vernacular: Traditional adobe architecture	Richard Langendorf	Computers, Environment and Urban Systems, Volume 15, Issues 1–2	75	Computers, Environment and Urban Systems, Editorial department	1991
Characteristics of remodeling or reconstruction of the traditional urban house in japan and climatic environment	Sayoko Matsubara, Naoki Matsubara	Energy and Buildings, Volume 16, Issues 3–4	851–860	Energy and Buildings, Editorial department	1991
The Chinese cultural heritage and modern urban development	Yu Qingkang	Habitat International, Volume 15, Issue 3	73–79	Habitat International, Editorial department	1991
Asian cities and architecture in transition	J. R. Bhalla	Habitat International, Volume 15, Issue 3	81–85	Habitat International, Editorial department	1991
Vernacular architecture of Oman: Features that enhance thermal comfort achieved within buildings	H. Al-Hinai, W. J. Batty, S. D. Probert	Applied Energy, Volume 44, Issue 3	233–244	Applied Energy, Editorial department	1993
Vernacular technologies applied to modern architecture	Ken-ichi Kimura	Renewable Energy, Volume 5, Issues 5–8	900–907	Renewable Energy, Editorial department	August, 1994
Tribalism, genealogy and the development of Al-Alkhalaf: A traditional settlement in southwestern Saudi Arabia	Mohammed Abdullah Eben Saleh	Habitat International, Volume 19, Issue 4,	547–570	Habitat International, Editorial department	1995
Reinventing the suburbs: Old myths and new realities	L. S. Bourne	Progress in Planning, Volume 46, Issue 3	163–184	Progress in Planning, Editorial department	1996
Passive design principles and techniques for folk houses in Cheju Island and Ullng Island of Korea	Kyung-Hoi Lee, Dong-Wook Han, Ho-Jin Lim	Energy and Buildings, Volume 23, Issue 3,	207–216	Energy and Buildings, Editorial department	March, 1996
Architecture indigenous to extreme climates	Jeffrey Cook	Energy and Buildings, Volume 23, Issue 3	277–291	Energy and Buildings, Editorial department	March, 1996
Thermal behaviour of an eighteenth-century Athenian dwelling	T. Tassiopoulou, P. C. Grindley, S. D. Probert	Applied Energy, Volume 53, Issue 4	383–398	Applied Energy, Editorial department	April, 1996
The traditional Yemeni window and natural lighting	Abdullah Zeid Ayssa	Renewable Energy, Volume 8, Issues 1–4	214–218	Renewable Energy, Editorial department	May, 1996
The symbolism of landmarks in traditional settlements and wilderness of the Arabian Peninsula	Mohammed Abdullah Eben Saleh	Building and Environment, Volume 31, Issue 3	283–297	Building and Environment, Editorial department	May, 1996
The bioclimatic features of vernacular architecture in China	Li Jingxia	Renewable Energy, Volume 8, Issues 1–4	305–308	Renewable Energy, Editorial department	May, 1996
Joint characteristics of traditional Chinese wooden frames	W. S. King, J. Y. Richard Yen, Y. N. Alex Yen	Engineering Structures, Volume 18, Issue 8	635–644	Engineering Structures, Editorial department	August, 1996

续表

论文名	作者	刊载杂志	页码	编辑出版单位	出版日期
Conservation and rehabilitation of urban heritage in developing countries	Florian Steinberg	Habitat International, Volume 20, Issue 3	463–475	Habitat International, Editorial department	September, 1996
Vernacular house as an attraction: illustration from hutong tourism in Beijing	Ning Wang	Tourism Management, Volume 18, Issue 8	573–580	Tourism Management, Editorial department	December, 1997
Chapter 2—Vernacular and contemporary buildings in Qatar	Ali Sayigh, A. Hamid Marafia	Renewable and Sustainable Energy Reviews, Volume 2, Issues 1–2	25–37	Renewable and Sustainable Energy Reviews, Editorial department	June, 1998
Traditional architecture, building materials and appropriate modernity in Chilean cities	I. A. Cartes	Renewable Energy, Volume 15, Issues 1–4	283–286	Renewable Energy, Editorial department	September, 1998
Ancient structures and modern analysis: investigating damage and reconstruction at Pompeii	Kirk Martini	Automation in Construction, Volume 8, Issue 1	125–137	Automation in Construction, Editorial department	November, 1998
Urban form in traditional Islamic cultures: Further studies needed for formulating theory	Besim S. Hakim	Cities, Volume 16, Issue 1	51–55	Cities, Editorial department	February, 1999
Venetian vernacular architecture: Traditional housing in the Venetian lagoon	Denis Cosgrove	Journal of Historical Geography, Volume 16, Issue 4	457–458	Journal of Historical Geography, Editorial department	October, 1999
The architectural form and landscape as a harmonic entity in the vernacular settlements of Southwestern Saudi Arabia	Mohammed Abdullah Eben Saleh	Habitat International, Volume 24, Issue 4	455–473	Habitat International, Editorial department	December, 2000
Building stone and related weathering in the architecture of the ancient city of Naples	Maurizio de' Gennaro, Domenico Calcaterra, Piergiulio Cappelletti, Alessio Langella, Vincenzo Morra	Journal of Cultural Heritage, Volume 1, Issue 4	399–414	Journal of Cultural Heritage, Editorial department	December, 2000
Environmental cognition in the vernacular landscape: assessing the aesthetic quality of Al-Alkhalaf village, Southwestern Saudi Arabia	Mohammed A. Eben Saleh	Building and Environment, Volume 36, Issue 8,	965–979	Building and Environment, Editorial department	January, 2001
The decline vs the rise of architectural and urban forms in the vernacular villages of southwest Saudi Arabia	Mohammed Abdullah Eben Saleh	Building and Environment, Volume 36, Issue 1	89–107	Building and Environment, Editorial department	January, 2001
Suitability of sunken courtyards in the desert climate of Kuwait	Adil A. Al-Mumin	Energy and Buildings, Volume 33, Issue 2	103–111	Energy and Buildings, Editorial department	January, 2001
Reviving the Rule System: An approach for revitalizing traditional towns in Maghrib	Besim S Hakim	Cities, Volume 18, Issue 2	87–92	Cities, Editorial department	April, 2001
Building houses with local materials: means to drastically reduce the environmental impact of construction	J. C. Morel, A. Mesbah, M. Oggero, P. Walker	Building and Environment, Volume 36, Issue 10	1119–1126	Building and Environment, Editorial department	December, 2001

续表

论文名	作者	刊载杂志	页码	编辑出版单位	出版日期
The rehabilitation of Old Cairo	Keith Sutton, Wael Fahmi	Habitat International, Volume 26, Issue 1	73－93	Habitat International, Editorial department	January, 2002
Construction of underground works and tunnels in ancient Egypt	M. E. A. EL Salam	Tunnelling and Underground Space Technology, Volume 17, Issue 3,	295－304	Tunnelling and Underground Space Technology, Editorial department	July, 2002
Thermal environment of the courtyard style cave dwelling in winter	F. Wang, Y. Liu	Energy and Buildings, Volume 34, Issue 10	985－1001	Energy and Buildings, Editorial department	November, 2002
The development of roundwood timber pole structures for use on rural community technology projects	T. M. Chrisp, J. Cairns, C. Gulland	Construction and Building Materials, Volume 17, Issue 4	269－279	Construction and Building Materials, Editorial department	June, 2003
The fractal geometry of ancient Maya settlement	Clifford T. Brown, Walter R. T. Witschey	Journal of Archaeological Science, Volume 30, Issue 12	1619－1632	Journal of Archaeological Science, Editorial department	December, 2003
Study on the thermal performance of the Chinese traditional vernacular dwellings in Summer	Lin Borong, Tan Gang, Wang Peng, Song Ling, Zhu Yingxin, Zhai Guangkui	Energy and Buildings, Volume 36, Issue 1	73－79	Energy and Buildings, Editorial department	January, 2004
The stone materials in the historical architecture of the ancient center of Sassari: distribution and state of conservation	Luisa Carta, Domenico Calcaterra, Piergiulio Cappelletti, Alessio Langella, Maurizio de'Gennaro	Journal of Cultural Heritage, Volume 6, Issue 3	277－286	Journal of Cultural Heritage, Editorial department	July, 2005
Geometry in nature and Persian architecture	Mehrdad Hejazi	Building and Environment, Volume 40, Issue 10	1413－1427	Building and Environment, Editorial department	October, 2005
Flexural and shear behaviour of ancient wooden beams: Experimental and theoretical evaluation	C. Calderoni, G. De Matteis, C. Giubileo, F. M. Mazzolani	Engineering Structures, Volume 28, Issue 5	729－744	Engineering Structures, Editorial department	April, 2006
An ecological assessment of the vernacular architecture and of its embodied energy in Yunnan, China	Wang Renping, Cai Zhenyu	Building and Environment, Volume 41, Issue 5	687－697	Building and Environment, Editorial department	May, 2006
Traditional wooden buildings and their damages during earthquakes in Turkey	Adem Doğangün, Ö. İskender Tuluk, Ramazan Livaoğlu, Ramazan Acar	Engineering Failure Analysis, Volume 13, Issue 6	981－996	Engineering Failure Analysis, Editorial department	September, 2006
An ecological assessment of the vernacular architecture and of its embodied energy in Yunnan	Wang, R. and Cai, Z	Fuel and Energy Abstracts, Volume 47, Issue 5	369	Fuel and Energy Abstracts, Editorial department	October, 2006
Earth building in Spain	M. Carmen Jiménez Delgado, Ignacio Cañas Guerrero	Construction and Building Materials, Volume 20, Issue 9	679－690	Construction and Building Materials, Editorial department	November, 2006

续表

论文名	作者	刊载杂志	页码	编辑出版单位	出版日期
The natural environment control system of Korean traditional architecture: Comparison with Korean contemporary architecture	Do-Kyoung Kim	Building and Environment, Volume 41, Issue 12	1905–1912	Building and Environment, Editorial department	December, 2006
Multiple criteria evaluation of rural building's regeneration alternatives	Edmundas Kazimieras Zavadskas, Jurgita Antucheviciene	Building and Environment, Volume 42, Issue 1	436–451	Building and Environment, Editorial department	January, 2007
Evaluation of traditional architecture in terms of building physics: Old Diyarbakír houses	Müjgan Şerefhanoǧlu Sözen, Gülay Zorer Gedík	Building and Environment, Volume 42, Issue 4	1810–1816	Building and Environment, Editorial department	April, 2007
Learning from traditional built environment of Cyprus: Re-interpretation of the contextual values	Ozgur Dincyurek, Ozlem Olgac Turker	Building and Environment, Volume 42, Issue 9	3384–3392	Building and Environment, Editorial department	September, 2007

3.3 2008—2009 中国民居学术会议论文目录索引（内容见光盘）

民居建筑与学术委员会

3.3.1 第十六届中国民居学术会议（2008 广州）论文

第十六届中国民居学术会议（2008 广州）论文（上） ································· 1
游牧文化环境框架下蒙古族传统住居形式的解读 ············· 白　洁　胡惠琴　2
闽南传统建筑特点概述 ··· 曹春平　7
血缘型村落的同构型空间解读——以大冶水南湾为例 ······· 陈　晶　李晓峰　14
青岛近代合院住宅简述 ··· 陈　雳　杨昌鸣　20
筚路蓝缕　以启山林——概说《中国住宅概说》 ······························· 陈　薇　24
文商并重　融汇创新　戏乐生辉——浅析自贡盐业会馆建筑的审
　　美文化特征 ··ll···············陈　吟　31
宁夏西海固地区回族聚落初探 ······································· 陈　莹　王　军　36
闽南近代洋楼民居与侨乡社会变迁 ································ 陈志宏　贺雅楠　43
构园 ·· 程志杰　黄志德　樊志深　51
论中国建筑奇葩——土楼 ··· 邓晓婷　57
关于干阑建筑溯源的一点思考 ······································· 方　盈　经　鑫　61
Residential Building Types as an Evolutionary Process: the Guangzhou Area,
　　China ·············· Kai Gu　Yinsheng Tian　J. W. R. Whitehand and Susan M. Whitehand　65
青水传统民居及其发展浅析 ··· 顾海燕　80
孙中山故居的审美属性初探 ··· 关杰灵　84
藏族传统民居中的宗教文化基因 ··································· 何　泉　刘加平　88
闽西客家民居的形态成因浅析 ··· 黄联辉　93
多元文化影响之下的民居建筑的魅力——针对海南文昌地区民居
　　建筑的研究 ···贾俊茹　98
阳新县太子镇祠堂建筑研究 ··· 经　鑫　方　盈　104
呼伦贝尔草原牧民的现代住居形态 ································ 李　贺　胡惠琴　109
河南民居装饰和艺术特点初探 ······································ 李红光　刘宇清　116
关于客家大型集合式土楼住宅成因的探讨 ···李华东　123
福建传统聚落空间节点景观浅析 ···李华珍　128
北京旧城合院式民居的环境空间结构 ···李路轲　133

台湾民居的封壁艺术	李乾朗	139
明长城军堡与里坊制	李 严 李 哲	145
1934—2008：西北乡土建筑研究回顾与展望	李 钰 王 军	152
民居建筑遗产防灾——建立测绘用影像资料库	李 哲 李 严 张玉坤	158
传统民居空间信息采集的"黄金搭档"	李 哲 李 严 张玉坤	163
泸沽湖地区纳西人与摩梭人居住文化之比较初探	林佳雯 关华山	167
浅谈丽江古城纳西民居的建筑形制	林莎莎 柳 肃	173
民俗文化对民居形态的影响——以诺邓村为例	刘翠林 倪丙银	177
适应湖南中北部地区气候的传统民居建筑技术 　　——以岳阳张谷英村古宅为例	刘 伟 徐 峰 解明镜	183
浅析鄂东黄州民居平面形制的变化	刘 勇	188
民居的分类与分区方法研究	卢健松 姜 敏	196
另一类民居——墓园	卢卓妍	202
明代辽东镇民居对古代城市建筑形式的影响	吕海平 王 鹤	208
福建土楼——建筑功能与形式的交融	倪览墅	214
湘赣民系、广府民系传统聚落形态比较研究	潘 莹 施 瑛	220
基于认知地图与空间句法的乡村聚落空间结构案例研究	阙 瑾	226
基于现代传承与应用的民居研究的若干启示	任丹妮 谭刚毅	235
宋代城市与建筑意象初探——以《清明上河图》中的空间 　　类型为例	荣 蓉 谭刚毅	240
传统民居中的环境精神	沈 威	246
浙江南部传统建筑木作的营造智慧	石宏超	249
挖掘石山独有特色　演绎非物质文化精神——海口市石山镇荣堂 　　古村落保护规划评析	孙思敏 丁建民	255
两湖民居中的槽门类型初探	孙一帆 李晓峰	262
简论岭南汉族民居建筑的适应性	唐孝祥	268
赣南的风水塔与风水信仰	万幼楠	273
鄂东太子镇传统民居类型学思考	王丹丹	284
晋商传统建筑的构成体系及其研究方法初探	王金平 徐 强 韩春艳	290
浅析中国传统民居建筑文化的当代转换	王新峰 付 瑶	298
传统堡寨聚落形态溯源	王 绚 侯 鑫	303
信步回家	王镇华	309
东阳传统民居的研究与展望	王仲奋	316
礼制·祭祀·合院民居——浙江民居建筑室内构成纲要	吴晓淇	323
北京山地聚落公共环境分析	武 宁 孟晓燕	331
在港台地区教授中国民居建筑的个人经验	谢顺佳	337
贵州苗寨及其干阑式民居的合理性探究	熊茂华 左明星	339

山西民居中的匾额艺术	薛林平 曾 艳	343
山西平遥县铜窑民居中的门窗装饰艺术	薛林平 张书勤	349
试述福建传统民居的生态精神	杨顺平	354
浙江传统民居建筑的地域特征及其滞后性	杨新平	360
民居文化漫话	余卓群	365
关于湖南民居未来发展的一些思考	院 芳 柳 肃	368
岭南大旗头古村建筑艺术探究	张笑海	372
晋商大院彩画母题：汉纹锦图案探析	张 昕	377
走向新乡土建筑	张 雄 李晓峰	381
传统习俗的当代诠释——徽州古村落宗祠文化再现之探讨	赵冬梅 段建强	387
传统民居装饰中的螭虎纹案探讨	郑碧瑛	391
风景的居住——中国传统民居的美学阐释	郑东军 赵 凯	396
气纳乾坤——台湾传统建筑天花之八卦彩绘与建筑空间之关系研究	郑 红 梁以华	400
东北汉族传统合院式民居的空间特点解析	周立军 李同予	407
"三代居"概念设计——传统四合院空间的启发	周彝馨	412

第十六届中国民居学术会议（2008 广州）论文（下）   416

地方特色在旅游型民族村落规划中的应用和体现——石林"中国彝族第一村"五棵树村修详规实践	车震宇 郑 溪	417
大理喜洲村落旅游开发与形态变化研究	车震宇 余 丞	424
长城戍边聚落保护与新农村规划建设——以昌平长峪城村庄规划为例	陈 喆 刘炎杰 张 建 李 强	429
论曾国藩故居的美学特质	陈 萌	435
时代记忆下——云南民居墙体材料的生态艺术建构	范 静 杨大禹	440
广府村落田野调查个案：塱头	冯 江 阮思勤	444
卑南族建筑之早期面貌	关华山 林高仪	456
兰屿雅美族传统聚落保存与再利用调查规划	关华山 林世伟 王泰斌	467
居住记忆的传承与更新——对新民居设计的更新思考	郭 楠 杨大禹	473
麻涌凉棚	李彩虹 郭 祥	478
从冯氏民居的演变看传统建筑保护	郝少波	483
土楼新村——初探城中村住宅改造新模式	贺雅楠 陈志宏	487
对传统四合院保护与更新的探索——有关北京西城区传统四合院保护更新的调研	侯九义	493
基于节能视角下的胶东地区农村住宅自我更新的探析	侯晓莉 陈 喆	504
乡村民居震害浅析及重建思考	胡冗冗 刘加平 杨 柳	509
广州黄埔南湾古村在乡村城市化中的生存之道	黄健文	514

村庄整治规划中村落外部空间营造初探——以北京市昌平区
　　十三陵镇康陵园村为例 ………………………………………… 黄　婧　赵之枫　彭　波　520
大理双廊村的旅游特色及其发展模式 ……………………………………… 蒋洁菲　余　丞　526
机遇与挑战——陕南灾后绿色乡村社区营建策略 ………………………… 靳亦冰　王　军　531
深圳浪心古民居群调查报告 ………………………………………………………… 赖　旻　538
珠江三角洲祠堂建筑正脊形态演变分析 …………………………………………… 赖　瑛　543
广州深井古村 ………………………………………………………………………… 李　佳　550
梅州传统民居多元化保护与利用研究 ……………………………………… 李婷婷　张奕亮　556
基于泸沽湖摩梭聚落原生态保护与利用策略
　　方式的探讨 …………………………… 李雯雯　戴　俭　王秋元　惠晓曦　562
新农村建设下新民居地域特色的探索
　　——以湖南安化新民居建设为例 ……………………………………… 李艳旗　柳　肃　568
乡村当代民居的地区化改造 ………………………………………………… 李　扬　范霄鹏　573
沁河中游的商业村镇——以泽州县东沟村为例 …………………………… 刘　捷　薛林平　579
山西省晋中市榆社县郝北镇任家垴村考察及其保护思考 ………………… 刘　冕　李晓峰　585
广东潮州饶宗颐学术馆建筑设计的继承与创新 …………………………… 陆　琦　廖　志　590
暖泉 …………………………………………………………………………………… 罗德胤　595
坚冰已破　勇敢前行——关于整体保护之我见 …………………………………… 罗来平　603
肇庆市北市镇大屋村保护问题的思考 ……………………………………………… 罗瑜斌　607
浅谈乡村旅游建设中的民居改造问题 ……………………………………… 毛佩玲　毛海娟　613
现代技术条件下的干阑建筑继承与更新初探
　　——以土家新村的建筑方案为例 …………………………………………………… 裴　奕　618
北京郊区村落民俗旅游接待户住宅设计研究 ……………………… 彭　波　赵之枫　黄　婧　623
浅析南侗民居的可继承性发展 ……………………………………………… 彭博雅　柳　肃　629
北京新农村建设中生态循环技术的应用研究
　　——以北京市昌平区崔村镇南庄村为例 ………………… 沈　静　张　建　宋晓宇　632
城市化背景下京郊山区村庄整治方法探究
　　——以北京市昌平区流村镇老峪沟村为例 ……………… 宋晓宇　张　建　沈　静　638
基于类型学的鄂温克族传统建筑更新研究 ………………………………… 孙清军　高　萌　643
岭南印象园建筑群的审美适应性简析 ……………………………………………… 唐　丽　649
传统窑洞民居的保护与传承价值研究 ……………………… 童丽萍　张琰鑫　刘瑞晓　653
学习、梳理和引导——在丽江传统民居与新民居之间 …………………………… 王　冬　658
浅议天水市传统民居"南宅子"的空间处理 ……………………………… 王丽萍　王　军　663
传统聚落的业态整合——以芜湖古城的业态规划为例 …………………… 王亦聪　范霄鹏　668
新农村建设中传统民居的保护与可持续发展 ……………………… 伍国正　陈新华　刘新德　673
从雅庄村开发谈传统村落的保护与发展 …………………………………… 夏腾飞　刘　杰　678
云南民居墙体的生土材料运用 ……………………………………… 肖　蓉　杨大禹　李　伟　683

大水井民居中组群文化的保护	熊 炜 安一冉	688
浅论持续发展理念在新农村建设中的可控性运用		
——以北京市延庆县许家营村新农村规划为例	徐 磊 陈 喆	694
朱家峪探访	薛 力	700
北京新农村规划中村庄整体景观规划探讨	杨 鹏 张 建	705
从孝亲思想看土家族民居建筑的保护与延续	杨 茜 杨 肃	709
古村明月湾及其传统建筑	雍振华	712
经济欠发达地区非文保单位民居建筑保护思考	曾 娟	716
浅谈古民居的保护	曾 茜	721
潦头村聚落与民居形态浅析	张菊芳	724
古城·新客厅——大理红龙井旅游商业街设计的思考和探索	张 军 张 羽	729
于家村历史文化名村现状及保护策略探析	张 倩	735
金戈铁马诚已逝，激浪雄关傲如昔		
——浅谈潼关故城的遗址保护	赵瑞云 闫梦婕	738
传统民居符号的现代运用——以万科第五园为例	赵 楷	743
河北暖泉镇传统民居空间形态构成的探讨	周立军 高艳丽	749
浅析传统建筑特色传承——以东莞可园为例	周丽莎	755
骑楼建筑可持续发展构想	周彝馨	759
河南古村镇调研概述	左满常	764

3.3.2 第十七届中国民居学术会议（2009 河南开封）论文

第十七届中国民居学术会议（2009 河南开封）论文（上）		769
传统民居与文化研究		**770**
传统民居与文化研究——漫谈北京四合院	杜仙洲	770
不以形作标尺 探求居之本原——传统民居的核心价值探讨	朱良文	772
民居研究与文化传承	余卓群	776
传统民居空间划分的伦理内涵	陈 喆	780
传统民居研究心得	王仲奋	786
传统村镇街巷空间场景构成多样性浅析	胡文荟 王 洋 吕忠正	792
九十九间半	马 晓 周学鹰	796
宗族结构与传统聚落形态的相关性分析		
——以整饬规划型宗族聚落为例	林志森 张玉坤	804
传统民居庭院的审美文化意蕴		
——以湖南传统庭院式民居为例	伍国正 刘新德 隆万容 赵 志	814

日常生活世界的传统聚落解读
　　——以皖南、鄂东南传统聚落为例 …………………………… 赵冬梅　段建强　820
城市化进程中"草根"历史建筑保护问题研究——以深圳格坑民居为例 ……… 周　淼　824
浅析鄂东北山寨的选址因素——以湖北省浠水县境内的山寨为例 …………… 刘　勇　830
我国堡寨聚落的发展与繁荣——秦至明清传统堡寨聚落发展沿革研究 ……… 谭立峰　836
"花、酒、景、人、诗"——杏花村的文化空间解析 ……………………… 雷冬霞　李　浈　845
清末民初西方建筑对北京地区民居影响初探
　　——珠市口东大街161号院为例 ………………………………………… 周　鼎　854
传统民居的技术文化 ………………………………………… 王　丹　邵　明　胡文荟　859
晋商大院彩画母题：汉纹锦图案探析 ………………………………………… 张　昕　863
晋商与徽商民居建筑比较研究 ……………………………………… 晁　佳　戴　俭　867
中国传统民居的形态基因研究 ……………………… 胡文荟　姜兆虹　李佳琳　徐　显　872
海南欧村村林家宅初探 ………………………………………………………… 苏　阳　878
湖北随州北部民居中望楼的形制与特征分析 ………………………………… 殷　炜　883
传统村落保护和发展的系统自组织分析 ……………………………………… 杨　铭　888
传统聚落发展中面临的用地扩建问题初探
　　——记录泸西县城子村的演变 …………………………………………… 郭　楠　894
恩施土家族聚居区聚落与民居研究 ………………………………… 马　磊　王　迎　899
海南省铺前镇骑楼商业街调查与研究 ……………………… 刘　莹　李文莉　张　恺　904
从门楼的变迁看南通建筑的近代化 …………………………………………… 徐永战　910
融合·务实·纳新——广州东山"侨房"民居建筑细部
　　研究 ……………………………………………………………… 黄健文　郑加文　914
传统民居的现状与保护对策 …………………………………………………… 余　璐　920
时代变迁下的继承与革新——解读安家大屋 ………………………………… 王圣林　925
传统民居场所空间中的分形思想 ……………………… 胡文荟　徐　显　姜兆虹　孟　丹　929
传统民居重建前的建筑构件现状调查报告 ………………………… 王　冰　陈　晓　934
河南南阳邓州团结路历史片区民居调查 …………………………… 李　佳　侯　颖　939
要重新认识徽州文化 …………………………………………………………… 罗来平　944
特定历史环境下的居住建筑空间形态分析——以晋阳店头古村为例 ……… 王崇恩　949
浅谈中国传统民居的地域特色 ………………………………………………… 段　虎　954
中国传统建筑空间概念与理论对现代博物馆建筑的影响 ………… 杨海荣　白　静　958

地域民居对现代建筑设计的启示 …………………………………………………… 962
河南民居概况 …………………………………………………………………… 左满常　962
宁夏西海固地区回族传统聚落初探 ………………………………… 王　军　陈　莹　977
上海市郊区历史地段及其街巷保护发展研究 ……………………… 蔡　军　张鲜明　983
东北满族民居建筑文化演进特征的探讨 …………………………… 周立军　卢　迪　988

日本占领台湾时期台湾少数民族建筑文化的文献资料 …………… 关华山 994
古寨 古街 古民居——河南全国历史文化
　　名镇（村）之景观构成分析 …………………………………… 郑东军 黄 华 1000
鄂西北传统店铺的空间特征初探 ………………………………… 郝少波 龙 琳 1006
浅析陕南民居建筑的形成因子 …………………………………… 闫 杰 王 军 1011
内蒙古草原蒙古族牧民住居形式的变迁 ………………………… 白 洁 胡慧琴 1017
从饶氏庄园窥看传统民居的"门"文化 ………………………… 郝少波 李 超 1021
丹麦建筑师艾术华在沈阳设计的近代民宅建筑研究 …………… 刘思铎 陈 博 1026
北京地区仿四合院房地产项目与四合院的比较研究 …………………… 金 磊 1030
传统民居对当代生态建筑设计创新的启示 ……………………… 谷晓珺 杨 红 1035
融会与建构——"走西口"移民对内蒙古中西部民居发展的影响 …… 王世礼 1040
陶家老宅的建筑特征解析 ………………………………………… 郝少波 杨 蕾 1046
大凤古村落的建筑文化特色 ……………………………………… 张 群 戴志坚 1051
解读连城芷溪客家传统民居——以集鳣堂为例 ………………… 王 玫 戴志坚 1056
高要地区"八卦"形态聚落研究——以蚬岗村与黎槎村为例 … 周彝馨 李晓峰 1061
传统民居在建筑学建造实验教学中的应用 ……………………… 吕海平 赵兴华 1066
福建土楼的类设计作品评析 …………………………… 邵 翔 关瑞明 洪石龙 1072
郑州市书院街传统街区街道与建筑空间序列解析 ……………………… 拜盖宇 1077
当传统文化遇上地域适应性——湖北省田家湾村改造的探索
　　与反思 …………………………………………………………… 张黎黎 许伟文 1082
寨卜昌民居的气候适应性分析 …………………………………………… 刘振普 1087
四川甲居藏寨民居研究 ………………………………… 谢 娇 李军环 靳亦冰 1090
中国传统民居院落空间与现代居住建筑中的思变 ……………………… 徐 心 1095
河南巩义康百万庄园建筑的结构与技术 ………………………………… 宋晓庆 1099
天津传统四合套院的典型特征 …………………………………… 王慧君 李 笺 1105
也谈峡江民居溯源——以巴东、京山几处民居为例 …………………… 王丹丹 1110
豫北民居的地域建筑文化探析 …………………………… 刘 彩 左满常 沈希光 1115
浅议徽州传统聚落中观念活动对空间的影响 …………………… 赵冬梅 段建强 1120
宏村传统民居建筑外墙材料与构造初探 ………………………… 周海龙 刘 菲 1123
满族民居地域适应性设计策略与其居住习俗
　　关联性初探 …………………………………… 胡文荟 吕忠正 王 洋 李佳琳 1128
浅谈传统民居的当代应用价值 …………………………………………… 范 苾 1135
历史地理学视野里的豫南山地民居现象研究
　　——以豫南信阳市新县民居为例 ……………………………… 吕红医 尹 亮 1140
地坑院揽马墙及眼睫毛的构造做法——以陕县凡村为例 ……………… 张晓娟 1148
豫西天井窑洞冬季室内热环境研究——以陕县凡村为例 ……… 任俊龙 唐 丽 1153
豫南山地传统民居木作技术及其影响因素研究 ………………… 樊 莹 吕红医 1159

大邑新场古镇的保护与更新研究	梁春杭　刘军瑞　张　娜	1167
豫东南圩子民居的形态及其成因	程炎焱	1174
卫辉小店河传统民居初探	吴柳琦　李红光	1180
河南传统民居中的入口设计	李红光　高长征	1183

第十七届中国民居学术会议（2009 河南开封）论文（下） …… 1189

传统村镇保护利用与可持续发展 …… 1190

乡村聚落更新发展的分析——以湖北阳新县老屋场村为例	许伟文　张黎黎	1190
碛口古镇风土环境与建筑形式探析	李　箜　孙　阳	1195
辽宁地区农村传统民居现代适应性转型探讨	付庆伟	1201
古寨聚落出路何在——利川市鱼木寨的现状与未来初探	顾　芳	1206
从婺源李坑的调查看传统村镇的景观层次和维系其存在的社会机制	梁　雪	1215
历史街区民居的保护模式探讨——以历史文化名城荆州民居保护为例	陈　霁	1220
地域民居的时间景观再现：黄声远的圣嘉民教养院为例	罗时玮	1225
浅析川南晚清民居的建筑特色——以福源灏民居为例	陈　吟	1229
从"干阑"到"柯布西耶"	许　远	1234
基于游客行为的传统村落游览区域适度控制研究	车震宇　楚珊珊　郑　溪	1238
客家建筑与城市文明的冲突和协调	潘　安　鱼建东　杨　伟	1244
沁河流域传统民居中的窗台、门槛、窗额、门额等的装饰艺术	薛林平　喻　涛	1251
"陵邑"村落的空间发展演变研究——以北京市昌平区长陵镇 　　十一个"陵"村（"陵邑"村落）为例	赵之枫　闫　惠	1258
民间自卫堡寨设防演进综述	王　绚　侯　鑫	1263
河南历史文化名镇的保护与发展——以封丘县陈桥镇历史文化 　　名镇保护规划为例	韦　峰　徐微波	1269
传统民居灰空间生态适应性在现代住宅中的 　　应用浅析	胡文荟　李佳琳　姜兆虹　吕忠正	1274
宁强灾后绿色乡村营建	靳亦冰　王　军	1279
南阳名人故居保护和利用的模式探讨——以杨廷宝故宅保护为例	王歌莺	1286
传统民居保护与利用两例	雍振华	1291
建筑空间基本属性视角下的传统民居与集合住宅对比分析 	邵　明　胡文荟　王　丹	1296
传统乡村聚落的传承与再生——以昆明乐居村保护 　　更新规划为例	陈　程　王　磊　王　冬	1300
当代乡土建筑的保护和利用	姜洁怡	1305
一个被淹没古村的回馈——对秭归新滩桂林村传统民居建筑 　　特色与保护的反思	胡　媛　李晓峰	1309
朱家峪古村落保护与利用的思考	李剑波	1314

传承—保护—发展——扬州历史文化街区
　　保护与发展探究 ……………………………………… 奚江琳　韩　昉　陈　凯　1320
传统习俗的当代诠释——徽州古村落保护与发展思路之再探讨 ……… 赵冬梅　段建强　1324
传统村镇街巷空间场景构成多样性浅析 …………… 胡文荟　王　洋　吕忠正　1328
发展特色旅游是大城市周边传统村庄发展的最佳途径 ………… 刘　嘉　张　建　1333
古村落开发中民居与街巷空间的保护：以贵州西江苗寨为例 ………… 李　冰　王　晓　1338
从传统民居——窑洞的特性看利用地下空间的必要性 ………… 朱黎明　申　珺　1344
生态轮回与聚落更新——通山县宝石村保护与开发 ………… 哈　晨　李晓峰　1348
从万科"第五园"谈起——看徽州建筑对现代建筑设计的启示 …… 叶　星　戴　俭　1354
菊儿胡同改造工程20年后引起的思考 ………………………… 孙　阳　王慧君　1359
朝鲜传统民居对北方经济适用房的设计启示 ………………… 赵翰文　谭汇川　1364
开封朱仙镇地域建筑与文化调查研究 ………………………… 鲁艳蕊　李　丽　1369
浅谈内蒙古地区蒙元文化在建筑设计中的运用 …………………………… 张学飞　1374
关中民居现代转型模式研究——咸阳大石头村重建项目思考 …………… 张文龙　1379
历史城区更新中的民居保护与利用 ………………………………………… 王　麟　1383
豫东地区传统民居节能技术初探 ……………………………… 史学民　李　丽　1387
豫西地区窑洞民居的分布区域及特征 ………………………… 尹　亮　吕红医　1392
川东巴渝地区民居营造技术浅析——以四川安岳县九龙乡镇子地区
　　乡土建筑为例 ……………………………………………… 陈丽莉　侯　颖　1397
乡土建筑的地域性与可持续发展——河南巩义杨树沟传统民居 ………… 张献萍　1402
河南民居生态思想初探 ………………………………………… 张　东　李红光　1408
明清移民通道上江西修水的民居平面形制研究 …………………………… 唐　颖　1412
从北京四合院的建筑形式探析儒家的美学思想 …………………………… 雷雪梅　1418

民居及相关问题研究 …………………………………………………………………… 1422
浅析传统民居中建筑装饰的意义——以蔡氏古民居建筑装饰为例 ……… 宁小卓　1422
明嘉靖至万历年间蓟镇长城军事防御性聚落分布 …………… 王琳峰　张玉坤　1427
对民居建筑史研究中"口述史"方法应用的探讨
　　——以浙西南民居考察为例 ……………………………………………… 王　媛　1434
深圳大鹏所城将军府第建筑及建筑群体特征分析 …………… 周　鼎　肖海博　1440
香港、台湾和温哥华民居园林三例 ………………………………………… 谢顺佳　1452
谈地区建筑营建对气候的智慧应对 ………………………………………… 魏　秦　1456
粤中名园审美文化特征浅析 …………………………………… 郭焕宇　罗翔凌　1460
仙霞古道 ……………………………………………………………………… 罗德胤　1465
凝于水的城市记忆——以开封城为例的城市
　　水域与城市记忆关系研究 ………………………………… 郭英子　戴　俭　1472
北京大学禄岛的建筑营造与环境整治 ………………………… 黄　晓　刘珊珊　1477

摩梭民居的院落	马青宇 柏云松	1482
新民居设计应该重视使用后评价	李 丹	1486
山东民居的火炕	姜 波	1491
浅析我国民居建筑在邮票中的生动体现	刘怡燕	1495
感悟峰岩硐	李兴发	1499
拉萨老城区官邸的建筑等级特征分析	刘军瑞 梁春杭	1506
扬州民间锅灶营造技术研究	梁宝富	1512
东亚传统民居的建筑原则对现代住宅之意义	孙全文	1516
聚落保存的整合性思考与保存计划	阎亚宁 李东明 廖心华	1523
嘉义县县定古迹翁清江宅兴筑背景与立面构成之研究	詹静怡 简雪玲 温峻玮 阎亚宁	1530

3.3.3 第七届海峡两岸传统民居理论（青年）学术会议（2008台北）论文

承传与衍化——明清"江西—湖北"移民通道上戏场建筑形制初探	李晓峰 马丽娜	1538
闽东传统民居穿斗式大木构架的减柱构造研究	朱永春 黄爱姜	1546
岭南古建筑地面防潮技术	赖德劭	1550
浅议对传统民居及其建筑文化的移植和传延	杨大禹	1557
历史街区的人文性规划实践理论架构初探——以三峡历史街区再造为例	徐裕健	1565
传统山区村落的保护与开发——以北京市延庆县珍珠泉乡水泉子村规划为例	赵之枫 朱 蕾	1572
产业变迁对传统民居营造行为影响之初探——以苗栗海线地区李元兴匠师为例	李沛融	1577
惠山宝善街老字号特色街区的布局	吴惠良 夏泉生	1583
澎湖望安花宅聚落形态及生活面初探	曾依苓	1588
新瓦屋聚落保存、活化与再生——民众参与都市保育的契机	林诗云	1594
传统街屋再利用时厨卫空间整修计划的初步研究	吴妙琴 阎亚宁	1600
鄂西北民居的"依势"与"围合"——南漳板桥民居空间特色探析	郝少波	1606
台湾的日式宿舍	薛 琴	1612
从壮围游氏家庙观宜兰传统建筑之特质	郑碧英	1619
金门传统民宅装饰之研究——以黄宣显六路大厝为例	苏攸婷 阎亚宁	1626
湖北传统民居文物建筑的保护现状及对策	沈海宁	1632
三重市"传统碧华布街"再利用发展成"布庄博物园区"之探讨	林志能 阎亚宁	1639
桃园县大溪老街蕴含的文化资产价值潜力探析	张朝博	1650
"间"的读解及其建筑释义	陈力 关瑞明 魏群 吕俊杰	1660

台湾仁医张暮年故居之历史研究 兼论张暮年生平及事迹 ·············· 吕进贵 1664
台湾9·21地震灾后的重生——中寮聚落的个案 ·················· 张震钟 1669
台湾桃园县复兴乡泰雅族少数民族聚落信仰空间初探——以石头教堂为例 ······ 吕怡嬟 1674
文化资产保存法执行聚落保存再发展的困境与都市计划法令及相关规划
　　策略的活用——以三峡老街再造为例 ······················ 林正雄 1680
宜兰厝的建筑形式与传统特质之研究 ···················· 张惠君　阎亚宁 1688
台闽传统民居大木结构之减柱造 ···························· 李乾朗 1694
古迹木梁构件隐蔽式修复工法之研究 ···················· 陈昶良　阎亚宁 1698
中国民居建筑"门庭堂制" ······························· 陈纲伦 1705
明清移民通道上的湖北民居研究引论 ························· 谭刚毅 1710
泉州官式大厝的词源及其读音释义辨析 ··················· 关瑞明　陈　力 1721
闽台传统民居的传承与演变 ······························· 戴志坚 1726
江西古村镇 ··· 张义锋 1732
扬州园林古建筑技术与地方做法 ···························· 梁宝富 1741

3.3.4 第八届海峡两岸传统民居理论（青年）学术会议（2009 赣州）论文

台湾客家聚落研究 ······································· 1749

三湾与狮潭溪谷地区客家聚落与宗教空间 ······················ 潘朝阳 1749
桃园县新屋地区族群互动关系之探讨 ·············· 张智钦　林雅婷　韦烟灶 1757
北台湾内山客家聚落的形成及社会认同初探 ····················· 陈有志 1774
新竹红毛港的区域形塑与其周边的族群关系 ·········· 韦烟灶　叶佳蕙　何效毅 1786
北埔聚落的当代与传统产业语汇 ······················ 萧文杰　廖伦光 1802
客家聚落的文化空间再现——以台湾佳冬乡历史建筑为例 ······· 许光廷　杜奉贤 1807
台湾北部海滨客家聚落的地域特质——以台北县北滨与东北角为例 ······ 郑碧英 1813

客家民居研究 ··· 1817

梅州侨乡客家民居中西合璧的建筑文化 ························ 吴庆洲 1817
客家民居在川西地域文化中的生存方式 ··················· 田　凯　陈　颖 1823
闽中土堡的建筑特色探源 ··························· 曾　茜　戴志坚 1830
赣南围屋的十大设防 ···································· 万幼楠 1837
影响碉堡民居发展的限制因素探讨——福建客家土楼与广东侨
　　乡碉楼之比较 ································· 张　琰　张　建 1843
深圳的非典型客家围屋 ··································· 张一兵 1849
客家传统民居的人类学透视：以围龙屋为中心的分析 ··············· 周建新 1863
深圳客家凌氏民居大水田村综述 ····························· 杜　鹃 1878

深圳观澜贵湖塘老围调查研究——兼论客系陈氏宗族对宝安类型民居的
　　改造 ·· 吴翠明 1886
广东增城客家围龙屋发展衍变初探 ·························· 杨星星　赖　瑛　余伟强 1895
梅州传统民居庭院原生态特点研究 ·· 李婷婷　张奕亮 1903
谈土楼的三大文化属性 ·· 吴锡超 1908
传播学视野下江西客家民居建房仪式初探 ·········· 许飞进　吴丁丁　罗　奇　杨大禹 1911
赣南围屋与闽西土楼的防御空间比较——以燕翼围与怀远楼为代表 ······ 卢倚天 1918

各地聚落与民居研究 ·· 1924
岭南水乡的线性时空研究——以逢简水乡为例 ················ 周彝馨　李晓峰 1924
金门传统聚落及建筑研究 ·· 缪小龙 1930
不同经济和社会文化背景下的建筑形态
　　——客家围屋与徽州村落的比较 ·································· 江盈盈　贾倍思 1943
廉村传统建筑的审美意向透视 ·· 胡亚楠　李华珍 1951
雷州半岛古民居的装饰文化 ·· 叶彩萍 1957
坦洋古村落的建筑空间特色浅析 ·· 李华珍 1962
浅议南通民居的包容性 ··· 徐永战 1966
南宁黄氏家族民居调查研究 ··· 谷云黎 1970
客家围龙屋与内蒙古窑居建筑文化内涵比较研究 ······················· 张学飞 1975

城乡社区保护与发展研究 ··· 1980
遵循生态原则的山区村落营建与发展研究
　　——以北京市昌平区黑山寨村为例 ······································ 赵之枫　闫　惠 1980
陵邑类村庄保护与发展策略研究
　　——以北京市昌平区长陵镇庆陵村为例 ···························· 杨明亮　张　建 1985
"打捞"地区文化脉络
　　——遂安古城风貌再创造与历史建筑的迁地保护 ·················· 袁　媛　范霄鹏 1990
城镇化整理型村庄环境整治研究初探
　　——以北京市昌平区东小口镇芦村为例 ·············· 李　钟　赵之枫　郭玉梅 1997
大城市边缘地区城中村改造的几点建议——以北京市昌平区七里渠南村更
　　新改造为例 ··· 刘力波 2003
新乡土资源营造——由官坝苗寨改造目标谈起 ····························· 冯　刚 2008

风水文化及其他研究 ··· 2014
客家人在台湾的开垦：主论福佬客的存在 ································ 陈国彦 2014
客家惭愧祖师神像造型粤东闽西至台湾的转变 ·························· 王志文 2018
台湾清代会馆与日本占领台湾时代旅馆之比较研究 ······················ 陈燕钊 2027

从生态博物馆的观念思考北埔聚落保存 ……………………………………… 陈冠勋 2033
以白鹭村为例探讨杨公风水在村落规划建设的作用 ……………………… 邓建辉 2039

3.3.5 新农村建设中乡土建筑保护暨永嘉楠溪江古村落保护利用学术研讨会论文

上篇　乡土建筑保护与利用研究 ………………………………………………… 2045
　乡土建筑保护论纲 ………………………………………………………… 陈志华 2045
　我国南方村镇民居保护与发展探索 …………………………………… 陆元鼎　廖　志 2049
　保护乡土建筑　营造和谐家园——浙江乡土建筑遗产保护实践 ……………… 鲍贤伦 2054
　世界遗产视野中的乡土建筑遗产 ………………………………………… 阙维民 2058
　瑞典乡土建筑保护 ………………………………………………………… 史　雯 2061
　我国乡土建筑遗产保护及其转型 ………………………………………… 杨新平 2064
　浅论村庄社区关联与乡村遗产管理 ……………………………………… 杨　莹 2072
　浙江新农村建设中乡土建筑遗产保护的困境及对策 …………………… 李新芳 2077
　古村落保护与新农村建设和谐发展对策研究 …………………………… 杨晓蔚 2082
　梅州传统民居多元化保护与利用研究 …………………………… 李婷婷　顾红祥 2089
　村落及群体类乡土建筑的文物保护规划研究 …………………………… 梁　伟 2093
　文化生态对于传统村落保护的价值估量 ………………………………… 朱佩丽 2098
　乐清市北阁村保护和开发利用初探 ……………………………………… 周开阳 2102
　对奉化岩头村落保护与利用的思考 ……………………………………… 林　浩 2106
　走马塘古村落建筑考证与保护研究 …………………………… 江怀海　徐炯明 2111
　古村落保护与利用初探——以杭州梅家坞和岳阳陆城为例 …………… 卢英振 2122
　探索古村落文物保护新途径——半浦村文物保护的思考 ……………… 娄学军 2128
　山区盆地型古村落空间形态的保护与利用问题浅析
　　——以宁波象山县儒雅洋古村为例 ……………… 徐炯明　张亚红　虞　琰 2135

中篇　乡土建筑研究 ……………………………………………………………… 2143
　培田村宗祠等级与职能探究 ……………………………………………… 李秋香 2143
　霍童古镇传统聚落建筑形态研究 ………………………………… 聂　彤　戴志坚 2155
　江西传统聚落中的文化类建筑 …………………………………… 潘　莹　施　瑛 2161
　村落意义构成初探——以楠溪江流域为主 ……………………… 宣建华　吴朝辉 2164
　顺德昌教岭南水乡古村落研究 ……………………………… 林小峰　刘　娟　赵　欢 2170
　试论传统村落形态 ………………………………………………………… 赵一新 2178
　晋商文化对晋中宅院建筑的影响 ………………………………… 郑加文　王　平 2183
　楠溪江遗产价值研究 ……………………………………………………… 王　贵 2189
　楠溪江乡村园林研究初探 ………………………………………………… 朱景所 2194

永嘉楠溪江乡土建筑的地域特征	黄培量　杨念中	2201
永嘉芙蓉古村落文化探讨	陈继跃　黄培量	2212
乡土文化建筑的典范	林鞍钢　潘　浩	2220
楠溪江古村落之宗祠建筑与传统文化	陈晓燕	2224
浅谈永嘉花坦梅堂祠二房祠的建筑特色	刘惠民	2229
传统古民居的价值及其历史地位——以平阳县顺溪古建筑群为例	陈余良	2232
慈城、石浦、前童古镇特色的比较研究	许孟光	2243

下篇　楠溪江乡土建筑保护 …… 2248

楠溪江流域新农村建设中乡土建筑的保护	徐建光	2248
楠溪江古村落的建筑工艺、人文意义与保护思路	徐逸龙	2254
新农村建设中乡土建筑的保护利用——永嘉县小若口村规划浅析	金　昊	2262
浅议传统建筑保护与更新——以岩头镇岩头村为例	金　亮　张姿艳	2266
新农村建设中楠溪江古村落的规划与保护——以大若岩镇埭头村为例	盛建峰　张志平　潘海云	2270
永嘉县岩头镇力口强古村落保护的实践与思考	戴晓勇	2274

后 记

《中国民居建筑年鉴（2008—2010）》第二辑在民居专业和学术委员会委员和会员的支持下终于编成，它是2008—2009两年来广大会员、委员、专家、青年学者的民居研究学术成果的汇总。

我们编辑本年鉴的目的仍然是：总结和交流民居研究成果，宣传介绍民居研究经验规律，保存民居信息资料。我们的工作是为广大民居建筑研究工作者服务，希望得到民居研究读者的支持和认可。

在编辑本书中，我们要感谢住房和城乡建设部城市规划司、村镇建设司领导、感谢古建筑老专家、感谢广大委员、会员给我们的支持。我们感谢两年来各民居学术会议的主持单位，主持人给我们发来稿件和图照。

我们还要感谢华中科技大学建筑学院谭刚毅、杨柳、吴珊珊、何凤娟等师生投入大量的时间和精力，为中国民居村镇与文化的论著搜集和编辑目录索引，它对民居研究有着十分重要的基础作用。此外，还感谢华南理工大学建筑学院杨海英、韦美媛等为本辑资料整理工作提供帮助。特别要感谢中国建筑工业出版社领导和有关编辑部门、编辑人员，由于他们对弘扬祖国优秀传统建筑文化的重视，为本辑年鉴的编印出版付出了辛勤的劳动，现都铭记于此。为此，我们都表示衷心的和诚挚的感谢。

编者
2010年4月20日